高等院校电气信息类专业"互联网+"创新规划教材

Java 高级开发技术大学教程

主　编　陈沛强
副主编　邓玉洁

内 容 简 介

本书作为 Java 高级开发技术的大学教程，对 Java EE 编程技术进行了系统全面的介绍。全书共分 13 章，首先对 Java 高级编程知识做了详细的介绍，包括 Java 常用工具类、集合框架、JDBC 编程技术以及 Java 对 XML 编程技术，这些是学习 Java EE 的入门基础；接下来对 JSP 网页编程技术进行较详细的介绍，包括 HTML 基础、CSS 样式表的应用、JavaScript 脚本语言以及 JSP 相关的编程技术（如 JSP 基础、JavaBean 编程、Servlet 编程以及 Filter 等技术），还介绍了 EL 表达式和 JSTL 标签库，这部分是 B/S 架构编程基础；最后介绍目前流行的开源框架，包括 Struts 2 框架，Hibernate 技术，Hibernate 高级应用，Spring 框架，Spring 与 Struts 2、Hibernate 框架的整合技术和 JQuery 编程技术等。

本书每章内容都与开发经验、技巧和实例紧密结合，并配有习题（包括上机实践题），有助于学生理解知识、应用知识，达到学以致用的目的。其中上机实践题可作为上机编程实验课教学内容。本书源代码全部经过精心测试，能够在 Windows XP、Windows 7、Windows 8、Windows 10 系统下编译和运行。本书还增加了“互联网+”内容，提供了扩展示例、扩展阅读和习题答案等二维码素材。

本书结构合理，语言通俗易懂，内容深入浅出，编写时考虑了大学生和 Java EE 编程初学者的特点，所以特别适合具有一定 Java 编程基础的大学生和初、中级的 Java Web 程序开发人员。本书也可作为应用型本科计算机专业、软件学院、独立学院、高职软件专业及相关专业的教材，同时还适合 Java Web 爱好者参考使用。

图书在版编目(CIP)数据

Java 高级开发技术大学教程/陈沛强主编. —北京：北京大学出版社，2016.8

（高等院校电气信息类专业“互联网+”创新规划教材）

ISBN 978-7-301-27353-1

Ⅰ. ①J…　Ⅱ. ①陈…　Ⅲ. ①Java 语言—程序设计—高等学校—教材　Ⅳ. ①TP312

中国版本图书馆 CIP 数据核字（2016）第 181131 号

书　　名　Java 高级开发技术大学教程
　　　　　Java Gaoji Kaifa Jishu Daxue Jiaocheng
著作责任者　陈沛强　主编
策 划 编 辑　程志强
责 任 编 辑　李婷婷
数 字 编 辑　刘志秀
标 准 书 号　ISBN 978-7-301-27353-1
出 版 发 行　北京大学出版社
地　　址　北京市海淀区成府路 205 号　100871
网　　址　http://www.pup.cn　新浪微博：@北京大学出版社
电 子 信 箱　pup_6@163.com
电　　话　邮购部 62752015　发行部 62750672　编辑部 62750667
印 刷 者　北京溢漾印刷有限公司
经 销 者　新华书店
　　　　　787 毫米×1092 毫米　16 开本　21.5 印张　501 千字
　　　　　2016 年 8 月第 1 版　2016 年 8 月第 1 次印刷
定　　价　48.00 元

前　　言

Java是Sun公司（现在属于Oracle公司）推出的能够跨越多平台的、可移植性最高的一种面向对象的编程语言，也是目前最先进、特征最丰富、功能最强大的计算机语言。利用 Java 可以编写桌面应用程序、Web 应用程序、分布式系统、嵌入式系统应用程序等，从而使其成为应用范围最广泛的开发语言，特别是在Web程序开发方面。

在当前的教育体系下，实例教学是计算机语言教学的较有效的方法之一，本书将Java知识和实用的实例有机结合起来，一方面，跟踪Java语言的发展，适应市场需求，精心选择内容，突出重点、强调实用，使知识讲解全面、系统；另一方面，全书通过“案例贯穿”的形式，尽可能围绕一个统一的案例设计实例，但又不仅拘泥于一个案例，这样可以丰富案例的内容和形式。如此将实例融入知识讲解中，使知识与案例相辅相成，既有利于学生学习知识，又有利于指导学生实践。另外，本书在每章的最后还提供了上机指导和习题，方便读者及时验证自己的学习效果（包括动手实践能力和理论知识）。

目前在高校的Java EE教学中，合适的教材非常少。很多教材只是针对Java EE的某个领域，不是综合的，或者技术描述过于抽象复杂，语言晦涩难懂，学生和初学者不好理解。本书内容丰富，综合了常见的Java EE知识并穿插介绍相应的开发技巧和经验，结构合理，语言通俗易懂，内容深入浅出，适合高校教学。

本书还增加了“互联网+”内容，提供了扩展示例、扩展阅读和习题答案等二维码素材供读者选用。

本书作为教材使用时，课堂教学建议40～48学时，上机指导教学建议16～24学时。各章主要内容和学时建议分配如下，老师可以根据实际教学情况进行调整。

学时分配表

章	主要内容	课堂学时	上机指导
第1章	Java EE开发框架	1	
第2章	常用工具类用法	2	1
第3章	Java 集合框架以及泛型编程	2	1
第4章	JDBC高级编程技术	4	2
第5章	Java对XML编程技术	2	1
第6章	HTML基础知识、CSS、JavaScript	2	1

续表

章	主 要 内 容	课堂学时	上机指导
第 7 章	JSP 编程技术，包括 JSP、Servlet、JavaBean 以及过滤器 Filter 编程技术，这是 JSP 网页编程的重点	6	4
第 8 章	EL 表达式与 JSTL 标签库	2	1
第 9 章	Hibernate 技术，包括 Hibernate 简介、Hibernate 数据持久化、Hibernate 的缓存、Hibernate 高级应用，包括关联关系映射、HQL 检索方式	4	2
第 10 章	Struts2 编程技术，包括 MVC 模式、Struts2 概念、Action 对象、Struts2 的配置、Struts 2 的标签库、Struts 2 的开发模式、Struts 2 的拦截器	4	2
第 11 章	Spring 框架，包括 Spring 概述、Spring IoC、AOP 概述、Aspect、Spring 持久化	4	2
第 12 章	Spring 与 Struts 2、Hibernate 框架的整合，包括框架整合的优势分析、SS2H 架构分析、如何构建 SS2H 框架、SS2H 实例程序部署	4	2
第 13 章	JQuery 编程及 Ajax 编程技术介绍	2	2

本书由陈沛强在多年的课程教学经验和素材的积累基础上编写。在写作和出版过程中得到了刘载文教授的大力帮助，在此表示深深的谢意。

另外，本书的出版受北京市教委青年英才项目资助，项目编辑号：YETP1961。

最后，感谢北京大学出版社的大力支持，还要感谢这个互联开放的时代，正是由于互联网的存在，使我们很快能够查阅和学习 JaveEE 最新的知识。

由于编者水平和经验有限，书中难免有欠妥和疏漏之处，恳请读者批评指正。

编　者

2016 年 2 月

目　录

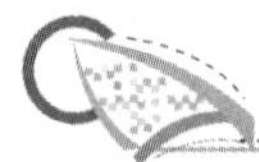

第 1 章

Java EE 框架概述

学习目标

【参考图文】

➢ 了解什么是 Java EE
➢ 了解 Java EE 能做什么

1.1 C/S 架构与 B/S 架构

1.1.1 C/S 架构

C/S(Client/Server)架构，即大家熟知的客户机和服务器架构，如图 1.1(a)所示。C/S 架构是软件系统体系结构，通过它可以充分利用两端硬件环境的优势，将任务合理分配到 Client 端和 Server 端，降低了系统的通信开销。

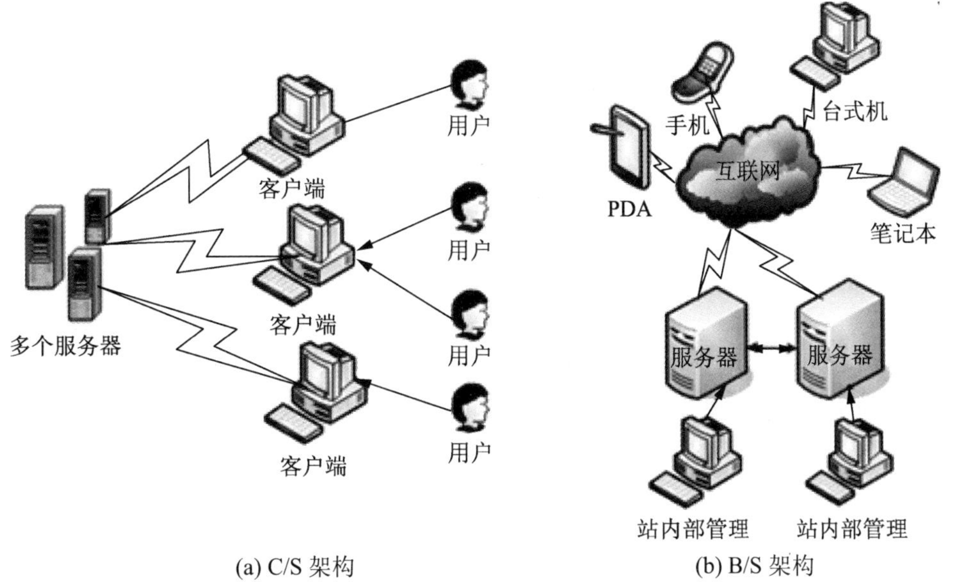

(a) C/S 架构　　(b) B/S 架构

图 1.1　C/S 架构和 B/S 架构

C/S 架构的优点如下：

(1) 可以充分发挥客户端计算机的处理能力，即所谓的“胖”客户端。

(2) 响应速度快。

C/S 架构的缺点如下：

(1) 只适用于局域网。

(2) 客户端需要安装专用的客户端软件，维护成本高。

(3) 对客户端的操作系统一般也会有限制。

1.1.2 B/S 架构

B/S(Browser/Server)架构，即浏览器和服务器架构，如图 1.1(b)所示。B/S 架构是随着 Internet 技术的兴起，对 C/S 架构的一种变化或者改进的结构。

在这种结构下，用户工作界面通过浏览器实现，极少部分事务逻辑在前端(Browser)实现，主要事务逻辑在服务器端(Server)实现。

B/S 架构的优点如下：

(1) 多数业务逻辑存在于服务器端，减轻了客户端的负荷，属于一种“瘦”客户端。

(2) 客户端无须安装专门软件，更新维护均在服务器端。

(3) 适于移动、分布式处理。

1.2 什么是 Java EE

1.2.1 Java EE 规范简介

【参考图文】

Java EE (Java Platform, Enterprise Edition) 是 Sun 公司推出的企 6 业级应用程序，现已被 Oracle 公司收购接管。目前 Java EE 的版本已经推出 Java EE 8，本书采用的是使用较为广泛的 Java EE 5 版本。

Java EE 不是一门编程语言，也不是一个现成的产品，而是一个标准，是一个为企业分布式应用开发提供规范和标准的平台，帮助企业开发和部署可移植、健壮、可伸缩且安全的服务器端 Java 应用程序。

【参考图文】

Java EE 建立在 Java SE 基础上，用来实现企业级的面向服务体系结构(SOA)和 Web 2.0 应用程序。

Java EE 包括 JDBC、JNDI(Java 命名和目录接口)、JMS(Java Message Service)、EJB、JSP、JavaBean、Servlet 等技术。

推出 Java EE 的目的是克服传统 C/S 模式的弊病，迎合 B/S 架构的潮流，从而简化企业应用的开发、管理和部署。

作为一个平台，Java EE 指的是使用 Java 编程语言编写的应用程序的运行环境。Java 平台包括以下三类：

(1) Java SE(Java Platform，Standard Edition)：Java 标准版。

(2) Java EE(Java Platform，Enterprise Edition)：Java 企业版。

(3) Java ME(Java Platform，Micro Edition)：Java 微型版。

Java EE 不仅是指一种标准平台，更表达了一种软件架构和设计思想。

1.2.2　Java EE 平台主要内容

Java EE 平台由一系列容器、应用组件和 API 服务所组成，如图 1.2 所示。

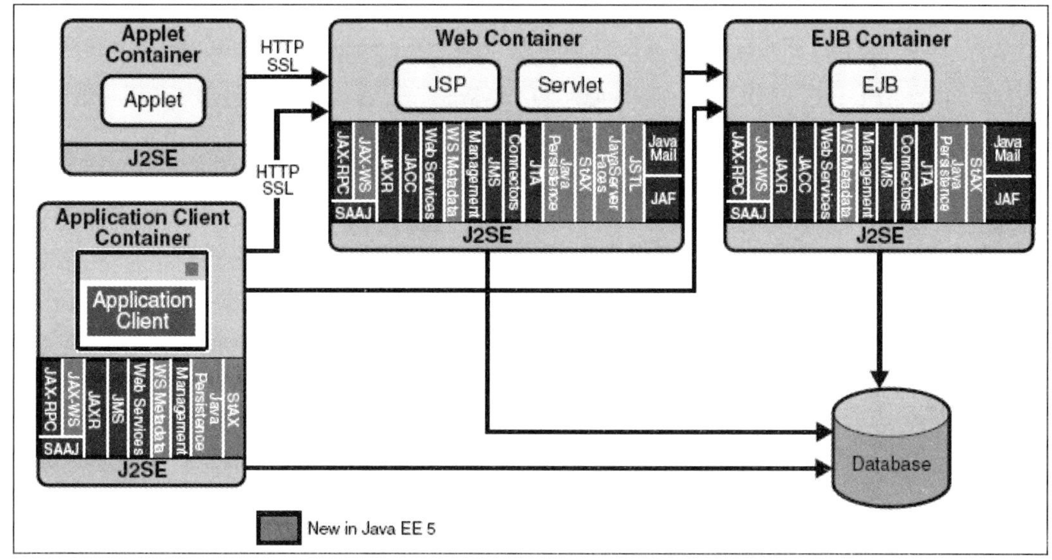

图 1.2　Java EE 平台架构

容器是指为各种应用组件提供 API 服务的 Java EE 运行时环境，可提供诸如目录服务、事务管理、安全性、资源缓冲池以及容错性等各种公共服务，容器包括应用客户端容器、Applet 容器、Web 容器和 EJB 容器四种。

首先，开发 Java EE 应用涉及的 API 服务包括：

JDBC(Java Database Connectivity，Java 数据库连接)：一种用于执行 SQL 语句的 Java API，可为访问不同的关系型数据库提供一种统一的途径。

JNDI(Java Name and Directory Interface，Java 命名和目录接口)：JNDI 被用于执行名字和目录服务。它提供了一致的模型来存取和操作企业级的资源，如 DNS、LDAP、本地文件系统或应用服务器中的对象。

RMI(Remote Method Invoke，远程方法调用)：定义了调用远程对象上的方法的标准接口。作为一种被 EJB 使用的更底层的协议，它通过使用序列化方式在客户端和服务器端传递数据。

Java IDL/CORBA：Java IDL 使得 Java EE 应用组件可通过 IIOP 协议调用外部的可用各种编程语言开发的 CORBA 对象，从而实现不同应用系统之间的集成。

JMS(Java Message Service，Java 消息服务)：JMS 是用于与消息中间件相互通信的应用程序接口。它既支持点对点的消息模型，也支持发布/订阅的消息模型。Java EE 6 规范要求支持 JMS 1.1 规范(JSR 914)。

JTA(Java Transaction Architecture，Java 事务架构)：定义了面向分布式事务服务的标准 API，可支持事务范围的界定、事务的提交和回滚。

JavaMail：用于存取邮件服务器的 API，提供了一套可访问邮件服务器的抽象类。

JAF(JavaBeans Activation Framework，JavaBeans 激活框架)：JavaMail 利用 JAF 来处理 MIME 编码的邮件附件。通过 JAF，MIME 的字节流可以被转换成 Java 对象，或者转换自 Java 对象。

Web 服务：Java EE 平台通过多种技术提供了对 Web 服务的支持，包括如下三种：

(1) Java API for XML Web Services (JAX-WS) 和 Java API for XML-based RPC (JAX-RPC)： 可支持基于 SOAP/HTTP 的 Web 服务调用。

(2) JAX-WS 和 Java Architecture for XML Binding (JAXB)：定义了 Java 对象和 XML 数据之间的映射。

(3) Java API for RESTful Web Services (JAX-RS)：提供了对 REST 风格的 Web 服务的支持。

Web Service 技术，能使运行在不同机器上的不同应用无须借助附加的、专门的第三方软件或硬件，就可相互交换数据或集成。依据 Web Service 规范实施的应用之间，无论它们所使用的语言、平台或内部协议是什么，都可以相互交换数据。

其次，开发基于 Java EE 平台的应用时经常需要涉及的一些应用组件包括：

JSP(Java Server Pages)：JSP 页面由 XHTML/HTML 代码和嵌入其中的 Java 代码组成。服务器在页面被客户端请求后对这些 Java 代码进行处理，然后将生成的 XHTML/HTML 页面返回给客户端的浏览器。Java EE 6 规范要求 Web 容器支持 JSP 2.2 规范(JSR 245)。

Java Servlet：Servlet 是一种小型的 Java 程序，它扩展了 Web 服务器的功能。Servlet 作为一种服务器端的应用，当被请求时开始执行。Java EE 6 规范要求 Web 容器支持 Servlet 3.0 规范(JSR 315)。

EJB(Enterprise JavaBean：企业 JavaBean)：EJB 定义了一个用于开发基于组件的、企业级的、分布式多层应用系统的标准。基于该标准开发的企业 JavaBean 封装了应用系统中的核心业务逻辑。Java EE 6 规范要求 EJB 容器支持 EJB 3.1 规范(JSR 318)。

1.2.3　Java EE 应用服务器软件及相关角色

实现了 Java EE 规范的服务器软件称为 Java EE 应用服务器软件，运行于 Java EE 应用服务器软件之上的应用软件称为 Java EE 应用软件，Java EE 应用软件的特点是一次开发、到处运行。

目前主流的 Java EE 应用服务器软件包括 IBM WebSphere Application Server(WAS)、JBoss、WebLogic、Apusic、Tomcat、Oracle GlassFish Server、Apache Geronimo 等。

我们根据使用 Java EE 软件的相关角色把人员分为三类：

(1) Java EE 应用服务器开发者：开发符合 Java EE 规范的应用服务器软件的人员，这些软件包括组件容器、Java EE API 的实现等。

(2) Java EE 应用软件开发者：开发、组装和部署基于 Java EE 应用服务器软件的应用软件的人员。

(3) Java EE 应用系统管理员：配置、监控和管理 Java EE 应用系统的技术人员。

1.2.4　Java EE 应用软件的体系结构

Java EE 应用软件分为典型的四层结构，如图 1.3 所示。

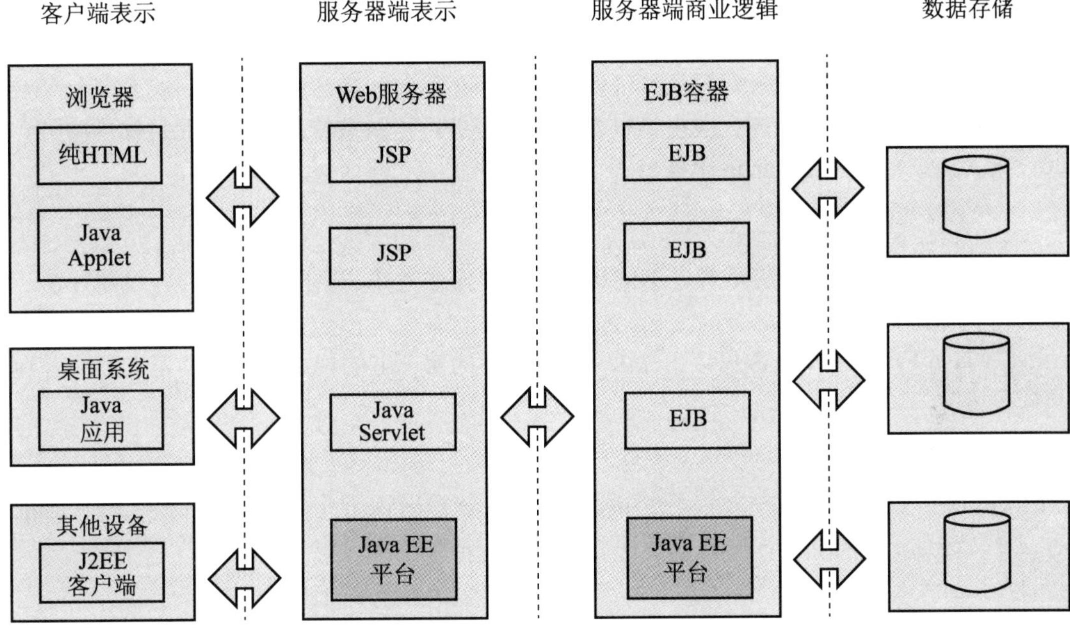

图 1.3　Java EE 应用软件的体系结构

(1) 运行在客户端机器上的客户层：负责与用户直接交互。Java EE 支持多种客户端，可以是 Web 浏览器，也可以是专用的 Java 客户端。

(2) 运行在 Java EE 服务器上的表示层：该层可以是基于 Web 的应用服务，利用 Java EE 中的 JSP 与 Servlet 技术，响应客户端的请求，并可向后访问业务逻辑组件。

(3) 运行在 Java EE 服务器上的业务逻辑层组件：主要封装了业务逻辑，完成复杂计算，提供事务处理、负载均衡、安全、资源连接等各种基本服务。

(4) 运行在 EIS(Enterprise Information System)层服务器上的企业信息系统：该层包括企业现有系统(数据库系统、文件系统等)。Java EE 提供了多种技术以访问这些系统。

Java EE 应用软件的这种体系结构的优点如下。

1. 部署代价廉价

Java EE 应用软件四层体系结构提供了中间层集成框架，以满足无须太多费用而又需要高可用性、高可靠性和可扩展性的应用的需求，降低了开发多层应用的费用和复杂性，同时对现有应用程序集成提供了强有力的支持。

2. 保留现存的 IT 资产

Java EE 应用软件四层体系结构可以充分利用用户原有的投资，如一些公司使用的 BEA Tuxedo、IBM CICS、IBM Encina、Inprise VisiBroker 以及 Netscape Application Server 等。

3. 高效的开发

Java EE 应用软件四层体系结构允许公司把一些通用的、很烦琐的服务端任务交给中间件供应商去完成。这样开发人员可以将精力集中在如何创建商业逻辑上，从而可大大缩短开发时间。中间件供应商一般提供以下中间件服务：①状态管理服务；②持续性服务；③分布式共享数据对象 Cache 服务。

4. 支持异构环境

(1) 基于 Java EE 的应用程序不依赖任何特定操作系统、中间件、硬件，只需开发一次就可部署到各种平台。

(2) Java EE 标准允许客户订购与 Java EE 兼容的第三方的现成的组件，把它们部署到异构环境中。

5. 可伸缩性

Java EE 平台提供了广泛的负载平衡策略，能消除系统中的瓶颈，允许多台服务器集成部署。这种部署可达数千个处理器，从而实现高度可伸缩。

【参考图文】

1.3 Java EE 的应用

Java EE 平台能够帮助我们实现现在绝大多数企业应用。以下列举几个 Java EE 的应用。

(1) 开发企业门户网站，如清华大学的本科招生网、金网在线等，其中涉及安全类和银行类的网站较多，包括中国邮政储蓄银行、中国债券信息网、中国农业银行网站、中国建设银行网站、中国工商银行网站、中国光大银行网站、交通银行网站等。

(2) 开发企业内部网站，如企业 OA、企业 ERP 管理系统。

(3) 开发分布式系统。

(4) 开发基于云计算平台的应用程序。

【参考图文】

习　　题

【参考图文】

1. 进行 Java Web 开发时常用的客户端应用技术有哪些？
2. 简述 C/S 架构、B/S 架构，以及二者的区别。

第 2 章

常用工具类的使用

学习目标

- 掌握 String 类与 StringBuffer 类的使用
- 掌握日历类的使用

2.1 String 类与 StringBuffer 类的使用

2.1.1 String 类

在编程中会大量使用 String 类，因为经常定义的一个变量类型是 String。例如，在学生类中我们定义三个属性，分别为学生学号、姓名以及院系，代码如下：

```
public class Student{
  private String sno,sname,sdept;
  /*构造函数以及 set-get 方法代码省略*/
}
```

下面介绍 String 类中几个常用函数的用法。

1. 字符串比较

我们从三个方面研究串比较：①串的内存引用是否相等；②研究内容，即值是否相等；③比较串值 ASCII 码的大小。

(1) 使用“==”比较：比较对象是否引用同一块内存，是则返回 true，否则返回 false。

(2) 使用 equals()函数比较：比较 String 值是否相同，equals()、equalsIgnoreCase()用于对两个字符串的内容进行等价性检查。其中，equalsIgnoreCase()方法忽略字符串大小写用于进行相等的比较。

【例 2.1】字符串值忽略大小写比较示例。

```
  public static void main(String[] args) {
      String s1 = "Java";
      String s2 = new String("JAVA");
```

```
        if (s1.equalsIgnoreCase(s2))
           System.out.println("s1 与 s2 值相同");
        else
           System.out.println("s1 与 s2 值不相同");
    }
```

读者可以自己上机查看运行的结果。

(3) 使用 compareTo()函数比较：返回整型数字，比较串值大小。compareTo() 用于比较两个字符串的大小，其结果为负、零或正具体取决于两个字符串的字典顺序。注意，大写和小写不是相等的。

【例 2.2】 字符串大小比较示例(compareTo() 方法)。

```
public static void main(String[] args) {
    String s1=new String("aaa");
    String s2="bbb";
    int x=s1.compareTo(s2);
    if(x>0)
       System.out.println("s1>s2");
    else if(x<0)
       System.out.println("s1<s2");
    else
       System.out.println("s1=s2");
  }
```

很显然，运行结果应该是“s1<s2”。实际上这个方法是按照字符串的首字母到尾字母一一比较的原则，直到能比较出大小为止，然后输出两个字母的 ASCII 码大小的差值。如果所有字母都相等，则结果为 0。

2. 分割字符串函数 split()

我们经常需要对字符串以某个字符或串(称为模式)进行分割，如将文章中的内容读到字符串中，然后根据标点或空格对文章中的单词进行分割读出。例如：

```
String s1="aa,bb,cc,dd,ee fff";
String s[]=s1.split(",");//表示以","号对 s1 分割，注意返回一个串数组。
String s[]=s1.split(",|");//以","或空格分割串，"|"表示或。
```

当出现“.”“ ”或其他相当于 Java 中的关键字时，要使用转义符“\”。例如：

```
String s1 = "aa.bb.cc,dd,ee fff";
String s[]=s1.split("\\.|,| ");
```

【例 2.3】 字符串分割示例。

```
public static void main(String[] args) {
    String s1=new String("五莲路归昌路-五莲路凌河路-五莲路东陆路" +
           "-五莲路荷泽路-五莲路兰城路-五莲路莱阳路"+
           "-浦东大道五莲路-浦东大道金桥路-浦东大道居家桥路" +
```

```
            "-浦东大道德平路-浦东大道歇浦路-浦东大道北洋泾路"+
            "-浦东大道民生路-浦东大道桃林路-浦东大道源深路" +
            "-浦东大道钱仓路-陆家嘴东路东方医院-浙江南路延安东路"+
            "-金陵中路龙门路-普安路延安东路(人民广场) ");
    String []zd=s1.split("-");
    for(String t:zd)
        System.out.println(t);
    String s2 = "aa.bb.cc,dd,ee fff";
    String s[]=s2.split("\\.|,| ");
    for(String ss:s){
       System.out.println(ss);
    }
}
```

运行结果如图 2.1 所示。

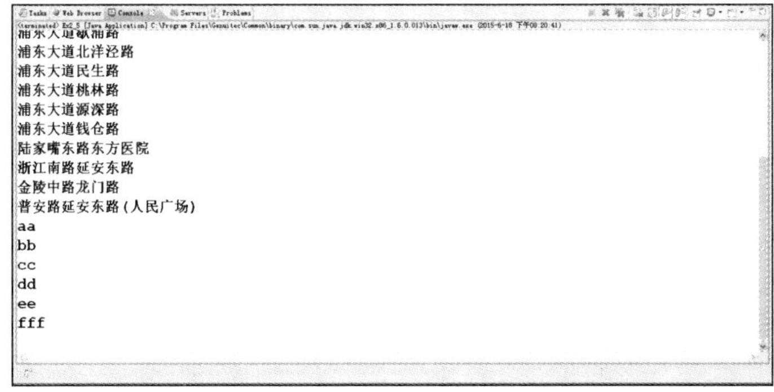

图 2.1　例 2.3 运行结果

3. 查找函数 indexOf()

从左到右开始查找，返回第一次匹配的位置，如果没有匹配则返回-1。例如：

```
String s1="Hello Java, I love Java";
int x=s1.indexOf("Java");//返回 6
```

返回的是第一次出现字符串的位置，没有则返回-1。

lastIndexOf()为从右到左开始查找，返回第一次匹配的位置，如果没有匹配则返回-1。

【参考图文】

4. 判断字符串是否包含，是否以某串开始或结束

(1) s1.contains(s2)：表示 s1 是否包含 s2 字串，包含返回 true，否则返回 false。

(2) s1.startsWith(s2)：表示 s1 是否以 s2 字串开始，即 s2 是否是 s1 的一个前缀，是返回 true，否则返回 false。

(3) s1.endsWith(s2)：表示 s1 是否以 s2 字串结束，即 s2 是否是 s1 的一个后缀，是返回 true，否则返回 false。

2.1.2 StringBuffer 类

StringBuffer 类是内存中的字符串变量，可修改的字符串序列，该类的对象实体内存空间可以自动改变大小，可以存放一个可变的字符序列。StringBuffer 类与 String 类最大的区别在于其本身串的内容是可变的，所以当需要频繁对字符串本身内容修改，又不想改变串的内存引用地址时，可使用 StringBuffer 类。

1. 构造函数

StringBuffer 类有以下三个构造方法：

(1) StringBuffer()：当使用该无参数的构造方法时，分配给该对象的实体初始容量可以容纳 16 个字符。当该扩展字符序列长度大于 16 时，实体容量自动增加，以适应新字符串。

(2) StringBuffer(int size)：当使用该构造方法时，可以指定分配给该对象的实体的初始容量为参数 size 指定的字符个数。当对象实体长度大于 size 时自动增加。

(3) StirngBuffer(String s)：当使用该构造方法时，分配给该对象的实体的初始容量为参数字符串 s 的长度+16。当对象实体长度大于初始容量时，实体容量自动增加。例如：

```
StringBuffer buf1=new StringBuffer();
StringBuffer buf2=new StringBuffer("java");
```

StringBuffer 对象可以通过 length()函数获取实体存放的字符序列长度。通过 capacity()函数获取当前实体的实际容量。

2. 容量、实际长度

容量指 StringBuffer 类目前可以存放的字符个数，如果不够则可以自动再开辟存储空间；而实际长度则是 StringBuffer 类实际存储的字符个数。

```
buf1.capacity();//获取 buf1 的目前容量
buf2.length();//获取 buf2 的目前实际字符的个数
```

3. 向 StringBuffer 类追加对象 append(Object)

```
buf1.append("Java").append(" C#").append(" VB");
```

当使用 append(Object)函数时，buf1 本身内容在改变，这和 String 类有本质区别。例如，String 类使用 substring()函数时，String 本身并没有变，只是读取其部分内容并赋给另外的串。

4. 插入子串 insert(int index,Object)

```
buf1.insert(4," c++");//从 0 开始索引位置，在第 4 个位置处插入“c++”
```

5. 删除字串 delete(int start,int end)

```
buf1.delete(4,8); //从 0 开始索引位置，删除从第 4 个位置到第 8 个位置前的串
```

如果用户对字符串中的内容经常进行操作，特别是修改串内容时，可以使用 StringBuffer 类。如果最后需要 String 类，那么可以使用 StringBuffer 类的 toString()方法。

最后通过一个示例区分 String 与 StringBuffer 的用法。

【例 2.4】StringBuffer 类程序示例。

```
public static void main(String[] args) {
        StringBuffer sb1=new StringBuffer();
        System.out.println("sb1 的初始容量为:"+sb1.capacity());
        System.out.println("sb1 的初始长度为:"+sb1.length());
        sb1.append("I").append(" love").append(" Java!");
        System.out.println("sb1 的容量为:"+sb1.capacity());
        System.out.println("sb1 的长度为:"+sb1.length());
        System.out.println("sb1="+sb1.toString());

        sb1.insert(1, " very");
        System.out.println("插入字符后 sb1="+sb1.toString());
        sb1.delete(1, 6);
        System.out.println("删除字符后 sb1="+sb1.toString());
    }
```

运行结果如图 2.2 所示。

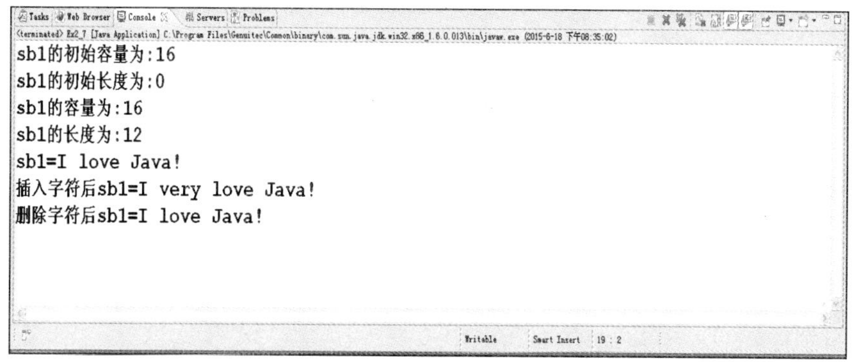

图 2.2　例 2.4 运行结果

2.2　日历类的使用

时间和日历以及时间的格式化处理在软件的设计中起着非常重要的作用，Canlendar(日历类)、Date(日期类)和 DateFormat(日期格式化类)组成了 Java 日期处理基本函数集合。

2.2.1　Date 与 DateFormat 的使用

1. 创建 java.util.Date

Date 用来获取系统日期。

```
Date date=new Date();//以系统当前日期构造对象
int year=date.getYear()+1900;// date.getYear()可得到当前年份与 1900 年的差值
int month=date.getMonth()+1;//月份下标从 0 开始
```

注意：用 java.util.Date 来创建日期和得到日期的一些方法已经过时，所以我们需要学会 Calendar 与 Date 对象的转换，该内容将在 2.2.2 节中介绍。

2. 日期格式化

SimpleDateFormat 是一个能将日期按照指定格式输出的字符串，也可以将日期型字符串解析成日期型数据。SimpleDateFormat 可以使程序根据用户需求输出日期，它的抽象基类为 java.text.DateFormat。例如：

```
SimpleDateFormat format=new SimpleDateFormat("yyyy-MM-dd");
String s=format.format(date);
```

【例 2.5】日期格式化示例。

首先，需要导入 java.util.Date 包和 java.text.SimpleDateFormat 包。代码如下：

```
public static void main(String[] args) {
    SimpleDateFormat format1 = new SimpleDateFormat("yyyy年MM月dd日 HH
时mm分ss秒");
      SimpleDateFormat format2 = new SimpleDateFormat("yy/MM/dd HH:mm");
      SimpleDateFormat format3 = new SimpleDateFormat("yyyy-MM-dd
      HH:mm:ss");
      SimpleDateFormat format4 = new SimpleDateFormat(
            "yyyy年MM月dd日 HH时mm分ss秒 E ");
      Date date = new Date();
      System.out.println(format1.format(date));
      System.out.println(format2.format(date));
      System.out.println(format3.format(date));
      System.out.println(format4.format(date));

      System.out.println(date.toString());
  }
```

运行结果如图 2.3 所示。

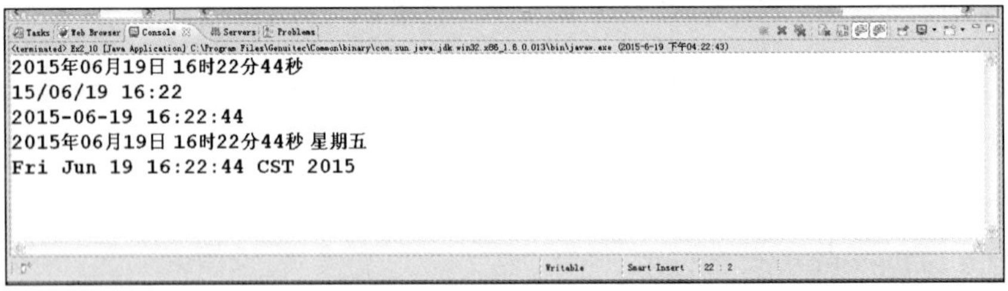

```
2015年06月19日 16时22分44秒
15/06/19 16:22
2015-06-19 16:22:44
2015年06月19日 16时22分44秒 星期五
Fri Jun 19 16:22:44 CST 2015
```

图 2.3　例 2.5 运行结果

例 2.5 定义了四种日期格式，通过 format()方法进行日期格式化。这里可以看出不同指定格式和系统默认格式的区别。

3. 文本数据解析成日期对象

假设有一个日期型的文本字符串，而我们希望解析这个字符串并从文本日期数据创建一个日期对象，则需要使用 SimpleDateFormat 类。通过 SimpleDateFormat 类 parse()方法，能将一个符合格式的日期型的字符串解析成日期。注意，字符串与格式要一一对应，否则会出现解析异常。parse()方法会抛出 ParseException 异常，所以用户必须使用适当的异常处理技术。例如：

```
String s="2015-10-15";Date d2=format.parse(s);
```

【例 2.6】字符串解析成日期示例。

```
public static void main(String[] args) {
        SimpleDateFormat format1 = new SimpleDateFormat("yyyy/MM/dd");
        Date date = null;
        String s1 = "2015/10/15";
        try {
            date = format1.parse(s1);
        } catch (ParseException e) {
            e.printStackTrace();
        }
        System.out.println(format1.format(date));
    }
```

显然，运行结果为“2015/10/15”。

4. 计算日期差

Java 没有直接计算日期之间差的函数，需要根据用户需求自己定义。Date 类提供了一个 getTime()函数，可计算当前日期对象与 1970 年 01 月 01 日 00:00:00 之间相差的毫秒数。通过该函数可以计算两个日期之间差的天数等。

【例 2.7】计算日期差示例。

```
    public static void main(String[] args) throws Exception{
          SimpleDateFormat format =new SimpleDateFormat("yyyy-MM-dd");
          String s = "2015-06-7";
           String s1 = "2015-3-7";
           Date d2=format.parse(s);
           Date d1=format.parse(s1);
           int days=(int)((d1.getTime()-d2.getTime())/(1000*60*60*24));

           System.out.println("你已经度过了"+days+"天");
  }
```

该程序先把两个日期字符串分别解析成了两个日期对象，然后通过日期对象的 getTime()方法得到相应的毫秒数，然后通过求差转换成天数。

运行结果如图 2.4 所示，之所以结果是负数，是因为第一个日期在第二个日期前面。

```
2016年06月16日 23时32分52秒
16/06/16 23:32
2016-06-16 23:32:52
2016年06月16日 23时32分52秒 星期四
Thu Jun 16 23:32:52 CST 2016
```

图 2.4　例 2.7 运行结果

【参考图文】

2.2.2　Calendar 的使用

Calendar 是日历类，其完成日历的一些计算功能。Calendar 是一个抽象类, 也就是说用户无法直接通过 new()方法获得它的一个实例，GregorianCalendar 是 Calendar 的一个具体实现。下面对该类的使用予以介绍。

1. 构造一个日历实例

以系统当期日期构造 Calendar 实例。注意，Calendar 是以单实例模式运行的。

```
Calendar cal=Calendar.getInstance();
```

2. 读取日期某个部分值

通过 get()函数可以读取日期某个部分值，该函数需要一个日期部分描述符，表示取哪个部分。有了这些，用户即可取得需要的任何信息。如果想知道今天是一年中的哪一天，就可以用如下代码：

```
    int day = calendar.get(Calendar.DAY_OF_YEAR);
```

参数就是用户想取得的域，这些已全部在 Calendar 中定义。

```
    int year=cal.get(Calendar.YEAR);
    int weekday=cal.get(Calendar.DAY_OF_WEEK);
    int days=cal.getActualMaximum(Calendar.DAY_OF_MONTH);
```

3. 设置时间

通过 set()函数可以重新设置日期某个部分值。该函数有两个参数，一个是日期部分描述符，一个是该部分值。例如：

```
cal.set(Calendar.YEAR, 2010);
cal.set(Calendar.MONTH, 4);//设置月份为 5
cal.set(Calendar.DAY_OF_MONTH, 5);//下标从 1 开始
cal.set(Calendar.HOUR, 2);
```

4. 日期加法

通过 add()函数可以对日期某个部分值进行加减(负值即减法)。该函数有两个参数，一个是日期部分描述符，一个是该部分值。例如：

```
    cal.add(Calendar.MINUTE, 15);//将当前日期实例分钟加上 15
```

5. 一些常见日期描述符

static int AM：指示从午夜到中午之前这段时间的 AM_PM 字段值。
static int DATE：指示日期。
static int DAY_OF_MONTH：指示一个月中的某天。
static int DAY_OF_WEEK：指示一个星期中的某天。
static int DAY_OF_WEEK_IN_MONTH：指示当前月中的第几个星期。
static int DAY_OF_YEAR：指示当前年中的天数。
static int HOUR：指示上午或下午的小时。
static int HOUR_OF_DAY：指示一天中的小时。
static int WEEK_OF_YEAR：指示当前年中的星期数。
static int YEAR：指示年。
这些日期描述符用于 get()和 set()的字段数字。

【例 2.8】日历类使用示例。

```
public static void main(String[] args) throws ParseException {
   //练习 Calendar.set(...)和 Calendar.add(...)方法
     SimpleDateFormat sdf=new SimpleDateFormat("yyyy-MM-dd");
     Calendar ca=Calendar.getInstance();//当前日期
     ca.set(Calendar.DATE,27);//设为当前月的 11 号
     ca.add(Calendar.DATE,-1);//减一天，变为 10

     System.out.println(sdf.format(ca.getTime()));

     int day = ca.get(Calendar.DAY_OF_YEAR);
     //参数就是你想取得的 Field,所有的这些都在 Calendar 中定义好了
     int year=ca.get(Calendar.YEAR);
     int weekday=ca.get(Calendar.DAY_OF_WEEK);
     int days1=ca.get(Calendar.DAY_OF_MONTH);
     int days=ca.getActualMaximum(Calendar.DAY_OF_MONTH);
     System.out.println("day="+day+" year="+year+" weekday="+weekday+"
     days="+days+" days1="+days1);
     int day1=ca.get(Calendar.DAY_OF_WEEK_IN_MONTH);
     //Calendar.DAY_OF_MONTH);
     System.out.println("dayOfWeekInMonth="+day1);
}
```

运行结果如图 2.5 所示。

```
2015-06-26
day=177 year=2015 weekday=6 days=30 days1=26
dayOfWeekInMonth=4
```

图 2.5　例 2.8 运行结果

6. Calendar 与 Date 对象的转换

用 java.util.Date 创建日期和得到日期的一些方法已经过时，现在均使用 Calendar 类，那么 Date 类和 Calendar 类之间如何转换呢？方法如下：

```
Date date = new Date();
Calendar calendar = Calendar.getInstance();
calendar.setTime(date);
```

【参考图文】

2.3 Java 定时器 Timer 类的使用

在应用开发中，经常需要一些周期性的操作，如每三分钟执行某一操作等。对于这样的操作，最方便、高效的实现方式就是使用 java.util.Timer 工具类。

Timer 直接从 Object 继承，它相当于一个计时器，能够用它来指定某个时间来执行一项任务，或者每隔一定时间间隔反复执行同一个任务。创建一个 Timer 后，就会生成在后台运行的一个线程，用以控制任务的执行。而 TimerTask 就是用来实现某项任务的类，它实现了 Runnable 接口，因此相当于一个线程。

【例 2.9】定时器类使用示例。

```
    private static int count = 10;
    public static void main(String[] args) throws Exception {
        final Timer timer = new Timer();//false,not true
        timer.schedule(new TimerTask() {
         public void run() {//要操作的方法
             System.out.println(count--);
             if(count<=0) {
                 timer.cancel();
             }
         }
        }, 0, //要设定延迟的时间
        1000);//周期的设定，每隔多长时间执行该操作
    }
```

运行结果如图 2.6 所示。

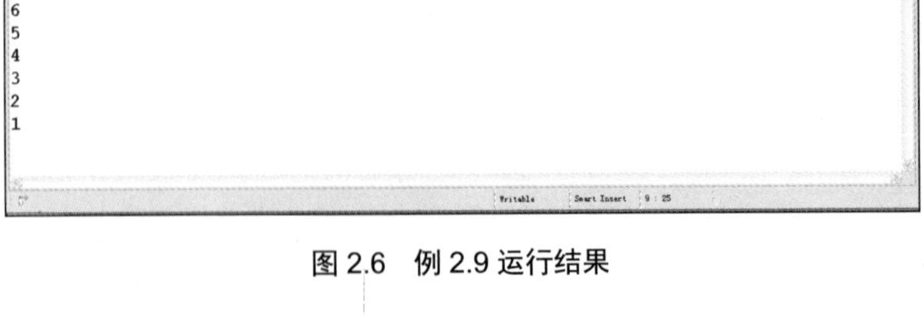

图 2.6　例 2.9 运行结果

使用这几行代码之后，Timer 本身会每隔 1 秒输出一个递减后的数字，不需要自己启动线程。Timer 本身也是多线程同步的，多个线程可以共用一个 Timer，不需要外部的同步代码。其中，new Timer()方法中默认为 false，如果为 true，则不执行定时的周期操作。

如何实现自己的任务调度需要继承 TimerTask，TimerTask 已经实现 Runnable 接口，因此只要重载 run()方法即可。创建 Timer 对象，调用 schedule()方法。

本 章 小 结

String 类以及日期类在 Java EE 编程中经常用到。应该说学习这一章内容相对轻松。可以通过复习面向对象 Java 程序设计基础知识，彻底理解类、对象、实例以及面向对象的其他知识，如继承、接口等，这对于以后进一步编程会起到很大的促进作用。

习　　题

【参考图文】

上机实践

1．使用 String 类的分割函数 split()将字符串“Solutions to selected exercises can be found in the electronic document The Thinking in Java Annotated Solution Guide, available for a small fee from BruceEckel”的单词提取输出，单词以空格或逗号分割。

2．设计一个类 Student，类的属性有姓名、学号、出生日期、性别、所在系等，并生成学生类对象数组，然后按照学生的姓名将学生排序输出。使用 String 类的 compareTo()方法。

3．设计一个程序，计算任意日期与系统当前日期相差的天数。

第 3 章

Java 集合框架

学习目标

➢ 了解 Java 集合的概念
➢ 掌握 Java 集合的使用
➢ 了解 Java 泛型编程

【参考图文】

3.1 Java 集合的概念

集合是什么呢？很难给集合下一个精确的定义，通常情况下，把具有相同性质的一类东西，汇聚成一个整体，就可以称为集合。例如，某个学校的全体班级、某个公司的全体员工等都可以称为集合。

集合类存放于 java.util 包中。集合类存放的都是对象的引用，而非对象本身，出于表达上的方便，我们称集合中的对象(或元素)就是指集合中对象的引用。

Java 集合框架主要由接口与其实现的类构成。Collection 是最基本的集合接口，一个 Collection 代表一组 Object，即 Collection 的元素(Elements)。一些 Collection 允许相同的元素，而另一些不行；一些 Collection 能排序，而另一些不行。

集合类型最常用的主要有三种：Set(集)、List(列表)和 Map(映射)。

1. 集 Set 接口

Set 是一种不包含重复元素的 Collection，即任意两个元素 e1 和 e2 都有 e1.equals(e2)= false，Set 最多有一个 null 元素。很明显，Set 的构造函数有一个约束条件，传入的 Collection 参数不能包含重复的元素。放入 Set 集合中的对象必须重写 equals()方法。

2. 列表 List 接口

List 是有序的 Collection，使用此接口能够精确的控制每个元素插入的位置。用户能够使用索引(元素在 List 中的位置，类似于数组下标)来访问 List 中的元素，这类似于 Java 的数组，但和 Set 不同，List 允许有相同的元素。

实现 List 接口的常用类有 LinkedList、ArrayList、Vector 和 Stack。

3. 映射 Map 接口

注意，Map 没有继承 Collection 接口，Map 提供 key 到 value 的映射。一个 Map 中不能包含相同的 key，每个 key 只能映射一个 value。Map 接口提供三种集合的视图，Map 的内容可以被当做一组 key 集合、一组 value 集合，或者一组 key-value 映射。 放入 Map 中的自定义类的对象，也需要重写 equals()和 hashCode()方法。

3.2　Java 集合的使用

3.2.1　HashSet 的使用

1. HashSet 构造与增加元素

使用 HashSet set = new HashSet();就可以创建一个 HashSet 集合对象，可以向集合中添加任何对象，因为对象是传引用的，而集合中存放的就是对象的引用。集合中元素的存储空间是自动开辟的，不像数组需要预先开辟内存。

集合中元素依据元素值和相应的哈希算法计算其地址，元素值相同地址就相同，值不同地址就不同。所以在 HashSet 集合中不存在元素值重复的元素。打个比方，HashSet 存储就像夜晚的星星一样排列，无所谓先后顺序。例如：

```
HashSet hs = new HashSet();
hs.add("a");//向集合中添加一个 String
hs.add("a");//无法添加，因为元素不能重复
hs.add(new Integer(1)); //向集合中添加一个 Integer
int a[] = { 1, 2, 3, 5 };
hs.add(a); //向集合中添加数组
Student s = new Student("1001", "chen", 80);
hs.add(s); //向集合中添加一个自定义类的对象
```

2. 遍历 HashSet 集合中的元素

集合中元素依据元素值和相应的哈希算法计算其地址，所以如何读取集合中的元素，需要遍历算法，即使用迭代器。所谓遍历是指按照某种顺序，对集合中每个元素仅访问一次，不重复也不遗漏。Iterator(迭代)是指获取集合中元素的过程，实际上是帮助获取集合中的元素。

迭代器代替了 Java 中的枚举 Enumeration，二者的区别在于迭代器在迭代期间可以从迭代器所指向的集合中移除元素。可以将迭代器想象为将集合中的散列的元素穿成一条线，可以沿着这条线访问从开始到最后的元素。

【例 3.1】集合 HashSet 使用示例。

```
public static void main(String[] args) {
    HashSet hs = new HashSet();
    hs.add(new String("Java"));
    hs.add(new String("c++"));
```

```
        hs.add(new Integer(100));
        hs.add(new Double(100.2));
        hs.add("a");//向集合中添加一个 String
        hs.add("a");//第二个字符串 a 由于重复无法加入
        hs.add(new Integer(1)); //向集合中添加一个 Integer
        int a[] = { 1, 2, 3, 5 };
        hs.add(a); //向集合中添加数组
        Student s = new Student("1001", "chen", 80);
        hs.add(s); //向集合中添加一个自定义类的对象
        Student s1 = new Student("1001", "chen", 80);
        //第二个对象由于学号相同应该也无法加入
        hs.add(s1); //向集合中添加一个自定义类的对象
        Iterator it = hs.iterator();
        while (it.hasNext()) {//判断是否还有下一个元素
            Object obj = it.next();//取迭代器中下一个值。
            System.out.println(obj.getClass().getName());
            System.out.println(obj.getClass().isArray());
            if (obj instanceof String)//判断是否是 String 类的实例
                System.out.println("String:" + obj);
            if (obj instanceof Integer)//判断是否是 Integer 类的实例
                System.out.println("Integer:" + obj);
            if (obj instanceof Double)//判断是否是 Double 类的实例
                System.out.println("Double:" + obj);
        }
    }
```

运行结果如图 3.1 所示。

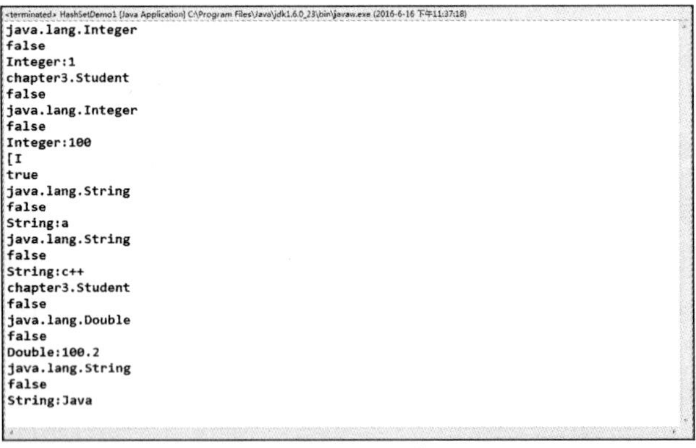

图 3.1　例 3.1 运行结果

从运行结果中我们可以看出，第二个“a”由于重复无法加入，而 Student 对象也只加入了一个，原因是我们在 Student 类的实现中对 equals()和 hashCode()方法进行了重写。关键代码如下：

```
    @Override
```

```
    public boolean equals(Object obj) {
        // TODO Auto-generated method stub
        return sno.equals(((Student)obj).sno);
    }

    @Override
    public int hashCode() {
        // TODO Auto-generated method stub
        return Integer.valueOf(sno);
    }
```

其中，sno 是 Student 类的属性，代表学号。每一项输出的前两项输出了该类的类名和是否是数组的判断，代码中用到了 Java 的反射机制，通过 obj.getClass().getName()和 obj.getClass().isArray()来实现。

另外，从输出结果中我们还能看出，输出结果元素的顺序和实际放置的顺序不一致，事实上 Set 集合中不存在顺序的问题，其存放地址是计算出来的。

3. 删除 HashSet 集合中的元素

```
hs.remove(Object);
```

例如，hs.remove("Java");这段代码相当于在集合 hs 中删除“Java”元素。

删除所有元素使用集合对象的 clear()方法。

4. 判断是否包含某个元素 contains(Object)

例如：

```
        HashSet hs=new HashSet();
        hs.add(new String("Java"));
        hs.add(new String("c++"));
        hs.add(new Integer(100));
        hs.add(new Double(100.2));
        if(hs.contains(new String("Java")))
            System.out.println("集合中包含 java");
```

显然，这段代码最后的运行结果为“集合中包含 java”。

3.2.2　TreeSet 的使用

TreeSet 是一个有序的 Set 集合，可以按照一定的规则指定元素的顺序。内部用 TreeMap 实现，所以作为 Key 的类需要实现 Comparable 接口[对象重写 equals()和 hashCode()失效]，或单独实现一个比较器，该比较器实现 Comparator 接口。

【例 3.2】集合 TreeSet 使用示例。

```
public static void main(String[] argv) {
        TreeSet tree = new TreeSet();//使用默认排序算法
        tree.add("d");//通过 add()方法增加元素
```

```
        tree.add("c");
        tree.add("a");
        tree.add("b");
        tree.add("a"); //不能加入，重复元素
        Iterator it = tree.iterator();
        while (it.hasNext()) {
            System.out.print(it.next()+",");
        }
    }
```

运行结果如图 3.2 所示。

```
<terminated> TreeSetDemo1 [Java Application] C:\Program Files\Java\jdk1.6.0_23\bin\javaw.exe (2016-6-16 下午11:38:56)
a,b,c,d,
```

图 3.2　例 3.2 运行结果

从运行结果可以看出，TreeSet 中的元素已经被排好序了，只是该例使用的是默认的排序算法。如何自定义排序呢？有以下两种办法。

1. 在 Java 集合中实现接口 Comparator

例如：

```
Class MyCmp implements Comparator{
    public int compare(Object obj1,Object obj2){
        int x=0;
        x=obj1.toString().compareTo(obj2.toString());
        return x;
    }
}
```

其中，compare()方法是该接口必须实现的方法。通过该方法比较两个对象的某个属性，从而实现两个对象的比较功能。

然后将该类的对象作为 TreeSet 构造函数的实际参数，即将自定义比较类对象作为构造函数参数，这样就可以使用自定义排序算法。该函数结果决定两个元素的先后位置。

```
TreeSet tree = new TreeSet(new MyCmp());
```

其原理是：向 tree 增加元素时，自动调用 MyCmp 类的 compare(obj1,obj2)函数，根据函数返回值决定元素 obj1、obj2 的顺序。

【例 3.3】根据学生成绩排序，当成绩相同时按照学号进行排序(解法一)。

第 1 步：定义学生类。

代码如下：

```
package chapter3.compare;
public class Student {
    private String sno, sname;
```

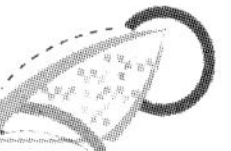

```
    private int score;
    public Student(String sno, String sname, int score) {
        super();
        this.sno = sno;
        this.sname = sname;
        this.score = score;
    }
    public String getSno() {
        return sno;
    }
    public void setSno(String sno) {
        this.sno = sno;
    }
    public String getSname() {
        return sname;
    }
    public void setSname(String sname) {
        this.sname = sname;
    }
    public int getScore() {
        return score;
    }
    public void setScore(int score) {
        this.score = score;
    }
}
```

第 2 步：定义一个用于比较的算法类，即比较器。

代码如下：

```
package chapter3.compare;
import java.util.Comparator;
public class MyCmp implements Comparator{
   //向集合中添加元素时，自动调用 compare(Object obj1, Object obj2)
   //并将新增加的元素与原有元素比较，根据返回值决定新元素插入位置
   //示例中，根据学生成绩排序，当成绩相同时按照学号进行排序
    public int compare(Object obj1, Object obj2) {
        int x = 0;
        Student s1=(Student)obj1;
        Student s2=(Student)obj2;
        if(s1.getScore()>s2.getScore())
            x=-1;
        else if(s1.getScore()<s2.getScore())
            x=1;
        else{
            x=s1.getSno().compareTo(s2.getSno());
```

```
        }
        return x;
    }
}
```

该程序实现了先按学生成绩降序排序，当成绩相等时再按学号升序排序。

第 3 步：定义一个测试类。

代码如下：

```
package chapter3.compare;
import java.util.*;
public class Test {
    public static void main(String[] args) {
        TreeSet tree = new TreeSet(new MyCmp());
        Student s1 = new Student("1001", "chen", 67);
        Student s2 = new Student("1001", "lou", 87);
        Student s3 = new Student("1003", "zhang", 87);
        Student s4 = new Student("1004", "zhao", 76);
        Student s5 = new Student("1002", "wang", 87);
        tree.add(s1);
          tree.add(s2);
        tree.add(s3);
        tree.add(s4);
         tree.add(s5);
        Iterator it = tree.iterator();
        while (it.hasNext()) {
            Student s = (Student) it.next();
            System.out.println(s.getSno() + "," + s.getSname() + ","
                    + s.getScore());
        }
    }
}
```

运行结果如图 3.3 所示。

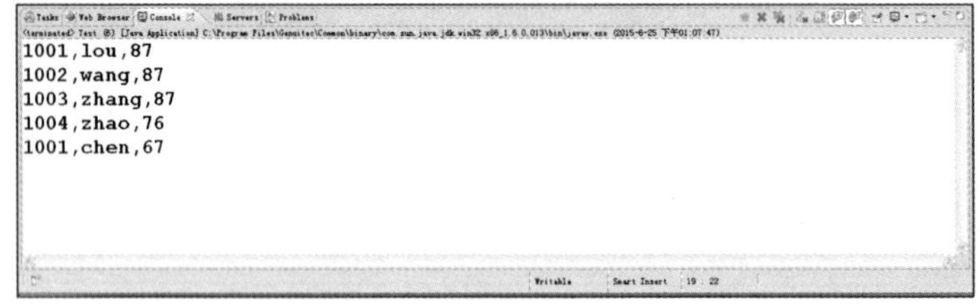
1001,lou,87
1002,wang,87
1003,zhang,87
1004,zhao,76
1001,chen,67

图 3.3　例 3.3 运行结果

从运行结果中可以看出，程序完成了预期的设想，先按成绩降序排序，当成绩相等时按学号升序排序。我们不难发现程序有个问题，就是相同学号的学生都被加入集合中了，这应该是不允许的，那如何解决呢？重写 equals()和 hashCode()方法能保证相同学号不重复

加入集合吗？读者可以验证这是做不到的，因为此时这两个方法已经失效。但该程序却可以对学号和成绩均相等的情况做出选择，只能选择其一。

还有一个问题，compare(Object obj1,Object obj2)到底谁是新增元素，谁是集合中已有的元素呢？我们只需要在比较器类中加入对于 s1 和 s2 的信息的输出，然后对结果进行分析便知 obj1 是新增元素，obj2 是已有的元素。读者可以自己动手实验得出结论。

2. 让待比较的实体类实现 Comparable 接口

【例 3.4】根据学生成绩排序，当成绩相同时按照学号进行排序(**解法二**)。

第 1 步：定义学生类，并实现 Comparable 接口。

代码如下：

```
package chapter3.compare;
public class student1 implements Comparable{
    private String sno, sname;
    private int score;
    public student1(String sno, String sname, int score) {
        super();
        this.sno = sno;
        this.sname = sname;
        this.score = score;
    }
    public String getSno() {
        return sno;
    }
    public void setSno(String sno) {
        this.sno = sno;
    }
    public String getSname() {
        return sname;
    }
    public void setSname(String sname) {
        this.sname = sname;
    }
    public int getScore() {
        return score;
    }
    public void setScore(int score) {
        this.score = score;
    }
    @Override
    public int compareTo(Object o) {
        // TODO Auto-generated method stub
        int x = 0;
        student1 s2=(student1)o;
```

```
        if(getScore()>s2.getScore())
            x=-1;
        else if(getScore()<s2.getScore())
            x=1;
        else{
            x=getSno().compareTo(s2.getSno());
        }
        return x;
    }
}
```

实现 Comparable 接口需要实现 compareTo()方法。

第 2 步：定义测试类。

代码如下：

```
public static void main(String[] args) {
        TreeSet tree=new TreeSet();
        student1 s1=new student1("1001","zhou",67);
        student1 s2=new student1("1002","lou",87);
        student1 s3=new student1("1003","zhang",87);
        student1 s4=new student1("1004","zhao",76);
        tree.add(s1);tree.add(s2);
        tree.add(s3);tree.add(s4);
        Iterator it=tree.iterator();
        while(it.hasNext()){
        student1 s=(student1)it.next();
        System.out.println(s.getSno()+","+s.getSname()+","+s.getScore());
        }}
```

运行结果如图 3.4 所示。

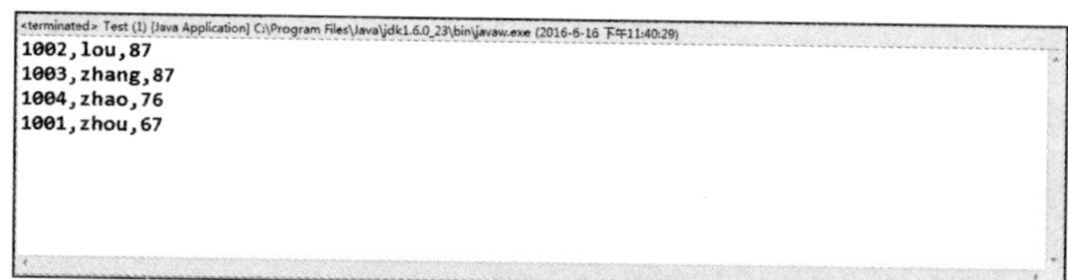

图 3.4　例 3.4 运行结果

从运行结果中我们可以看出，一个类实现了 Comparable 接口后，就无须编写比较器类了，TreeSet 的构造方法也无须加入比较器作为参数了。

3.2.3　ArrayList 的使用

接口 List 次序是 List 最重要的特点，它确保维护元素特定的顺序。List 从 Collection 接口继承过来并添加了一些抽象方法，如添加了插入与移除元素的抽象函数。

ArrayList 类实现 List 接口。我们可以理解 ArrayList 是一个动态的数组。既然它是一

个数组，所以它可以按照下标对其中的元素进行操作。动态是指 ArrayList 能够自动分配或释放空间。它允许对元素进行快速随机访问，但是向 List 中间插入与移除元素的速度很慢。当元素的增加或移除发生在 List 中央位置时，效率很差。如果频繁地进行增加或删除元素，则不宜用 ArrayList。

1. ArrayList 构造与集合元素读写

【例 3.5】 集合 ArrayList 使用示例。

```
public static void main(String[] argv) {
    List list=new ArrayList(); //构造一个 ArrayList 集合
    Student s1=new Student("1001","陈",67);
    Student s2=new Student("1002","lou",87);
    Student s3=new Student("1003","zhang",87);
    Student s4=new Student("1004","zhao",76);
    list.add(s1);list.add(s2); //向集合里添加对象
    list.add(s3);list.add(s4);
    Iterator it = list.iterator();
    while(it.hasNext()){
        Student s = (Student)it.next(); //通过迭代遍历集合对象
        System.out.println(s.getSno()+","+s.getSname()+","
            +s.getScore());
    }
}
```

运行结果如图 3.5 所示。

```
<terminated> ArrayListFX [Java Application] C:\Program Files\Java\jdk1.6.0_23\bin\javaw.exe (2016-6-16 下午11:42:03)
1001,陈,67
1002,lou,87
1003,zhang,87
1004,zhao,76
```

图 3.5　例 3.5 运行结果

ArrayList 是一个动态分配内存地址的“数组”，元素可以通过下标快速地访问，所以还可以用以下代码来替换例 3.5 的第 9～13 行代码：

```
for(int i=0;i<list.size();i++){
    Student s=list.get(i);
    System.out.println(s.getSno()+","+s.getSname()+","+s.getScore());
}
```

还可以通过索引或对象引用来删除 ArrayList 集合中的元素。例如，用 list.remove(2);删除集合中第三个元素，也可以用 list.remove(s3);来删除。

2. LinkedList 的使用

LinkedList 与 ArrayList 相反，适合用来进行增加和移除元素，但随机访问的速度较慢。此外，可以通过 LinkedList 来实现栈 stack 与队列 queue。

LinkedList 中的 addFirst()、addLast()、getFirst()、getLast()、removeFirst()、removeLast()等函数可以从前部、末尾或中间位置插入或删除元素。

【例 3.6】集合 LinkedList 使用示例。

```
public static void main(String[] argv) {
      LinkedList list=new LinkedList();
      list.add("a");//在尾部追加
      list.addFirst("b");//在头部增加元素
      list.addLast("c");//在尾部追加
      list.add(1, "d");//在第二个位置插入元素

      System.out.print(list.getFirst()+" ");//读取头部元素
      System.out.print(list.getLast()+" ");//读取尾部元素
      System.out.print(list.get(1) +" ");//读取第二个位置元素

      list.removeFirst();//删除头部元素
      list.removeLast();//删除尾部元素

      System.out.print(list.getFirst()+" ");//读取头部元素
      System.out.print(list.getLast()+" ");//读取尾部元素
   }
```

运行结果如图 3.6 所示。

```
<terminated> LinkedListDemo [Java Application] C:\Program Files\Genuitec\Common\binary\com.sun.java.jdk.win32.x86_1.6.0.013\bin\javaw.exe (2015-6-28 下午03:15:25)
b c d d a
```

图 3.6 例 3.6 运行结果

请读者仔细研究程序执行过程和输出结果，注意 LinkList 的头部和尾部元素的变化过程。

3.2.4 Map 的使用

1. HashMap 的使用

HashMap 是 Map 接口下的实现类，与 HashSet 不同的是，它每个元素由关键字 Key 与值 Value 构成，根据元素 Key 以及相应的散列算法计算元素存储地址。

(1) 构造 HashMap 以及向集合中添加元素。

```
HashMap map=new HashMap();
```

格式如下：

```
map.put(key, value);
```

其中，key 为键，value 为键对应的值。

例如：

```
map.put("1001", "zhou");//向map中添加元素,第一个参数为key,第二个参数为value
map.put("1002", "zhang");
map.put("1003", "zhou");
```

(2) 在 Map 接口中可以根据关键字查找对应元素值。例如：

```
String s=map.get("1002").toString();//"1002"为 key，该函数返回关键字对应的值
```

(3) 遍历集合中所有元素。有两种思路：第一种是读出集合中所有的关键字，根据关键字集合依次查找各个元素的值；第二种是把 Map 看成与 Set 一样，只是 Map 集合中元素由两个对象组成，可以把这两个对象看成一个对象的两个属性，然后即可遍历。

【例 3.7】第一种遍历方法示例。

```
public static void main(String[] args) {
        HashMap map = new HashMap();
        map.put("1001", "张军");
        map.put("1002", "李元");
        map.put("1003", "王钧");

        Set keys = map.keySet();//读取所有关键字集合
        Iterator it = keys.iterator();//遍历关键字集合
        while (it.hasNext()) {
            String s = map.get(it.next()).toString();//通过关键字查找元素值
            System.out.println(s);
        }
}
```

运行结果如图 3.7 所示。

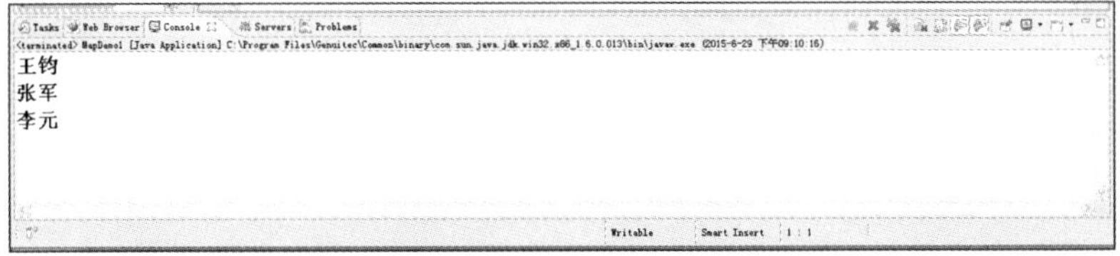

图 3.7　例 3.7 运行结果

【例 3.8】第二种遍历方法示例。

```
public static void main(String[] args) {
        HashMap map = new HashMap();
        map.put("1003", "张军");
        map.put("1001", "李元");
        map.put("1005", "周伟");
        map.put("1002", "王钧");
        map.put("1004", "陈明");

        Set keys = map.entrySet();//读取 Map 集合
        Iterator it = keys.iterator();//遍历 Map 中的元素，注意元素是 Key+Value 构成
```

```
        while (it.hasNext()) {
            Map.Entry e=(Map.Entry)it.next();//相当于将 Key+Value 变成一
                                                        个对象两属性
                System.out.println("key="+
                            e.getKey()+" value="+e.getValue());
        }
    }
```

运行结果如图 3.8 所示。

```
key=1003  value=张军
key=1004  value=陈明
key=1001  value=李元
key=1002  value=王钧
key=1005  value=周伟
```

图 3.8　例 3.8 运行结果

从运行结果中我们可以看出，使用 HashMap 集合输出的结果和实际放置的顺序并不一致，事实上 HashMap 集合中也同样不存在顺序的问题，其存放地址也是计算出来的。

2. TreeMap 的使用

TreeMap 与 HashMap 一样，其中 TreeMap 集合的元素是按照 Key 的顺序排列的，因此要求作为Key的类有自然的顺序。如果作为Key的类没有自然的顺序或需要重新排序时，需要实现 Comparator 接口，其中要重写 compare()方法。

【例 3.9】 集合 TreeMap 使用示例。

```
public static void main(String[] args) {
        TreeMap map = new TreeMap();
        map.put("1002", "张军");
        map.put("1001", "李元");
        map.put("1010", "王钧");

        Set keys = map.entrySet();//读取 Map 集合
        Iterator it = keys.iterator();//遍历 Map 中的元素，注意元素是 Key+Value
                                                    构成
        while (it.hasNext()) {
            Map.Entry e=(Map.Entry)it.next();//相当于将 Key+Value 变成一
                                                        个对象两属性
            System.out.println("key="+e.getKey()+" value="+e.getValue());

        }
    }
```

运行结果如图 3.9 所示。

```
key=1001  value=李元
key=1002  value=张军
key=1010  value=王钧
```

图 3.9　例 3.9 运行结果

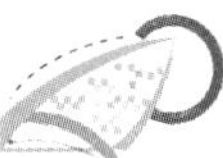

从运行结果可以看出，元素已按 key 排好序。那么如果想让元素按照 key 倒序输出又怎么做呢？那我们只能自定义排序算法类，这个类实现了 Comparator 接口。

【例 3.10】TreeMap 集合按照学号倒序排列示例。

第 1 步：创建一个比较算法类。

代码如下：

```
public class MyCmp implements Comparator{
    public int compare(Object obj1, Object obj2) {
        int x = obj2.toString().compareTo(obj1.toString());
        return x;
    }
}
```

实现 Comparator 接口需要重写 compare()方法，实现倒序排序算法，每次向 Map 中添加元素时都自动调用该函数。对于传进的两个 key 比较大小，该函数的返回值决定了元素的先后顺序。

第 2 步：定义一个测试类。创建 Map 对象，测试该自定义算法。

代码如下：

```
public static void main(String[] args) {
        TreeMap map = new TreeMap(new MyCmp());
        map.put("1002", "周平");
        map.put("1001", "张军");
        map.put("1010", "张力");

        Set keys = map.entrySet();//读取 Map 集合
        Iterator it = keys.iterator();//遍历 Map 中的元素，注意元素是 Key+Value
                                    构成
        while (it.hasNext()) {
            Map.Entry e=(Map.Entry)it.next();
          System.out.println("key="+
                e.getKey()+" value="+e.getValue());
        }
    }
```

运行结果如图 3.10 所示。

```
key=1010  value=张力
key=1002  value=周平
key=1001  value=张军
```

图 3.10　例 3.10 运行结果

注意，运行结果已经按 key 进行了降序输出。

3.2.5　中文排序问题

比较函数对于英文字母(注意，排序是区分大小写的，因为 ASCII 码中小写字母比大写字母靠后)或数字排序都没有问题，数字排序也正常，中文排序则明显的不正确。这个主要是 Java 中使用中文编码 GB2312 或者 GBK 时，char 型转换成 int 型的过程出现了比较大的偏差， Java 中之所以出现偏差，主要是 compare()方法的问题，所以这里自己实现 Comparator 接口，而国际化的问题，则使用 Collator 类来解决。

【例 3.11】按照姓名进行排序示例。

第 1 步：创建一个比较类，对于中文进行转码并进行比较。

代码如下：

```
import java.text.CollationKey;
import java.text.Collator;
import java.util.Comparator;

public class MyCmp2 implements Comparator{
    Collator collator = Collator.getInstance();
    //提供以与自然语言无关的方式来处理文本、日期、数字和消息的类和接口
    //获取当前默认语言环境的 Collator
    public int compare(Object obj1, Object obj2) {
       CollationKey key1 = collator.getCollationKey(obj1.toString());
       CollationKey key2 = collator.getCollationKey(obj2.toString());
       return key1.compareTo(key2);
    }
}
```

其中，getCollationKey()方法将字符串转换为能够与 CollationKey.compareTo 进行比较的一系列字符。

第 2 步：编写测试类。

代码如下：

```
public class Test2 {
    public static void main(String[] args) {
        TreeMap map = new TreeMap(new MyCmp2());
        map.put("王平", "1002");
        map.put("张俊","1004");
        map.put("李力", "1010");
        map.put("陈军", "1003");
        map.put("王萍", "1020");
        map.put("王平宇", "1020");
        map.put("王平木", "1020");

        Set keys = map.entrySet();//读取 Map 集合
        Iterator it = keys.iterator();
        while (it.hasNext()) {
```

```
            Map.Entry e = (Map.Entry) it.next();
            System.out.println("key=" + e.getKey() + " value=" +e.getValue());
        }
    }
}
```

运行结果如图 3.11 所示。

```
key=陈军 value=1003
key=李力 value=1010
key=王萍 value=1020
key=王平 value=1002
key=王平木 value=1020
key=王平宇 value=1020
key=张俊 value=1004
```

图 3.11　例 3.11 运行结果

从运行结果中可以看出，关键字 key 基本已经按中文拼音字母先后顺序排列好了。更多中文排序以及相关问题请下载 SourceForge 的 pinyin4j 项目的 jar 包，其可以解决一些中文问题。关于 pinyin4j 的项目地址是 http://pinyin4j.sourceforge.net。

3.3　Java 泛型编程

泛型编程是一种语言机制，能够帮助实现一个通用的标准容器库。所谓通用的标准容器库，简单地说就是在编程时不需要知道具体是什么样的数据类型，而是设计一个通用的算法，在实际使用时才将通用算法中数据类型指明。这样的好处是有利于算法与数据结构的分离，其中算法是泛类型的，不与任何特定数据结构或对象类型绑在一起。泛型的本质就是参数化类型，即将所操作的数据类型被指定为一个参数，这种参数类型可以用在对类、接口和方法的创建中。

泛型是 Java SE 1.5 的新特性，在这之前没有泛型表示的情况下，程序都是通过对类型 Object 的引用来实现参数的“任意化”，这种“任意化”带来的缺点就是要做显式的强制类型转换，而这种转换要求开发者对实际参数类型要有预知和了解。而对于这种强制类型转换错误的情况，编译器可能不提示错误，在运行的时候才出现异常，因此这是一个安全隐患。

泛型的好处是在编译时检查类型安全，并且所有的强制转换都是自动和隐式的，提高了代码的重用率。泛型的类型参数只能是类类型，不能是简单类型。由于参数类型是不确定的，所以同一种泛型可以对应多个版本，不同版本的泛型类实例是不兼容的。

下面通过一个实例说明 Java 泛型技术在集合中的应用。

【例 3.12】没有使用泛型的集合示例。

```
public static void main(String[] argv) {
    List list=new ArrayList();
```

```
        Student s1=new Student("1001","陈",67);
        Student s2=new Student("1002","lou",87);
        Student s3=new Student("1003","zhang",87);
        Student s4=new Student("1004","zhao",76);
        list.add(s1);list.add(s2);
        list.add(s3);list.add(s4);
        Iterator it = list.iterator();
        while(it.hasNext()){
            Student s = (Student)it.next();//①
            System.out.println(s.getSno()+","+s.getSname()+","
                    +s.getScore());
        }
}
```

注意：在①行中，由于每次取出来的对象都进行了强制转换，至于转换是否错误，编译时无法检查。如果错误，运行时会产生异常，显然类型是不安全的。因此，我们采用使用泛型的方法。

【例 3.13】使用泛型示例。

```
        List<Student> list=new ArrayList<Student>();\\①
        Student s1=new Student("1001","陈",67);
        Student s2=new Student("1002","lou",87);
        Student s3=new Student("1003","zhang",87);
        Student s4=new Student("1004","zhao",76);
        list.add(s1);list.add(s2);
        list.add(s3);list.add(s4);
        for(int i=0;i<list.size();i++){
            Student s=list.get(i);\\②
            System.out.println(s.getSno()+","+s.getSname()+","+s.getScore());
        }
```

其中，第①行部分在定义 List 时定义了泛型，保证 List 中的元素都是 Student 类型。因此第②行部分在取出 List 中的元素时就不需要再强制转换了。

另外，在前面介绍的比较接口中也可以使用泛型，如例 3.3 的 MyCmp 类还可以这样来实现：

```
public class MyCmp implements Comparator<Student>{
    public int compare(Student s1, Student s2) {
        ......
    }
}
```

总之，泛型其实是在集合创建时就设定集合中放置何种类型的对象。这样以后读出元素时就不需要强制转换了。如果不是泛型，则无论向集合中添加何种对象都是当做对象 Object，所以取出来也是 Object，因此需要强制转换。

本 章 小 结

本章主要介绍了 Java 集合框架。集合是数据在缓存中存储的一个重要方式。学习本章知识，读者要深刻理解集合原理以及各种集合的区别：为什么有那么多类型不同的集合？其实，各种集合使用场合是不一样的，因此，要注意区分 Set、List、Map 接口之间的异同。在 Java EE 中要对数据进行存储时都可以考虑集合。但要依据存储要求不同，如读优先还是写优先，选择适合的集合类型。最后，本章还介绍了 Java 泛型编程，限于篇幅我们没有详细研究泛型编程技术，如果要深入了解泛型编程，可查阅相关资料。

习　　题

上机实践

【参考图文】

1．将本学期开设的课程名称加入 HashSet 中，并使用迭代器遍历输出。

2．调试课本中 TreeSet 的实例，理解其原理。

3．完成以下实验：

(1) 定义一个学生类：属性有学号、姓名、专业、高数成绩、外语成绩、 Java 课程成绩。

(2) 在测试类中生成多个学生类的对象，放入 TreeSet 中，要求按照三门课总成绩从高到低排序，总成绩相等按学号排序，输出排序结果。

注意实现 Comparator 接口的 compare(Object obj1,Object obj2)函数。

4．以 List 接口对象(ArrayList)为基础建立一个通讯录，要求通讯录中必须含有编号、姓名、性别、电话、地址、E-mail 等。实现该类，并包含添加、删除、修改、按姓名查找等几个方法。编写主程序测试。

参考如下：

第 1 步：编写一个 Person 联系人类。

代码如下：

```
public class Person {
   private int    pid;       //编号
   private String name;      //姓名
   private String sex;       //性别
   private String tel;       //电话
   private String address;  //地址
   private String email;     //E-mail
   /*构造函数以及 set-get 函数*/
}
```

第 2 步：编写一个 PersonDao 封装对联系人类的有关操作。

代码如下：

```
public class PersonDao {
private List<Person> persons=new ArrayList<Person>();
// 添加联系人
public void addPerson(Person p){
    boolean flag=false;
    for(int i=0;i<persons.size();i++){
        if(persons.get(i).getPid()==p.getPid()){
        flag=true;break;
        }
    }
    if(!flag) persons.add(p);
}
//通过人的编号删除联系人
public void deletePersonByID(int pid){
for(int i=0;i<persons.size();i++){
    if(persons.get(i).getPid()==pid){
    persons.remove(i);break;
}
}
}
//通过人的姓名查找联系人，返回一个集合
public List<Person> queryPersonByName(String name){
…
}
//… 其余方法
}
```

第 3 步：编写一个测试类，测试上面的各项功能。

第 4 章

JDBC 编程技术

学习目标

- ➢ 熟悉 MySQL 数据库
- ➢ 掌握 JDBC 编程基本概念
- ➢ 掌握 JDBC 高级编程
- ➢ 理解数据库分层设计

4.1 MySQL 数据库

MySQL 是一个小型关系型数据库管理系统，开发者为瑞典 MySQL AB 公司，在 2008 年 1 月 16 号被 Sun 公司收购。MySQL 被广泛地应用在 Internet 上的中小型网站中。由于其体积小、速度快、总体拥有成本低，尤其是开放源码这一特点，因此许多中小型网站为了降低网站总体拥有成本而选择了 MySQL 作为网站数据库。另外 MySQL 尤其受到 Java 教育的欢迎，是学习 Java EE 编程者的首选数据库。

4.1.1 MySQL 服务器的安装

MySQL 的安装比较简单，这里只介绍需要注意的一些问题。

进入“联网选项”对话框时，默认情况是启用 TCP/IP 网络，默认端口为 3306。进入“字符集选择”对话框时要做一些修改，选中“Manual Selected Default Character Set/Collation”选项，在“Character Set”选框中将 latin1 修改为 gb2312，或者选中“Best Support For Multilingualizm”选项亦可。这样的作用是保证安装后 MySQL 数据库可以支持中文。最后，在“安全选项”对话框的“密码”输入框中输入 root 用户密码。

如果在安装时没有选择中文选项，则 MySQL 数据库容易出现中文乱码问题，可以通过修改 MySQL 默认的字符集解决，步骤如下：

(1) 找到 MySQL 安装目录中的一个名为 my.ini 的数据配置文件。

(2) 找到文件中两处“default-character-set=latin1”，将 latin1 换成 GBK。

(3) 选择“我的电脑”|“控制面板”|“管理工具” | “MySQL 服务”选项，重新启

动 MySQL 服务即可。

当然，如果在修改之前已经创建了数据库，则可以先将其删除，在服务重新启动后再重新创建。

4.1.2 MySQL 的环境和命令

MySQL 有一个 data 目录，用于存放数据库文件，其默认的路径为 C:\Program Files(data)\MySQL\MySQL Server 5.0\data。在 data 目录中，MySQL 为每一个数据库建立一个文件夹，所有的表文件存放在相应的数据库文件夹中。不同的系统 data 目录的路径不同。

使用 MySQL 非常简单，这里介绍 MySQL 的基本命令，见表 4-1。

表 4-1　MySQL 的基本命令

命　令	格　式	示　例
连接到 MySQL	MySQL －h 主机地址 －u 用户名 －p 密码	MySQL –h127.0.0.1 –uroot –p123456
退出 MySQL	exit	exit
创建数据库	create database 数据库名	create database xscj
创建表	use 数据库名 create table 表名(字段列表)	create table xs(id int(6) not null primary key,name char(10)) not null,profession char(20) not null
删除数据库	drop database 数据库名	drop database xscj
删除表	drop table 表名	drop table xs
插入记录	insert into 表名 values(字段值列表)	insert into xs values (100001,'王军','计算机')
查询记录	select 字段列表 from 表名 where 约束条件	select name from xs where id = 100001
删除记录	delete from 表名 where 约束条件	delete from xs where id = 100002
修改记录	update 表名 set 列名 = 值 where 约束条件	update xs set name = '王涛' where id = 100002

在 MySQL 命令行窗口上使用这些命令。打开“开始”|“程序”|“MySQL”|“MySQL Server 5.0”|“MySQL Commend Line Client”，进入 MySQL 客户端，在客户端窗口输入密码，即可以 root 用户身份登录 MySQL 服务器，输入图 4.1 所示的命令，即可完成数据库的创建、表的创建、插入记录和查询记录。

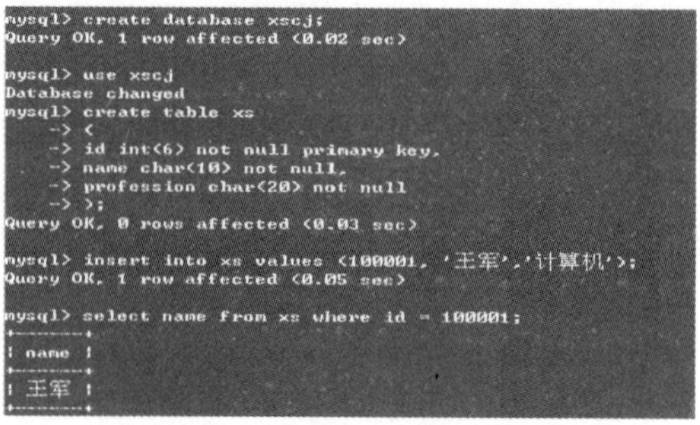

```
mysql> create database xscj;
Query OK, 1 row affected (0.02 sec)

mysql> use xscj
Database changed
mysql> create table xs
    -> (
    -> id int(6) not null primary key,
    -> name char(10) not null,
    -> profession char(20) not null
    -> );
Query OK, 0 rows affected (0.03 sec)

mysql> insert into xs values (100001, '王军','计算机');
Query OK, 1 row affected (0.05 sec)

mysql> select name from xs where id = 100001;
+------+
| name |
+------+
| 王军 |
+------+
```

图 4.1　使用 MySQL 命令

4.2　JDBC 编程基本概念

【参考图文】

4.2.1　JDBC 基本概念

JDBC 是 Java DataBase Connectivity 的缩写，是一种可用于执行 SQL 语句的 Java API (Application Programming Interface，应用程序设计接口)。它由一些 Java 类组成，如图 4.2 所示。JDBC 为数据库应用开发人员、数据库前台工具开发人员提供了一种标准的应用程序设计接口，使开发人员可以用纯 Java 语言编写完整的数据库应用程序。

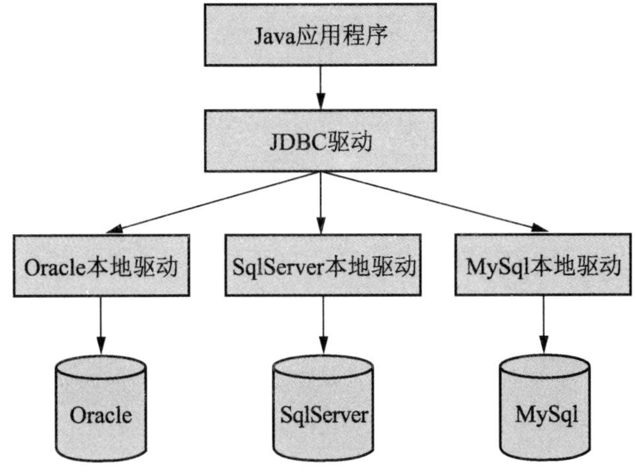

图 4.2　JDBC 编程框架

通过使用 JDBC，开发人员可以很方便地将 SQL 语句传送给几乎任何一种数据库。也就是说，开发人员可以不必写一个程序访问 SyBase，写另一个程序访问 Oracle，再写一个程序访问 Microsoft 的 SQLServer。用 JDBC 写的程序能够自动地将 SQL 语句传送给相应的数据库管理系统(DBMS)。不但如此，使用 Java 编写的应用程序可以在任何支持 Java 的平台上运行，不必在不同的平台上编写不同的应用。当 Java 程序访问数据库时，由 JDBC API 接口调用相应数据库的 JDBC API 实现来访问数据库，从而使得无须改变 Java 程序就能访问不同的数据库，如图 4.3 所示。

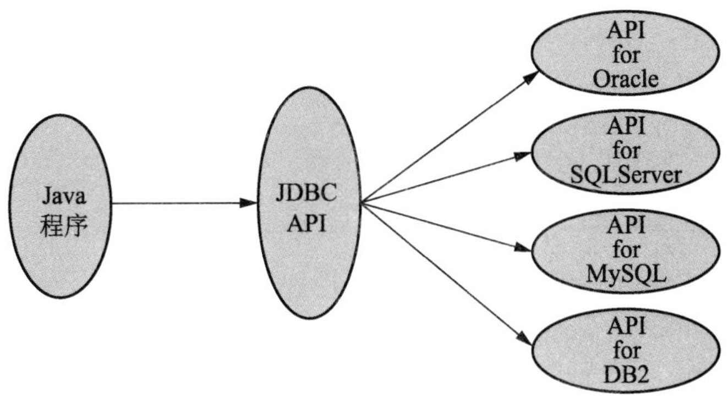

图 4.3　Java 程序访问数据库

简单地说，JDBC 能完成三件事：①同一个数据库建立连接；②向数据库发送 SQL 语句；③处理数据库返回的结果。

4.2.2 JDBC 数据库编程基本步骤

在介绍 JDBC 主要函数之前，先来了解一下 JDBC 数据库编程的基本步骤。编程的基本步骤非常重要，其他的功能都是在基本步骤的基础上开展起来的。

下面这个简单的程序演示了如何在 Java 中连接、打开和查询一个数据库。本例以 MySQL 为数据库平台。

1. 将驱动程序导入工程，程序中加载驱动

应用程序与数据库是两个独立的产品，如果使用 Java 连接数据库，我们需要驱动程序将两者联系起来。如果把连接对象看做应用程序同数据库连接的桥梁，那么驱动程序类似于建造该桥梁的原材料。随着连接的数据库不同，驱动也不同。JDBC 驱动程序由很多访问数据库的类构成，为了管理方便将这些类打包成一个.jar 文件。驱动可以在网上下载，并且需要添加到工程中。我们访问的 MySQL 数据库驱动文件为“mysql-connector-java-3.1.10-bin.jar”，其相应的代码如下：

```
String driver="com.mysql.jdbc.Driver";//驱动程序描述字符串
Class.forName(driver);//在程序中根据驱动程序描述字符串加载驱动程序
```

java.sql.Driver 是所有 JDBC 驱动程序需要实现的接口，以下是不同数据库实现该接口的驱动程序类名。

(1) oracle.jdbc.driver.OracleDriver。这是 Oracle 数据库的 JDBC 驱动程序的类名，Oracle 的 JDBC 驱动不需要单独下载，其位于安装文件的 lib 目录下。

(2) com.microsoft.jdbc.sqlserver.SQLServerDriver、com.microsoft.sqlserver.jdbc.SQLServer-Driver。这两个都是 SQL Server 数据库的 JDBC 驱动类名。第一个是 SQL Server 2000 的 JDBC 驱动类名，第二个是 SQL Server 2005 和 2008 的 JDBC 驱动类名。

(3) com.mysql.jdbc.Driver。这是 MySQL 的 JDBC 驱动的类名。

(4) sun.jdbc.odbc.JdbcOdbcDriver。这是连接 ODBC 的驱动类名。

2. 创建连接对象 Connection

调用 DriverManager 类的 getConnection()方法建立到数据库的连接，返回一个 Connection 对象。Connection 接口负责维护 Java 应用程序与数据库之间的连接。

```
public static Connection getConnection(String url, String user,String
password)
        throws SQLException
```

功能：试图建立到给定数据库 URL 的连接。

其中，user 是用户名，password 是用户的密码。url 是在主函数中定义的连接数据库字符串，url 包括数据库服务器地址及数据库名。

```
url = "jdbc:subprotocol:data source identifier"
```

其中，subprotocol 表示与特定数据库系统相关的子协议，data source identifier 表示数据源信息。

(1) 对于 Oracle 数据库连接，其 url 的形式如下：

```
url = "jdbc:oracle:thin:@localhost:1521:xscj"
```

(2) 对于 SQL Server 数据库连接，其 url 有以下两种形式：

```
url = "jdbc:microsoft:sqlserver://localhost:1433;DatabaseName = xscj"
url = "jdbc:sqlserver://localhost:1433;DatabaseName = xscj"
```

其中，第一个 url 是对应于 SQL Server 2000 数据库的，第二个 url 是对应于 SQL Server 2005 和 2008 数据库的。

在这里使用的是 MySQL 数据库，所以用的是 MySQL 驱动程序，不同的数据库用不同的驱动程序，如果用户使用的不是 MySQL，可替换 url 行。服务器地址是安装数据库的主机的 IP，如果在本机，也可以用"localhost"来连接。数据库名是已经在数据库系统中建立过的，这里是 mydb。

```
String url="jdbc:mysql://127.0.0.1:3306/mydb";
//一般形式是 jdbc:mysql://数据库 IP 地址:端口/数据库名
Connection con=DriverManager.getConnection(url,"root","admin");
//"root"、"admin"是连接 MySQL 的用户名、密码，根据实际情况修改。
```

另外，如果是连接 ODBC，则其 url 为“jdbc.odbc:person”，其中的 person 为数据库名。

3. 在连接对象上创建命令对象 Statement

Connection 接口提供一个方法 createStatement()，创建命令对象 Statement，通过 Statement 类所提供的方法，可以利用标准的 SQL 命令，对数据库直接进行新增、删除或修改操作。

```
Statement cmd=con.createStatement();
```

Statement 接口的常用方法如下：

(1) boolean execute(String sql)throws SQLException

功能：执行给定的 SQL 语句。

(2) int executeUpdate(String sql)throws SQLException

功能：执行给定的 SQL 语句，该语句可能为 INSERT、UPDATE 或 DELETE 语句，或者不返回任何内容的 SQL 语句(如 SQL DDL 语句)。

(3) ResultSet executeQuery(String sql)throws SQLException

功能：执行给定的 SQL 语句，该语句返回单个 ResultSet 对象。

4. 执行 SQL 语句

```
String sql="select * from customers";
```

执行 select 语句，返回结果集 ResultSet，ResultSet 本质上是指向数据行的游标。每调用一次 next() 方法，游标向下移动一行。最初游标位于第一行之前，因此第一次调用 next() 方法时将把光标置于第一行上，使它成为当前行。随着每次调用 next()方法，游标均会向下移动一行，按照从上至下的次序获取 ResultSet 行。

```
ResultSet rs=cmd.executeQuery(sql);
rs.next();                          //移动结果集，指向下一行
```

取指向某行的某个列值用 rs.getXXX(列号或列名)方法，其中 XXX 代表字段类型。

```
rs.getString(1);//表示取当前行第一列，该列在数据库中类型为 char 或 varchar。
```

这里再补充说明 ResultSet 的使用。ResultSet 接口的常用方法如下：

(1) String getString(int columnIndex)throws SQLException

功能：获取此 ResultSet 对象的当前行中指定列的值，参数 columnIndex 代表字段的索引位置。

(2) String getString(String columnLabel)throws SQLException

功能：获取此 ResultSet 对象的当前行中指定列的值，参数 columnLabel 代表字段值。

(3) int getInt(int columnIndex)throws SQLException

功能：获取此 ResultSet 对象的当前行中指定列的值，参数 columnIndex 代表字段的索引值。

(4) int getInt(String columnLabel)throws SQLException

功能：获取此 ResultSet 对象的当前行中指定列的值，参数 columnLabel 代表字段值。

(5) boolean absolute(int row)throws SQLException

功能：将游标移动到此 ResultSet 对象的给定行编号。

(6) boolean previous()throws SQLException

功能：将游标移动到此 ResultSet 对象的上一行。

(7) boolean first()throws SQLException

功能：将游标移动到此 ResultSet 对象的第一行。

(8) boolean last()throws SQLException

功能：将游标移动到此 ResultSet 对象的最后一行。

(9) boolean next()throws SQLException

功能：将游标移到下一行，ResultSet 游标最初位于第一行之前，第一次调用 next()方法使第一行成为当前行。

假如我们创建数据库以及表的 SQL 语句如下：

```
create table students(
    sno   int not null primary key,
    sname varchar(15) ,
    ssex  varchar(2),
    sdept varchar(15)
 );
```

则我们执行查询命令之后取数据语句如下：

```
    Statement cmd=con.createStatement();
    String sql="select * from students";
    ResultSet rs=cmd.executeQuery(sql);
    while(rs.next()){
        int sno=rs.getInt(1);
        //表示取当前行第一列，因为这列数据类型是 int 型，所以使用 getInt()方法
        String sname=rs.getString(2); //表示取当前行第二列
        String ssex=rs.getString(3); //表示取当前行第三列
        String sdept=rs.getString(4); //表示取当前行第四列
        System.out.printf("%-8d%-20s%-3s%-20s\n",sno,sname,ssex,sdept);
    }
```

5. 关闭连接

关闭连接是一种好的编程习惯，不使用数据库时尽量不要占用连接。

```
    con.close();
```

以上这些操作都是通过调用相应类的方法来实现的，JDBC API 由 java.sql 和 javax.sql 包组成。java.sql 包定义了访问数据库的接口和类，如图 4.4 所示。

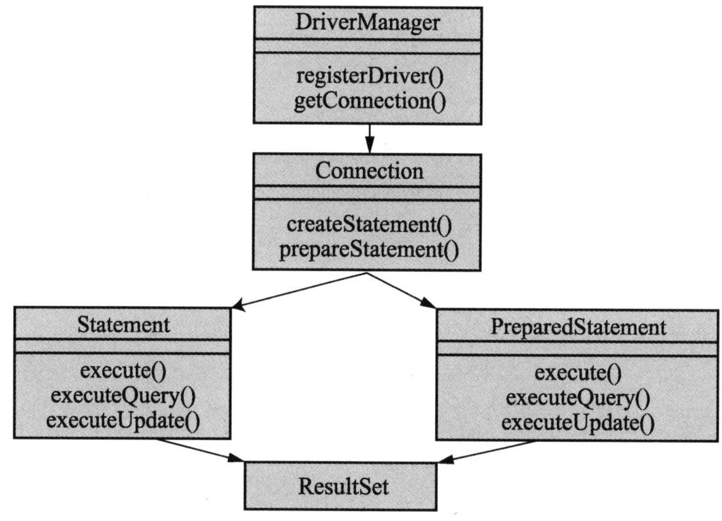

图 4.4　java.sql 包中主要的类和接口

4.2.3　完整示例

【参考图文】

下面给出两个完整的数据库访问和操作的示例。

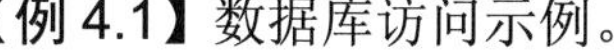

【例 4.1】数据库访问示例。

```
    import java.sql.*;
    /*程序的第一句导入我们需要用到的 JDBC API，为了方便，以*来导入在 sql 中定义的所有包，
用户也可以只指定用户用到的包，如 java.sql.Connection 等。
     */
    public class DBDemo1 {
```

```
    public static void main(String[] args) throws Exception {
    /*将驱动程序导入工程，程序中加载驱动*/
    Class.forName("com.mysql.jdbc.Driver");
    /*创建连接对象 Connection */
    String url = "jdbc:mysql://127.0.0.1:3306/mydb";
    Connection con = DriverManager.getConnection(url, "root", "admin");
/* 在连接对象上创建命令对象 Statement */
    Statement cmd = con.createStatement();
    String sql = "select * from student where sname!='NULL' ";
    ResultSet rs = cmd.executeQuery(sql);
    while (rs.next()) {
       String sno = rs.getString("sno");
     //表示取当前行第一列，因为这列数据类型是 String 类，所以使用 getString()方法
      String sname = new String(rs.getString(2).getBytes("iso-8859-1"),
    "gb2312");
     //表示取当前行第二列
      String sdept = rs.getString(3); //表示取当前行第三列
      System.out.printf("%-8s%-6s%-3s\n", sno, sname, sdept);
       }
       con.close();
    }
}
```

其中，表名为 student，有三个字段，学号、姓名和系号(即系的 ID)。运行结果如图 4.5 所示。

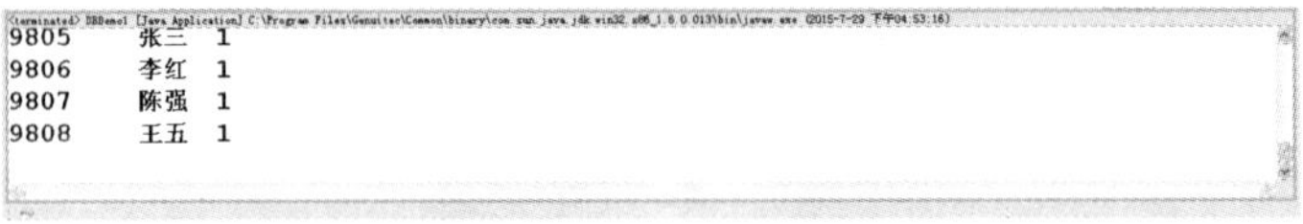

```
9805    张三  1
9806    李红  1
9807    陈强  1
9808    王五  1
```

图 4.5　例 4.1 运行结果

代码中对每一行代码都给了注释，这里再解释几个问题。对于 SQL 语句 select * from student where sname!='NULL'，之所以给出不为空的条件，是防止表中数据出现值为 NULL 的情况；在取第二列时，代码为 new String(rs.getString(2).getBytes("iso-8859-1"),"gb2312")，之所以采用这种办法，是防止数据库中的数据出现中文乱码问题，这里采用了其中的一种转码办法。

下面对 xscj1 数据库中的表 xs 进行 JDBC 编程操作。数据表 xs 如图 4.6 所示，表中只有两条数据，现在对其进行增删改操作。

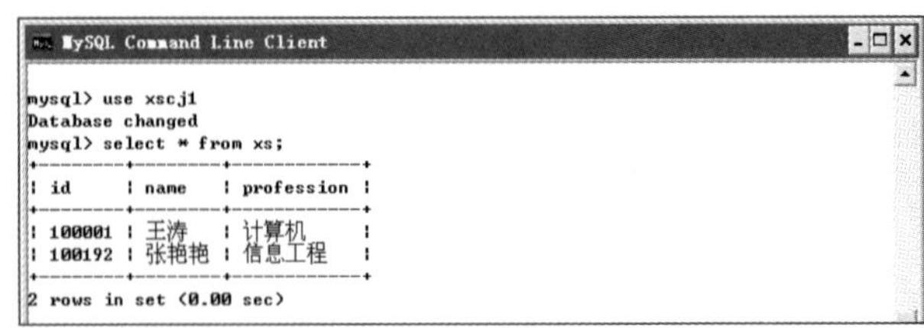

图 4.6　数据表 xs

【例 4.2】数据库添加记录示例。

```
public static void main(String[] args) throws UnsupportedEncodingException {
        ResultSet rs = null;
        Statement stmt = null;
        Connection conn = null;
        try {
          /*加载并注册 MySQL 的 JDBC 驱动*/
          Class.forName("com.mysql.jdbc.Driver");
          /*建立到 MySQL 数据库的连接*/
          conn = DriverManager.getConnection(
               "jdbc:mysql://localhost:3306/xscj1", "root", "admin");
          /*访问数据库，执行 SQL 语句*/
          stmt = conn.createStatement();
          /*添加记录*/
          System.out.println("添加记录后:");
          String str1 = new String("王涛".getBytes("gb2312"),"iso-8859-1");
          String str2 = new String("电子工程".getBytes("gb2312"),"iso-
       8859-1");
          String sql1 = "insert into xs values (100193, '"+str1+"',
       '"+str2+"')";
          stmt.executeUpdate(sql1);
          rs = stmt.executeQuery("select * from xs");
          while(rs.next()) {
             System.out.println(rs.getInt("id"));
             System.out.println(
                new String(rs.getString("name").getBytes("iso-8859-1"),
                "gb2312"));
            System.out.println(
               new String(rs.getString("profession").getBytes("iso-
               8859-1"), "gb2312"));
            }
          } catch (ClassNotFoundException e) {
            e.printStackTrace()
           } catch (SQLException e) {
            e.printStackTrace()
         } finally {
           try {
             if(rs != null) {
               rs.close();                    //关闭 ResultSet 对象
               rs = null;
            }
           if(stmt != null) {
               stmt.close();               //关闭 Statement 对象
               stmt = null;
            }
```

【参考图文】

```
if(conn != null) {
    conn.close();              //关闭 Connection 对象
    conn = null;
}
                } catch (SQLException e) {
e.printStackTrace();
                }
            }
        }
```

程序运行后，数据库表记录如图 4.7 所示。

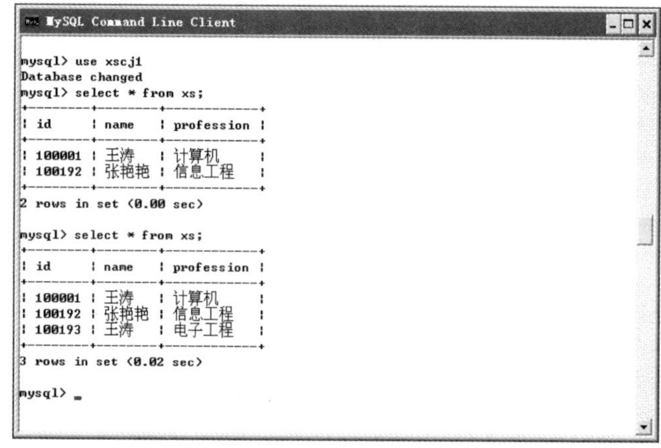

图 4.7　添加记录后 xs 数据表中的数据

从图 4.7 中可以看出，一条新的记录通过程序的运行添加到了数据表中。程序中同样进行了数据表中数据和程序中数据的转码，通常 MySQL 中的数据为“iso-8859-1”格式，所以只需将其转为我们需要的格式即可。

另外，程序最后还对各种资源进行了关闭。首先关闭 ResultSet 对象，然后关闭 Statement 对象，最后关闭 Connection 对象。如果这些对象不关闭，会占用系统资源。

修改和删除记录操作与添加记录操作类似，只需用相应的程序替换粗体的代码部分即可。

其中，修改记录的关键代码为

```
//"修改记录后:"
    String str3 = new String("李明".getBytes("gb2312"),"iso-8859-1");
    String sql2 = "update xs set name = '"+str3+"' where id = 100193";
    stmt.executeUpdate(sql2);
```

删除记录的关键代码为

```
/*"删除记录后:"
    String sql3 = "delete from xs where id = 100192";
    stmt.executeUpdate(sql3);
```

4.3　JDBC 编程进阶

4.3.1　PreparedStatement 研究

1. PreparedStatement 的概念

什么是带参数的 SQL 语句，在 JDBC 中如果 SQL 语句带有“?”(占位符)号，如 String sql= “select * from students where sno=?”;，这里并不是表示查询学号为“?”的学生，而是表示这里是一个参数，在执行该语句之前，必须给参数赋值。

在 JDBC 应用中，如果用户已经是稍有水平的开发者，就应该始终以 PreparedStatement 代替 Statement。也就是说，减少使用 Statement，原因如下：

(1) 代码的可读性和可维护性。虽然用 PreparedStatement 来代替 Statement 会使代码多出几行，但这样的代码无论从可读性还是可维护性上来说，都比直接用 Statement 的代码要好的多。

```
cmd.executeUpdate("insert into tb_name (col1,col2,col2,col4)
          values('"+ var1+"','"+ var2+"',"+var3+",'"+var4+"')");
 cmd = con.prepareStatement("insert into tb_name (col1,col2,col2,col4)
 values (?,?,?,?)")
```

(2) PreparedStatement 可提高性能。每一种数据库都会尽最大努力对预编译语句提供最大的性能优化，因为预编译语句有可能被重复调用，所以语句在被 DB 的编译器编译后的执行代码被缓存下来，下次调用时只要是相同的预编译语句就不需要编译，只要将参数直接传入编译过的语句执行代码中(相当于一个函数)就会得到执行。

(3) 防止 SQL 注入攻击。SQL 注入攻击的基本原理，是从客户端合法接口提交特殊的非法代码，让其注入服务器端执行业务的 SQL 中，进而改变 SQL 语句的原有逻辑和影响服务器端正常业务的处理，如图 4.8 所示。

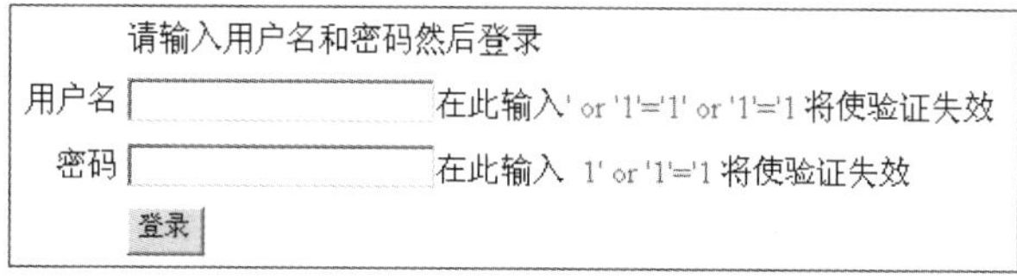

图 4.8　SQL 注入攻击

现有一个 Login 页面用来控制 WebApp 的入口，用户想要进入只有输入“用户名”和“密码”，负责用户登录处理的 Servlet 接收到请求后，将查看数据表 usertable 中是否存在这个用户名和密码，如果存在则让其进入，否则拒绝，进行验证的 SQL 语句如下：

```
select count(*) from usertable where name='用户名' and pswd='密码'
```

如果用户通过某种途径知道或是猜测出了验证 SQL 语句的逻辑，他就有可能在表单中输入特殊字符改变 SQL 原有的逻辑，如在名称文本框中输入“'or'1'='1'or'1'='1”或是在密码文本框中输入“ 1'or'1'='1 ”，SQL 语句将会变成：

```
select count(*) from usertable where name='' or '1'='1' or '1'='1 ' and
pswd='1' or '1'='1'
```

显然，or 和单引号的加入使得 where 后的条件始终是 true，原有的验证完全无效了。

2. 如何使用 PreparedStatement

(1) 通过连接获得 PreparedStatement 对象，用带占位符(?)的构造 SQL 语句。

```
PreparedStatement cmd=con.preparedStatement("select * from Students
where  sname=?");
```

(2) 设置输入参数值。一定要在执行 sql 语句前设置值。

```
cmd.setString(1, "张三");//1 表示从左到右数的第一个参数，"张三"是为第一个参数
                        设置//的值，如果还有其他参数，需要一个一个赋值。
```

(3) 执行 SQL 语句。

```
rs = cmd.excuteQuery();
```

Statement 发送完整的 SQL 语句到数据库不是直接执行而是由数据库先编译，再运行，每次都需要编译。而 PreparedStatement 是先发送带参数的 SQL 语句，由数据库先编译，再发送一组组参数值。

在第(2)步设置输入参数值时用到了 PreparedStatement 接口的方法 setXXX()，其中 XXX 为不同的类型。PreparedStatement 接口的常用方法如下：

(1) void setBoolean(int parameterIndex,boolean x)throws SQLException
功能：将指定参数设置为给定 boolean 值。parameterIndex 的第一个参数是 1，第二个参数是 2，…，x 是参数值。

(2) void setInt(int parameterIndex,int x)throws SQLException
功能：将指定参数设置为给定 int 值。

(3) void setFloat(int parameterIndex,float x)throws SQLException
功能：将指定参数设置为给定 float 值。

(4) void setDouble(int parameterIndex,double x)throws SQLException
功能：将指定参数设置为给定 double 值。

(5) void setString(int parameterIndex,String x)throws SQLException
功能：将指定参数设置为给定 string 值。

【参考图文】

【例 4.3】使用 PreparedStatement 进行数据库操作示例。

```
public static void main(String[] args) throws Exception {
        String driver = "com.mysql.jdbc.Driver";
        Class.forName(driver);
        String url = "jdbc:mysql://127.0.0.1:3306/mydb";
        Connection con = DriverManager.getConnection(url, "root", "admin");
        String sql = "insert into student values(?,?,?)";
        PreparedStatement cmd = con.prepareStatement(sql);
```

```
        cmd.setString(1, "9809");
        String name = new String("陈兵".getBytes("gb2312"),"iso-8859-1");
        cmd.setString(2, name);
        cmd.setString(3, "7");
        cmd.executeUpdate();
        con.close();
    }
```

程序运行后，数据库的变化如图 4.9 所示。

```
MySQL Command Line Client
| 9805 | 张三   | 1      |
| 9806 | 李红   | 1      |
| 9807 | 陈强   | 1      |
| 9808 | 王五   | 1      |
| 9809 | 陈兵   | 7      |
+------+--------+--------+
46 rows in set (0.00 sec)
```

图 4.9　例 4.3 运行后数据库的变化

4.3.2　如何获得元数据 MetaData

元数据最本质、最抽象的定义为 data about data (关于数据的数据)。它是一种广泛存在的现象，在许多领域有其具体的定义和应用。简单地说，元数据就是关于数据的数据或关于信息的信息。例如，书的文本就是书的数据，而书名、作者、版权数据都是书的元数据。一般数据库系统用元数据来表示数据的信息，如数据的类型、长度、存放位置等关于数据的信息用来管理和维护数据。元数据的使用，可以大大提高系统的检索和管理的效率。连接和结果集的大量信息可以从元数据对象中得到，JDBC 提供了两个元数据对象类型 DatabaseMetaData 和 ResultSetMetaData。

JDBC 通过元数据(MetaData)来获得具体的表的相关信息，如可以查询数据库中有哪些表、表有哪些字段，以及字段的属性等。MetaData 中通过一系列 getXXX 将这些信息返回给用户。

数据库元数据 Database MetaData 用 connection.getMetaData()获得，其包含了关于数据库整体元数据的信息。

结果集元数据 ResultSet MetaData 用 resultSet.getMetaData()获得，比较重要的是获得“表”的列名、列数等信息。

1. 结果集元数据对象，其语法格式为

```
ResultSetMetaData meta = rs.getMetaData();
```

字段个数：meta.getColomnCount();
字段名字：meta.getColumnName();
字段 JDBC 类型：meta.getColumnType();
字段数据库类型：meta.getColumnTypeName();

2. 数据库元数据对象，其语法格式为

```
DatabaseMetaData dbmd = con.getMetaData();
```

数据库名：dbmd.getDatabaseProductName();
数据库版本号：dbmd.getDatabaseProductVersion();
数据库驱动名：dbmd.getDriverName();
数据库驱动版本号：dbmd.getDriverVersion();
数据库 Url：dbmd.getURL();
该连接的登录名：dbmd.getUserName();

3. 使用举例

```
ResultSet rs = cmd.executeQuery("select * from student");
ResultSetMetaData rsMetaData = rs.getMetaData();
int n = rsMetaData.getColumnCount();                  //共取多少列
String columnName = rsMetaData.getColumnName(i);      //第 i 列名称
String tableName = rsMetaData.getTableName(i);        //表名
```

【例 4.4】元数据访问示例。

```
public static void main(String[] args) throws Exception {
    /*将驱动程序导入工程，程序中加载驱动*/
    Class.forName("com.mysql.jdbc.Driver");
    /*创建连接对象 Connection */
    String url = "jdbc:mysql://127.0.0.1:3306/mydb";
    Connection con = DriverManager.getConnection(url, "root", "admin");
    DatabaseMetaData meta = con.getMetaData();//获得数据库元数据对象
    System.out.println("数据库名:" + meta.getDatabaseProductName());
    System.out.println("数据库版本号:" + meta.getDatabaseProductVersion());
    System.out.println("数据库 Url: " + meta.getURL());
    System.out.println("登录名: " + meta.getUserName());
    System.out.println("数据库驱动名: " + meta.getDriverName());
    System.out.println("数据库驱动版本号: " + meta.getDriverVersion());
    /*在连接对象上创建命令对象 Statement */
    Statement cmd = con.createStatement();
    String sql = "select * from student";
    ResultSet rs = cmd.executeQuery(sql);
    ResultSetMetaData rsmd = rs.getMetaData();//获得结果集元数据对象
    int n = rsmd.getColumnCount();// 共取多少列
    System.out.println("第一列的类型: "+ rsmd.getColumnType(1));
    System.out.println("第一列的列类型名: "+ rsmd.getColumnTypeName(1));
    System.out.println("第一列所在的表名: "+ rsmd.getTableName(1));
    System.out.println("--------------------------------");
    for (int i = 1; i <= n; i++)
        System.out.printf("%-10s", rsmd.getColumnName(i));//输出每一列的列名
        System.out.println();
        while (rs.next()) {
            String sno = rs.getString(1);
            String sname = rs.getString(2);
```

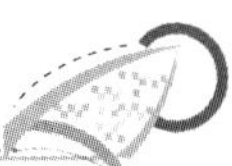

```
            if (sname != null)
                sname = new String(rs.getString(2).getBytes("iso-8859-1"),
                    "gb2312");
                String sdept = rs.getString(3);
                System.out.printf("%-10s%-10s%-10s\n", sno, sname, sdept);
        }
        con.close();
    }
```

程序首先通过连接对象获得数据库元对象，通过该对象获取数据库的元数据并输出；然后通过结果集获取结果集元数据对象，通过该对象获取列数、第一列的类型等；最后通过总列数循环获取输出每一列的列名和相应的数据。程序运行结果如图 4.10 所示。

```
数据库名:MySQL
数据库版本号:5.1.42-community
数据库Url: jdbc:mysql://127.0.0.1:3306/mydb
登录名: root@localhost
数据库驱动名: MySQL-AB JDBC Driver
数据库驱动版本号: mysql-connector-java-3.1.10 ( $Date: 2005/05/19 15:52:23 $, $Rev
第一列的类型: 1
第一列的列类型名: CHAR
第一列所在的表名: student
-------------------------------
sno       sname     deptid
01        吴兵    7
1         aaa       1
1001      张三    1
```

图 4.10　例 4.4 运行结果

4.3.3　事务处理

1. 什么是 Java 事务

通俗的理解，事务是一组原子操作单元。从数据库角度说，事务就是一组 SQL 指令，要么全部执行成功，若因为某个原因其中一条指令执行有错误，则撤销先前执行过的所有指令。更简洁地说就是，要么全部执行成功，要么撤销全部不执行。既然事务的概念从数据库而来，那么 Java 事务是什么？它们之间有什么联系？实际上，一个 Java 应用系统要操作数据库，是通过 JDBC 来实现的。增加、修改、删除都是通过相应方法间接来实现的，事务的控制也相应转移到 Java 程序代码中。因此，数据库操作的事务习惯上就称为 Java 事务。

2. 为什么需要事务

事务是为解决数据安全操作提出的，事务控制实际上就是控制数据的安全访问。举一个简单例子，如银行转账业务，账户 A 要将自己账户上的 1000 元转到 B 账户中，A 账户余额首先要减去 1000 元，然后 B 账户要增加 1000 元。假如中间网络出现了问题，A 账户减去 1000 元已经结束，B 账户因为网络中断而操作失败，那么整个业务失败，必须做出控制，要求 A 账户转账业务撤销，这样才能保证业务的正确性。完成这个操作就需要事务，将 A 账户资金减少和 B 账户资金增加放到一个事务里面，要么全部执行成功，要么操作全部撤销，这样就保持了数据的安全性。

3. JDBC 事务

JDBC 事务是用 Connection 对象控制的。Connection 提供了两种事务模式：自动提交和手工提交。在 JDBC 中，事务操作默认是自动提交。也就是说，一条对数据库的更新表达式代表一项事务操作，操作成功后，系统将自动调用 commit()来提交，否则将调用 rollback()来回滚。

在 JDBC 中，可以通过调用 setAutoCommit(false)来禁止自动提交。之后就可以把多个数据库操作的表达式作为一个事务，在操作完成后调用 commit()来进行整体提交。倘若其中一个表达式操作失败，都不会执行到 commit()，并且将产生响应的异常；此时就可以在异常捕获时调用 rollback()进行回滚。这样做可以保持多次更新操作后相关数据的一致性，示例如下：

【例 4.5】数据库事务编程示例。

```
public static void main(String[] args) throws Exception{
        Connection con=null;
        try {
            String driver = "com.mysql.jdbc.Driver";
            Class.forName(driver);
            String url="jdbc:mysql://127.0.0.1:3306/mydb";
            con=DriverManager.getConnection(url, "root", "admin");
            String name=new String("张三".getBytes("gb2312"),"iso-8859-1");
            String sql="insert into student values('9810','"+name+"','1')";
            Statement cmd=con.createStatement();
            con.setAutoCommit(false);
            //设置自动提交事务为 false，开始我们定义的事务
            cmd.executeUpdate(sql);//后面将把这条语句注释掉
            cmd.executeUpdate(sql);
            con.commit();
            con.close();
        } catch (Exception ex){
            try{
              con.rollback();
            }catch(SQLException e){
             }
        }
    }
```

运行结果如图 4.11 所示。

图 4.11　例 4.5 运行结果

从运行结果中可以看出，数据并没有添加。其实，第一个执行语句 cmd.executeUpdate (sql)执行后，数据已经添加，但第二个语句 cmd.executeUpdate(sql)执行后，由于主键相同，所以添加失败，而由于这两条语句是一个事务，要么都成功提交，要么撤销全部不执行，所以最后结果是撤销全部不执行。

下面我们把粗体字语句注释起来再运行一遍，运行结果如图 4.12 所示。

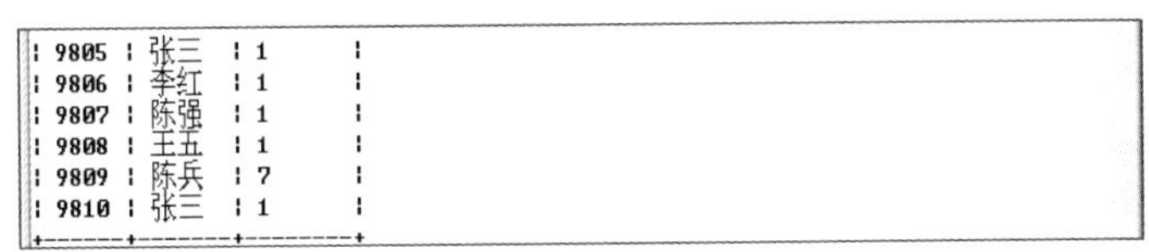

9805	张三	1
9806	李红	1
9807	陈强	1
9808	王五	1
9809	陈兵	7
9810	张三	1

图 4.12　成功提交的结果

从图 4.12 中可以看出，‘9810’号学生已经被成功加入表中。

4.4　数据库分层设计

4.4.1　O/R 映射

对象关系映射(Object Relational Mapping，ORM)是一种为了解决面向对象与关系数据库存在的互不匹配的现象的技术。简单地说，ORM 是通过使用描述对象和数据库之间映射的元数据，将 Java 程序中的对象自动持久化到关系数据库中，本质上就是将数据从一种形式转换到另外一种形式。

ORM 是随着面向对象的软件开发方法发展而产生的。面向对象的开发方法是当今企业级应用开发环境中的主流开发方法，关系数据库是企业级应用环境中永久存放数据的主流数据存储系统。对象和关系数据是业务实体的两种表现形式，业务实体在内存中表现为对象，在数据库中表现为关系数据。内存中的对象之间存在关联和继承关系，而在数据库中，关系数据无法直接表达多对多关联和继承关系。因此，对象-关系映射(ORM)系统一般以中间件的形式存在，主要实现程序对象到关系数据库数据的映射。

4.4.2　分层设计示例

编写程序都要分层设计，即数据库访问放在一个类或几个类中，然后界面层调用。本节简单介绍 O/R 映射思想，该内容会在第 9 章详细介绍。O/R 映射是指将数据库的表映射成程序中的类，表中列映射称为类的属性。对数据库访问的一些操作简称 DAO(Date Access Object)层。下面使用示例来说明，请读者认真体会。

第 1 步：假设有以下数据库中的表：

```
create Table customers(
  customerid varchar(20),
  name varchar(20),
  phone varchar(20)
);
```

第 2 步：编写一个类映射数据库中的表。

代码如下：

```
public class Customer {
      private String cusid, cusname, cusphone;
      public Customer() {
      }
      public Customer(String cusid, String cusname, String cusphone) {
            this.cusid = cusid;
            this.cusname = cusname;
            this.cusphone = cusphone;
      }
      public String getCusid() {
            return cusid;
      }
      public void setCusid(String cusid) {
            this.cusid = cusid;
      }
      public String getCusname() {
            return cusname;
      }
      public void setCusname(String cusname) {
            this.cusname = cusname;
      }
      public String getCusphone() {
            return cusphone;
      }
      public void setCusphone(String cusphone) {
            this.cusphone = cusphone;
      }
}
```

第 3 步：编写一个操作类 DAO，实现数据库表记录添加、删除、修改以及查询等操作。

代码如下：

```
public class CustomerDAO{
   String driver = "com.mysql.jdbc.Driver";
   String url="jdbc:mysql://127.0.0.1:3306/mydb";
   /*增加顾客*/
   public void addCustomer(Customer cus){
     try{
          Class.forName(driver);
          Connection con=DriverManager.getConnection(url,"root","admin");
          String sql="insert into customers values(?,?,?)";
          PreparedStatement cmd=con.prepareStatement(sql);
        cmd.setString(1, cus.getCid());
        cmd.setString(2, cus.getCname());
        cmd.setString(3, cus.getCphone());
```

```
            cmd.executeUpdate();
            con.close();
            }catch(Exception ex){
            }
        }
        /*删除顾客*/
         public void deleteCustomerByID(Customer cus){
          try{
              Class.forName(driver);
              Connection con=DriverManager.getConnection(url,"root","admin");
              String sql="delete from customers where customerId=?";
              PreparedStatement cmd=con.prepareStatement(sql);
              cmd.setString(1, cusID);
              cmd.executeUpdate();
              con.close();
              }catch(Exception ex){
              }
          }
        /*查询所有顾客*/
        public List<Customer> allCustomers(List list){
            List<Customer> list=new ArrayList<Customer>();
            try{
                Class.forName(driver);
                Connection con=DriverManager.getConnection(url,"root","amdin");
                Statement cmd=con.createStatement();
                ResultSet rs=cmd.executeQuery("select name,phone from customers ");
                while(rs.next()){
                Customer c=new Customer();
                c.setCid(rs.getString(1));
                c.setCname(rs.getString(1));
                c.setCphone(rs.getString(2));
                list.add(c);
            }
            con.close();
            }catch(Exception ex){
            }
            return list;
          }
    }
```

第 4 步：编写客户端，测试该 DAO 类。

代码如下：

```
package com;
import bean.Customer;
import dao.CustomerDao;
```

```
import java.util.*;
public class Demo {
   public static void main(String[] args) throws Exception{
      CustomerDAO dao=new CustomerDAO();
      ArrayList<Customer> clist=(ArrayList)dao.allCustomers();
      for(int i=0;i<clist.size();i++){
         Customer cus=clist.get(i);
         System.out.println(cus.getCusid()+" "
                +cus.getCusname()+" "+cus.getCusphone());
    }
   }
}
```

从以上步骤中可以看出，该程序对数据库的访问程序进行了分层设计。首先是对应于数据表的实体层，把关于数据库访问的操作进行了封装，单独封装了一个类称为 DAO，最后的程序应用层不直接操作访问数据库，而是调用 DAO 层的相应服务。这样安排减少了对象、模块之间的耦合，便于理解、阅读、修改和维护。如果用户换了 Oracle 数据库，只需修改 DAO 层即可，其他层都无须修改。而且从程序中我们也可以看出，程序完全采用了面向对象开发，即使是数据库的编程也做到了这一点。

我们从 DAO 层可以看出，关于数据库连接和各种对象的创建等底层操作与业务逻辑有很大差别，也就是该模块做了很多与业务逻辑功能无关的操作，没有让编程人员把精力完全放在业务逻辑上，过多地考虑了数据库底层操作，且代码重复过多。因此，我们可以把这部分数据库底层操作从这一层进一步分离，专门封装成一个单独的类，命名为 DB 层。具体实现如下：

DB 层：

```
public class DB {
     String driver = "com.mysql.jdbc.Driver";
     String url="jdbc:mysql://127.0.0.1:3306/mydb";
     Connection conn = null;
     PreparedStatement pstmt = null;
     ResultSet rs = null;
     public Connection getConn() throws ClassNotFoundException,
     SQLException{
            Class.forName(driver);
            conn = DriverManager.getConnection(url,"root","admin");
            return conn;
     }
     public void closeAll(){
            if(rs!=null){
              try{
                 rs.close();
              }catch(SQLException e){
                 e.printStackTrace();
```

```
            }
        }
        if(pstmt!=null){
            try{
              pstmt.close();
            }catch(SQLException e){
              e.printStackTrace();
            }
        }
        if(conn!=null){
            try{
              conn.close();
            }catch(SQLException e){
              e.printStackTrace();
            }
        }
  }
    public ResultSet executeQuery(String preparedSql,String[]param){
        try{
          pstmt = conn.prepareStatement(preparedSql);
          if(param!=null){
              for(int i=0;i<param.length;i++){
                pstmt.setString(i+1, param[i]);
              }
          }
          rs = pstmt.executeQuery();
        }catch(SQLException e){
            e.printStackTrace();
        }
        return rs;
  }
  public int executeUpdate(String preparedSql,String[]param){
      int num=0;
      try{
        pstmt=conn.prepareStatement(preparedSql);
        if(pstmt!=null){
          for(int i=0;i<param.length;i++){
            pstmt.setString(i+1,param[i]);
            }
          }
          num=pstmt.executeUpdate();
        }catch(SQLException e){
          e.printStackTrace();
        }
      return num;
```

```
        }
}
```

DB 类封装了数据库访问的四个操作：创建连接对象、关闭连接对象、执行查询、执行增删改等更新操作，共四个方法。

DAO 层：

```
public class CustomerDAO {
      DB db = new DB();//创建 DB 层对象
     /*添加顾客*/
      public void addCustomer(Customer cus)
                  throws ClassNotFoundException, SQLException{
           String sql="insert into customers values(?,?,?)";
           db.getConn();//获取数据库连接对象
           db.executeUpdate(sql, new String[]{cus.getCusid(),
                 cus.getCusname(),cus.getCusphone()});
           db.closeAll();
     }
     /*删除顾客*/
     public void deleteCustomerByID(String cusID){
        try{
            db.getConn();
            db.executeUpdate(sql, new String[]{cusID});
            db.closeAll();
          }catch(Exception ex){
            }
          }
     /*查询所有顾客*/
     public List<Customer> allCustomers(){
          ArrayList<Customer> list=new ArrayList<Customer>();
          try{
             String sql="select * from customers";
             db.getConn();
             ResultSet rs = db.executeQuery(sql, null);
             while(rs.next()){
                Customer c=new Customer();
                c.setCusid(rs.getString(1));
                c.setCusname(rs.getString(2));
                c.setCusphone(rs.getString(3));
                list.add(c);
             }
               db.closeAll();
             }catch(Exception ex){
               }
             return list;
     }
}
```

从上面的新 DAO 层程序可以看出，代码大大简化，结果清晰整齐，便于阅读理解。不同方法中都是先创建 DB 对象，然后调用其方法获取连接、执行查询和更新操作。其他层的程序都无须改变。

注意：按通常的叫法，我们通常把这里的 DAO 层称为 Service 层，即数据库访问服务层，里面封装了业务逻辑操作；而把 DB 层称为 DAO 层，封装了关于数据库访问的底层操作，这样命名更有道理。

本章小结

本章主要介绍了 Java 数据访问技术 JDBC。在应用程序中数据都要进行持久化存储。持久化存储就是将数据存储在文件中或数据库中，不会因为机器关机或掉电等使数据丢失。JDBC 并没有设计为针对某个特殊的数据库，而是提供了一个统一的数据库访问技术。所以尽管面对不同的数据库产品，JDBC 数据库编程都是统一的。当然最后还是要转换为本地数据兼容的形式，这就是为什么要加载驱动程序的原因。本章使用的数据库为 MySQL，如果要对其他数据库(如 SQL Server 或 Oracle 等)进行编程，基本思路都是一样的，只是一些细节可能不同，动手编写一些程序才是重要的。

习　题

【参考图文】

一、选择题

1．MySQL 使用的默认端口是(　　)。

A．1433　　B．8080　　C．3306　　D．8088

2．下面(　　)接口用于执行静态的 SQL 语句。

A．PreparedStatement　　B．Statement

C．Connection　　D．ResultSet

3．下面(　　)接口用于保存 JDBC 执行查询时返回的结果集，该结果集与数据库表字段相对应。

A．ResultSet　　B．Connection　　C．Statement　　D．DataSet

二、填空题

1．JDBC 是________(API 应用程序编程接口)，定义在 JDK 的 API 之中。

2．执行动态 SQL 语句的接口是________。

3．Class 的 forName()方法的作用是________。

4．应用 PreparedStatement 接口中的 SQL 语句，可以使用占位符________来代替其参数，然后通过________方法为 SQL 语句的参数赋值。

三、上机实践

1．用 JDBC 技术创建一个通讯录应用程序，要求通讯录中必须含有编号、姓名、性别、电话、地址、E-mail 等。实现该类，并包含添加、删除、修改、按姓名查找等几个方法。编写主程序测试。

参考如下：

第 1 步：编写一个 Person 联系人类。

代码如下：

```
public class Person {
    private int   pid;                    //编号
    private String name;                  //姓名
    private String sex;                   //性别
    private String tel;                   //电话
    private String address;               //地址
    private String email;                 //E-mail
/*构造函数以及 set-get 函数*/
}
```

第 2 步：编写一个 PersonDao 封装对联系人类的有关操作。

代码如下：

```
public class PersonDao {
//添加联系人
public void addPerson(Person p){
String sql"";
DBHelper. executeUpdate(sql);
}
//通过人的编号删除联系人
public void deletePersonByID(int pid){
String sql="delete from person where pid="+pid;
DBHelper. executeUpdate(sql);
}
//通过人的姓名查找联系人，返回一个集合
public List<Person> queryPersonByName(String name){
….
}
//… 其余方法
}
```

第 3 步：编写一个测试类。

2. 在数据库中建立一个表，表名为学生，其结构为学号、姓名、性别、年龄、成绩。编程实现以下功能：

(1) 编写方法，向学生表中增加记录。

(2) 编写方法，将每条记录按成绩由大到小的顺序显示到界面。

(3) 编写方法，删除成绩不及格的学生记录。

第 5 章

Java 对 XML 编程技术

学习目标

- 了解 XML 的基本概念
- 了解利用开源 JDOM 项目对 XML 编程

5.1 XML 的基本概念

XML 即可扩展的标记语言，可以定义语义标记，是元标记语言。XML 与超文本标记语言 HTML 不同，HTML 只能使用规定的标记，对于 XML，用户可以定义自己需要的标记。XML 文件本质上是一个纯文本文件。具体来说，XML 可以应用于以下几个方面。

1. XML 可用于存储数据

通过使用 XML，纯文本文件可用于存储数据，也可使用 XML 将数据存储于文件或数据库之中。使用 XML 可以编写从数据仓库中存储信息的应用程序，而普通的应用程序就可被用来显示这些数据。通过使用 XML，数据可供更多的用户使用。

2. XML 可用于交换数据

通过使用 XML，可以在互不兼容的系统间交换数据。在现实世界中，计算机系统和数据库通过互不兼容的格式来容纳数据。对开发人员来说，其中最费时的挑战一直是在互联网上的系统之间交换数据。通过将数据转换为 XML，可以极大地降低这种复杂性，并创建可被许多不同类型的应用程序读取的数据。

3. XML 可被用来共享数据

通过使用 XML，纯文本文件可用于共享数据。XML 提供了独立于软、硬件的数据共享解决方案，使不同的应用程序都可以更容易地创建数据。

5.1.1 XML 文档结构

XML 文档总体上包括两部分：序言(Prolog)和文档元素(Document Elements)。序言中包含 XML 声明(XML Declaration)、处理指令(Processing Instructions)和注释(Comments)；文档元素中包含各种元素(Elements)、属性(Attributes)、文本内容(Textual Content)、字符和实体引用(Character and Entity References)、CDATA 段等。

假如定义学生相关信息，需要描述的是姓名、学号、性别、生日等，就可以为每项信息定义一个标记。students.xml 文件内容如下：

```
<?xml version="1.0" encoding="GB2312"?>
<学生名册>
    <学生 ID="001">
        <姓名>Jacken</姓名>
        <性别>男</性别>
        <生日>1982.05.09</生日>
    </学生>
    <学生 ID="002">
        <姓名>Mike</姓名>
        <性别>男</性别>
        <生日>1984.06.10</生日>
    </学生>
    <学生 ID="003">
        <姓名>Enita</姓名>
        <性别>女</性别>
        <生日>1981.12.01</生日>
    </学生>
    <学生 ID="004">
        <姓名>Richard</姓名>
        <性别>男</性别>
        <生日>1985.09.09</生日>
    </学生>
<学生 ID="005">
        <姓名>lisi</姓名>
        <性别>男</性别>
        <生日>1995.09.09</生日>
    </学生>
<学生 ID="006">
        <姓名>Rtom</姓名>
        <性别>男</性别>
        <生日>1985.09.09</生日>
    </学生>
</学生名册>
```

直接用浏览器打开该 XML 文件，显示成默认的树状结构，如图 5.1 所示。

```
file:///D:/Workspaces/MyEclipse 8.x/chapter2to5csproject/src/chapter5/students.xml

  <?xml version="1.0" encoding="GB2312" ?>
- <学生名册>
  - <学生 ID="001">
      <姓名>Jacken</姓名>
      <性别>男</性别>
      <生日>1982.05.09</生日>
    </学生>
  - <学生 ID="002">
      <姓名>Mike</姓名>
      <性别>男</性别>
      <生日>1984.06.10</生日>
    </学生>
  - <学生 ID="003">
      <姓名>Enita</姓名>
      <性别>女</性别>
      <生日>1981.12.01</生日>
    </学生>
  - <学生 ID="004">
      <姓名>Richard</姓名>
      <性别>男</性别>
      <生日>1985.09.09</生日>
    </学生>
  - <学生 ID="005">
      <姓名>lisi</姓名>
      <性别>男</性别>
      <生日>1995.09.09</生日>
    </学生>
  - <学生 ID="006">
      <姓名>Rtom</姓名>
      <性别>男</性别>
      <生日>1985.09.09</生日>
```

图 5.1　XML 文件显示样式

5.1.2　XML 基本元素

元素是 XML 内容的基本单元。元素包括开始标签、结束标签和标签之间的内容。例如：

```
<title>XML 是可扩展标记语言</title>
```

整行统称为元素，其中<title></title>为标签，“XML 是可扩展标记语言”是字符数据。

一个 XML 文件最起码是格式良好的，格式良好的一个要求就是每个 XML 文件不管内容多少，都必须有且仅有一个称为根元素的元素。首先要确定一个根元素，在这里可以使用<学生名册>作为文档元素，其中包含一个学生的所有信息内容。接着，可以把学生的姓名放到<姓名>元素中，把性别放到<性别>元素中。

5.1.3　使用属性

元素的属性是可选的(可有 0～n 个)，若元素有多个属性，则必须放在其开始标签或空元素标签中的标签名的后面，中间用空白符分割。每个属性都由属性名=“属性值”构成。

如果有不属于文档的内容或者不需要使用元素进一步表达的内容时，就需要使用属性。例如，如果使用不止一种货币发放工资，就需要在<工资>元素上表明是哪一种币制，可以添加一个名为“货币”的属性来表达这个消息。如果教师分为专职和兼职，其表示方法如下：

```
<?xml version="1.0" encoding="gb2312"?>
<教师列表>
    <教师>
        <姓名 类别 = "兼职">赵尚志</姓名>
        <住址>上海市浦东新区杨高路</住址>
```

```
        <职位>教授</职位>
        <工资 货币="人民币">4000</工资>
    </教师>
    <教师>
        <姓名 类别="专职">周文雄</姓名>
        <住址>上海市杨浦区</住址>
        <职位>教授</职位>
        <工资 货币="人民币">4000</工资>
    </教师>
</教师列表>
```

与 HTML 不同，XML 对语法有严格的要求。只有当 XML 文档符合“良构”(well-formed 格式良好的)要求时，解释程序才能对其加以分析处理。所谓合法性，就是要求 XML 文档的各个物理与逻辑成分严格符合语法规定，而对不符合规范的文档拒绝做进一步的处理，这一点与要求宽松的 HTML 浏览器不同。

具体来讲，一个合法或格式良好的 XML 文档应该满足以下常见的基本要求：

(1) 文档必须包含一个或多个元素(不能为空)。

(2) 每个 XML 文件有且仅有一个声明。

XML 文档是由一组使用唯一名称标识的实体组成的。始终以一个声明开始，这个声明指定该文档遵循 XML1.0 的规范。XML 也有一种逻辑结构，在逻辑上，文档的组成部分包括声明，元素，注释，字符引用和处理指令。以下是代码片段：

```
<?xml version="1.0" ?>
```

这个就是 XML 的声明，声明也是处理指令，在 XML 中，所有的处理指令都以“<?”开始，“?>”结束。“<?”后面紧跟的是处理指令的名称。XML 处理指令要求指定一个 version 属性，并允许指定可选的 standalone 和 encoding。其中，standalone 指是否允许使用外部声明，可设置为 yes 或 no。yes 为指定不使用外部声明，no 为使用；encoding 是指作者使用的字符编码格式，有 UTF-8、GBK、GB2312 等。例如：

```
<?xml version="1.0"  encoding="gb2312"?>
```

其中，Encoding 表示 XML 文档的编码，默认的为 UTF-8，不能显示中文，中文编码为 GB2312 或 GBK。

(3) 每个 XML 文件有且仅有一个根节点。例如：

```
<?xml version="1.0"?>
<PEOPLE>
  ......
</PEOPLE>
```

(4) 每个 XML 文件标记严格区分大小写，开始标记与结束标记配对出现或空标记关闭。例如：

```
<A> </a>    错误
<br/>  空标记要关闭
```

(5) 标记可以嵌套，但不可以交叉。例如：

```
<!--写法错误,元素标记交叉-->
<A> <B> </A></B>
```

(6) 属性必须由名称与值构成，出现元素开始标记中，必须用引号括起来。例如：

```
<Person  PID="1001">
```

5.1.4　XML 解析

XML 现在已经成为一种通用的数据交换格式，其平台无关性、语言无关性、系统无关性，给数据集成与交互带来了极大的方便。 XML 在不同的语言里解析方式都是一样的，只是实现的语法不同。本节介绍 XML 的两种解析方式：DOM 解析器和 SAX 解析器。

1. 第一种方式——DOM 解析器

DOM 是基于树形结构的节点或信息片段的集合，允许开发人员使用 DOM API 遍历 XML 树，检索所需数据。DOM 的原理是使用 DOM 对 XML 文件进行操作时，首先要解析文件，将文件分为独立的元素、属性和注释等，然后以节点树的形式在内存中对 XML 文件进行表示，这样就可以通过节点树访问文档的内容，并根据需要修改文档。DOM 实现时首先为 XML 文档的解析定义一组接口，解析器读入整个文档，然后构造一个驻留内存的树结构，这样代码就可以使用 DOM 接口来操作整个树结构。下面是常用的 DOM 接口和类：

(1) Document：该接口定义分析并创建 DOM 文档的一系列方法，是文档树的根，是操作 DOM 的基础。

(2) Element：该接口继承 Node 接口，提供了获取、修改 XML 元素名字和属性的方法。

(3) Node：该接口提供处理并获取节点和子节点值的方法。

(4) NodeList：提供获得节点个数和当前节点的方法。这样就可以迭代地访问各个节点。

(5) DOMParser：该类是 Apache 的 Xerces 中的 DOM 解析器类，可直接解析 XML 文件。

图 5.2 所示为 DOM 的解析流程。

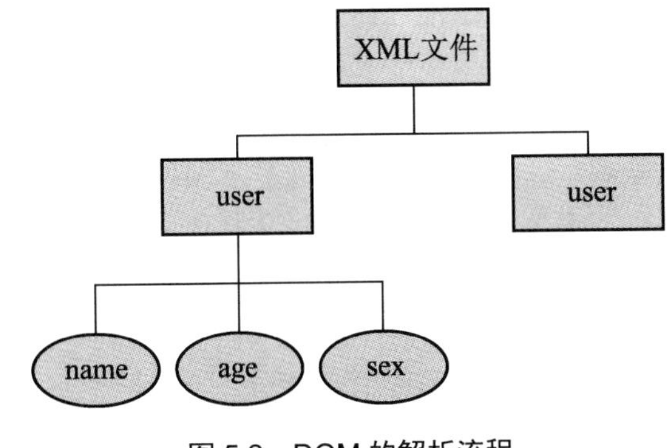

图 5.2　DOM 的解析流程

从图 5.2 中可以看出，解析器读入整个 XML 文件，并形成一颗节点树，该树由若干 user 元素节点组成，每个 user 元素又是由 name、age、sex 等元素节点构成，这样解析器就可利用 DOM API 分别对各个元素节点包括属性节点进行解析处理。

2. 第二种方式——SAX 解析器

SAX(Simple API for XML)解析器是一种基于事件的解析器，事件驱动的流式解析方式是从文件的开始顺序解析到文档的结束，不可暂停或倒退。它的核心是事件处理模式，主要围绕事件源以及事件处理器工作。SAX 解析器的优点是解析速度快，占用内存少，非常适合在 Android 移动设备中使用。简单地说，SAX 解析器的工作原理就是对文档进行顺序扫描，当扫描到文档开始与结束、元素开始与结束等地方时通知事件处理函数，由事件处理函数做相应动作，然后继续同样的扫描，直至文档结束。下面是 SAX 解析器的工作过程：在 SAX 接口中，事件源是 org.xml.sax 包中的 SAXReader，它通过 parser()方法来解析 XML 文档，并产生事件；事件处理器是 org.xml.sax 包中 ContentHandler、DTDHandler、ErrorHandler，以及 EntityResolver 这四个接口。XMLReader 通过相应事件处理器注册方法 setXXXX()来完成与 ContentHandler、DTDHandler、ErrorHandler，以及 EntityResolver 这四个接口的连接，其工作原理如图 5.3 所示。

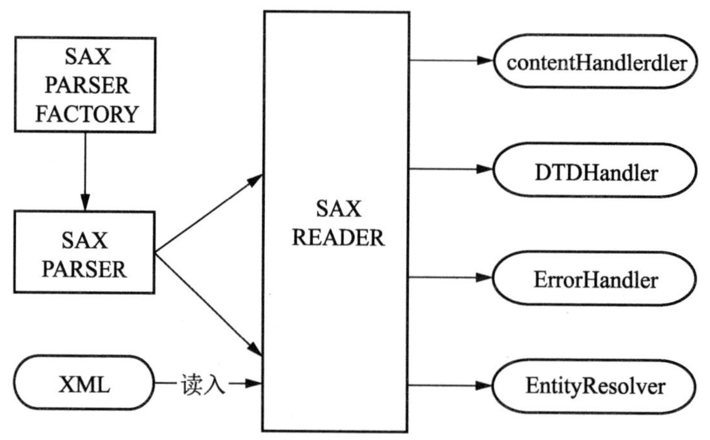

图 5.3　SAX 的工作原理

从图 5.3 中可以看到，SAX PARSER FACTORY 产生 SAX PARSER 解析器，解析器解析通过 SAX READER 读入的 XML 文件，每遇到一个节点就触发相应的事件，调用事先注册的相应的方法来处理，这些方法分别实现了不同的接口，如内容处理器接口、DTD 处理接口、错误处理接口及实体解析处理接口。其具体的解析流程如图 5.4 所示，首先是文档起始节点，然后是元素起始节点，再后面是文本字符……元素结束节点等。

SAX 常用的接口和类有如下几种：

(1) Attrbutes：用于得到属性的个数、名字和值。

(2) ContentHandler：定义与文档本身关联的事件。大多数应用程序都注册这些事件。

(3) DTDHandler：定义与 DTD 关联的事件。它没有定义足够的事件来完整地报告 DTD。如果需要对 DTD 进行语法分析，可使用可选的 DeclHandler。

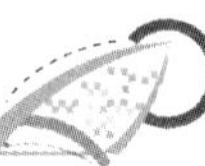

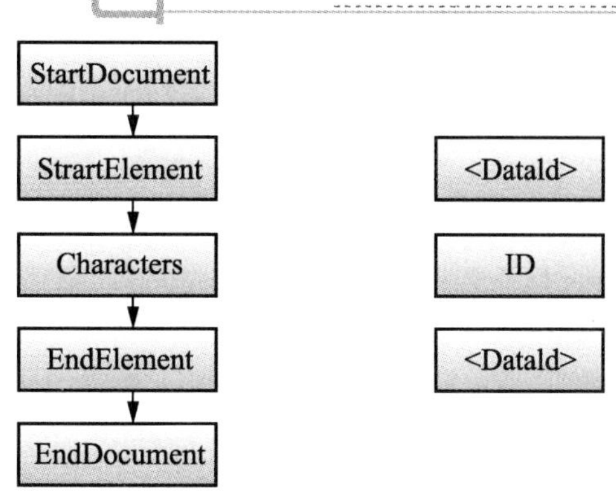

图 5.4　SAX 的解析流程

(4) DeclHandler：是 SAX 的扩展，不是所有的语法分析器都支持 DeclHandler。

(5) EntityResolver：定义与装入实体关联的事件。只有少数几个应用程序注册这些事件。

(6) ErrorHandler：定义错误事件。许多应用程序注册这些事件，以便用它们自己的方式报错。

(7) DefaultHandler：提供了这些接口的默认实现。它覆盖相关的方法要比直接实现一个接 口更容易。

5.2　利用开源 JDOM 对 XML 编程

JDOM 是一个开源项目，在 2000 年被 Brett McLaughlin 和 Jason Hunter 开发出来，以弥补 DOM 及 SAX 在实际应用当中的不足之处。SAX 的不足主要在于 SAX 没有文档修改、随机访问以及输出的功能；DOM 的不足主要在于其是一个接口定义语言(IDL)，它的任务是在不同语言实现中的一个最低通用标准，并不是专为 Java 特别设计的。JDOM 基于树型结构，利用纯 Java 技术对 XML 文档实现解析、生成、序列化以及多种操作。JDOM 与现行的 SAX 和 DOM 标准兼容，为 Java 编程人员提供了一个简单、轻量的 XML 文档操作方法。

要使用 JDOM 编程需要导入包，可以从网站下载。本节以 jdom-2.0.5.jar 包为例，介绍 JDOM 包的基本构成。

1. 基本构成

(1) org.jdom2：包含了所有的 XML 文档要素的 Java 类。

(2) org.jdom2.adapters：包含与 DOM 适配的 Java 类。

(3) org.jdom2.filter：包含 XML 文档的过滤器类。

(4) org.jdom2.input：包含读取 XML 文档的类。

(5) org.jdom2.output：包含写入 XML 文档的类。

(6) org.jdom2.transform：包含对 XML 文档 xpath 操作的类。

Java 操作 XML 用的较多的就是 jdom 开源包。jdom 开源包为 document 模式，虽然也用到了 SAX 模式。其主要的 API 如下：

(1) SAXBuilder.build("*.xml");

功能：获取 XML 文件，返回 Document 实例，用于读 xml 文件。

(2) Element.getChildren();

功能：获取该节点的所有子节点，返回 List。

(3) Element.getChild("child 节点名");

功能：获取子节点实例。

(4) Element.getAttribute("属性名");

功能：获取该节点属性的 value 值。

(5) Element.getText();

功能：获取该节点的节点文本。

(6) Document(new Element("根节点名"));

功能：新建 XML 文件文档。

(7) Document.getRootNote();

功能：获取根节点。

(8) Element.addContent(Element);

功能：添加子节点。

(9) Element.setAttribute("属性名", "属性值");

功能：添加节点属性。

(10) Element.setText("文本值");

功能：添加该节点的文本值。

(11) XMLOutputter outputter = new XMLOutputter(Format.getPrettyFormat());

outputter.output(Document, FileOutPutStream);

功能：输出 XML 文件，其中 Document 为填好内容的 XML 文档对象，FileOutPutStream 为文本输出流。

2. 入门示例

首先，我们要明确我们要做什么。使用 JDOM 编程建立 XML 文档，格式如下：

```
<?xml version = "1.0" encoding = "gbk" ?>
<Customers>
    <Customer CusID = "100">
        <CusName>zhou</CusName>
        <Email>zhou@126.com</Email>
        <Phone>010-82668155</Phone>
    </Customer>
</Customers>
```

建立步骤如下：

(1) 创建一个根元素，并将其添加到文档 Document 中。

```
    Element customers = new Element("Customers");
```

```
Document document = new Document(customers);//创建一个 Document
Element customer = new Element("Customer");
customers.addContent(customer);
```

步骤(1)创建了一个新的元素对象 customers，然后将其作为参数创建一个文档对象 document，则 customers 元素将作为文档的唯一根元素。紧跟着又创建了一个元素对象 customer，以 Customer 作为标记，并将其添加到 customers 根元素对象中作为根元素的子元素。

(2) 添加 customer 的 CusID 属性。

①为 customer 创建属性，属性名为 CusID，值为 1001。

```
customer.setAttribute("CusID","1001");
```

②添加 customer 的子元素 cname。

```
Element cname=new Element("CusName");
cname.addContent("zhou");
customer.addContent(cname);//将 cname 添加至 customer 元素中
```

由于 Element 的 addContent()方法返回 Element，因此也可以这样写：

```
Customer.addContent(new Element("Email").addContent("chen@126.com"));
Customer.addContent(new Element("Phone").addContent("010-83668155"));
```

这两条语句完成了相同的工作。有些人认为第一个示例可读性好，但是如果一次建立很多元素，就会觉得第二个示例可读性更好。我们还可以在添加子元素的同时，设置其属性。例如：

```
Customer.addContent(new Element("CusName").addContent("zhangsan")
        .setAttribute("CusID", "100"));
```

用同样的方法添加注释部分或其他标准 XML 类型。

(3) 添加一条注释。

```
customer.addContent(new Comment("这是第一个客户"));
```

(4) 读取文档。

读取文档方法很简单。例如，要引用 CusName 元素，我们使用 Element 的 getChild 方法：

```
Element cname=customer.getChild("CusName");
```

该语句实际上将返回第一个元素名为 CusName 的子元素。如果没有 CusName 元素，则调用返回一个空值。

(5) 删除子元素。

```
boolean removed = customer.removeChild("CusName");
```

这次调用将只除去 CusName 元素，文档的其余部分保持不变。

(6) 文档输出控制台。

到目前为止，以上步骤已经涵盖了文档的生成和操作。要将完成的文档输出至控制台，可使用 JDOM 的 XMLOutputter 类：

```
XMLOutputter outputter = new XMLOutputter();
outputter.output(doc,System.out);
```

XMLOutputter 有几个格式选项，如指定希望子元素从父元素缩进两个空格，并且希望元素间有空行等。在 jdom-2.0.5 版本中，我们还可以使用如下方法直接输出文档的漂亮格式：

```
XMLOutputter outputter =
    new XMLOutputter(Format.getPrettyFormat().setEncoding("gb2312"));
```

该方法中用到了 setEncoding("gb2312")，是为了能正常的输出汉字。

(7) 文档输出至文件。

我们可以使用 FileWriter 输出 XML 文档：

```
FileWriter writer = new FileWriter("/some/director/myFile.xml");
outputter.output(doc,writer);
writer.close();
```

【参考图文】

3. 读写 XML 文档示例

(1) 读取 XML 文档示例。

要读取的 XML 文档如下：

```
<?xml version="1.0" encoding="GB2312"?>
<地址簿>
    <客户 性别="男">
      <姓名>吴梦达</姓名>
     <电子邮件>Mengda@magicactor.com</电子邮件>
    </客户>
    <客户 性别="女">
      <姓名>白晶晶</姓名>
    <电子邮件>ghost@westcompany.com</电子邮件>
      </客户>
</地址簿>
```

下面给出读取这段文档并显示输出的程序：

```
SAXBuilder builder = new SAXBuilder();
Document doc = builder.build("src/chapter5/ex/customers.xml");
Element root = doc.getRootElement();
List list = root.getChildren();
for(int i=0;i<list.size();i++){
   Element student = (Element)list.get(i);
   String sex= student.getAttributeValue("性别");
```

```
        Element name = (Element)student.getChildren().get(0);
        Element em = (Element)student.getChildren().get(1);
        System.out.println("客户 性别: "+sex+",姓名: "
                      +name.getValue()+",电子邮件:  "+em.getValue());
    }
```

程序首先创建了一个 SAX 模式构造器对象，再调用该对象的 build()方法读取 XML 文档，并创建了一个 Document 文档对象。然后，程序通过 Document 文档对象获取了文档的根元素对象，由此通过 getChildren()方法获取根元素下所有的元素并存放在 List 对象中。最后，通过一个循环遍历每一个客户元素，获取其性别、姓名和电子邮件并输出到终端。其中，程序依然通过 getChildren()方法获取到了客户元素下面的子元素列表，然后通过 get(0)获取第一个子元素姓名，通过 get(0)获取第二个子元素电子邮件。程序通过 getAttributeValue()方法获取元素属性值，通过 getValue()方法获取元素的文本值。

(2) 写 XML 文件示例，代码如下：

```
    Document doc = new Document();
    Element root = new Element("学生列表");
    doc.setRootElement(root);
    Element stu = new Element("学生");
    stu.addContent(new Comment("这是第一个学生"));
    stu.setAttribute("sno","95001");
    Element name = new Element("姓名");
    name.addContent("chen");
    root.addContent(stu);
    stu.addContent(name);
    Element age = new Element("年龄");
    age.addContent("20");
    stu.addContent(age);
    XMLOutputter outputter =
          new XMLOutputter(Format.getPrettyFormat().setEncoding("gb2312"));
    outputter.output(doc,new FileWriter("d:\\my.xml"));
```

程序在 D 盘的 my.xml 文件中写入了相应的 XML 文档内容，内容如下：

```
<?xml version="1.0" encoding="gb2312"?>
<学生列表>
  <学生 sno="95001">
    <!--这是第一个学生-->
    <姓名>chen</姓名>
    <年龄>20</年龄>
  </学生>
</学生列表>
```

我们可以看到，文档格式非常整齐美观，这就是使用了 XMLOutputter outputter =new XMLOutputter(Format.getPrettyFormat().setEncoding("gb2312"));这段代码的效果。

程序首先创建了一个 Document 文档对象，紧接着又创建了一个 Element 对象，并命名标记为“学生列表”，通过 setRootElement()方法把该元素设置为 XML 文档的唯一根元素。然后，程序又创建了一个 Element 对象，并命名标记为“学生”，通过 addContent(new Comment("这是第一个学生"))为该元素添加了一个注释，用 setAttribute()方法添加了 sno 属性。紧接着又创建了元素对象“姓名”，并添加文本内容为“chen”,并把这个“学生”元素对象添加到根元素对象 root 中，同理，继续添加“年龄”元素对象并添加到“学生”元素中。

本 章 小 结

本章主要介绍了 XML 基本知识以及如何利用 Java 对 XML 文件进行编程，即对 XML 进行读写。在后面几章尤其是介绍到开源编程时，几乎每个开源框架都利用 XML 文件进行配置。XML 已经成为国际通用的数据交换标准。最后还介绍了利用 JDOM 对 XML 文件进行读写。理解了 XML 结构以及内存中的 DOM 模型之后，对 XML 文件读写就会比较简单。

【参考图文】

习 题

一、选择题

1．XML 文档结构中不包括的内容为(　　)。

A．XML 声明　B．注释　C．Java 代码　D．XML 元素

2．使用 JDOM 创建 XML 文档，使用的是(　　)类。

A．DocumentHelper　B．DocumentFactory

C．Element　D．Document

3．JDOM 中创建根节点使用的方法为(　　)。

A．createElement()方法　B．setRootElement()方法

C．addComment()方法　D．addContent()方法

4　JDOM 为 XML 文档添加属性使用的是(　　)。

A．createElement()方法　B．setRootElement()方法

C．addContent()方法　D．setAttribute()方法

二、填空题

1．XML 文件结构包括________。

2．JDOM 中应用________表示文件对象。

3．要获取 XML 文件中的根节点，需要使用________方法。

4．要使用 JDOM 删除节点，需要使用________方法。

5．要使用 JDOM 修改节点内容，需要使用________方法。

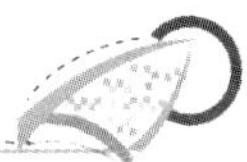

三、上机实践

1. 对于如下给定的数据，编写一个 Java 程序，将数据以以下格式写入一个 XML 文件中。

(1) 数据：

```
final Object[][] data = {
{"Mark", "Andrews", "Red", new Integer(2), Boolean.TRUE},
{"Tom", "Ball", "Blue", new Integer(99), Boolean.FALSE},
{"Alan", "Chung", "Green", new Integer(838), Boolean.FALSE},
{"Jeff", "Dinkins", "Turquois", new Integer(8), Boolean.TRUE},
{"Amy", "Fowler", "Yellow", new Integer(3), Boolean.FALSE},
{"Brian", "Gerhold", "Green", new Integer(0), Boolean.FALSE},
{"James", "Gosling", "Pink", new Integer(21), Boolean.FALSE},
{"David", "Karlton", "Red", new Integer(1), Boolean.FALSE},
{"Dave", "Kloba", "Yellow", new Integer(14), Boolean.FALSE},
{"Peter", "Korn", "Purple", new Integer(12), Boolean.FALSE},
{"Phil", "Milne", "Purple", new Integer(3), Boolean.FALSE},
{"Dave", "Moore", "Green", new Integer(88), Boolean.FALSE},
{"Hans", "Muller", "Maroon", new Integer(5), Boolean.FALSE},
{"Rick", "Levenson", "Blue", new Integer(2), Boolean.FALSE},
{"Tim", "Prinzing", "Blue", new Integer(22), Boolean.FALSE},
{"Chester", "Rose", "Black", new Integer(0), Boolean.FALSE},
{"Ray", "Ryan", "Gray", new Integer(77), Boolean.FALSE},
{"Georges", "Saab", "Red", new Integer(4), Boolean.FALSE},
{"Willie", "Walker", "Phthalo Blue", new Integer(4), Boolean.FALSE},
{"Kathy", "Walrath", "Blue", new Integer(8), Boolean.FALSE},
{"Arnaud", "Weber", "Green", new Integer(44), Boolean.FALSE}
};
```

上述数据描述人的姓名、喜爱的颜色、喜欢的数字以及是否是素食主义者等信息。

(2) 要求完成后的 XML 文件格式为

```
<?xml version="1.0" encoding="GB2312"?>
<PersonList>
  <Person PersonID="1000">
    <Name>Mark Andrews</Name>
    <FavoriteColor>Red</FavoriteColor>
    <FavoriteNumber>2</FavoriteNumber>
    <Vegetarian>YES</Vegetarian>
  </Person>
  <Person PersonID="1001">
    <Name>Tom Ball>Blue</FavoriteColor>
    <FavoriteNumber>99</FavoriteNumber>
      <Vegetarian>NO</Vegetarian>
  </Person>
</PersonList>
```

2. 通过 JDOM 技术实现以下功能:

(1) 显示整个 XML 文件内容。

(2) 显示第二个客户节点内容。

(3) 增加一个节点，如：

```
<客户 性别="男">
  <姓名>张三</姓名>
  <电子邮件>Zhangsan@magicactor.com</电子邮件>
</客户>
```

(4) 删除客户名称为张三的节点。

(5) 修改客户名称为张三的节点的电子邮件为 Zhangsan@126.com。

XML 文件如下：

```
<?xml version="1.0" encoding="GB2312"?>
<地址簿>
  <客户 性别="男">
    <姓名>吴梦达</姓名>
    <电子邮件>Mengda@magicactor.com</电子邮件>
  </客户>
  <客户 性别="女">
      <姓名>白晶晶</姓名>
      <电子邮件>ghost@westcompany.com</电子邮件>
  </客户>
</地址簿>
```

第 6 章

网页编程技术

学习目标

- ➢ 学习 Web 开发基础
- ➢ 熟悉 HTML 基本概念
- ➢ 熟悉 HTML 基本标签的使用
- ➢ 掌握 CSS 的使用
- ➢ 理解利用 CSS 与 DIV 网页布局
- ➢ 学习 JavaScript 编程基础

【参考图文】

6.1 Web 开发基础

6.1.1 浏览器

浏览器是 Web 信息的客户端程序，通过浏览器可向 Web 服务器发送请求，浏览器可以显示服务器发回的信息，它主要通过 HTTP 协议与 Web 服务器交互并获取网页，网页由 URL 指定，文件格式通常为 HTML。除 HTML 格式外，浏览器也可支持 JPEG、PNG、GIF 等其他格式。

1993 年前后，出现了第一个纯文本浏览器 Lnyx。第一个具有图形用户界面的浏览器是 Mosaic，它使得 Web 应用呈现爆炸性增长(支持图像)，其由美国伊利诺伊州的伊利诺伊大学的 NCSA 组织在 1993 年发表，如图 6.1 所示。

目前常用的浏览器有 Internet Explorer、Safari、Netscape、Opera、Firefox、Chrome 等。

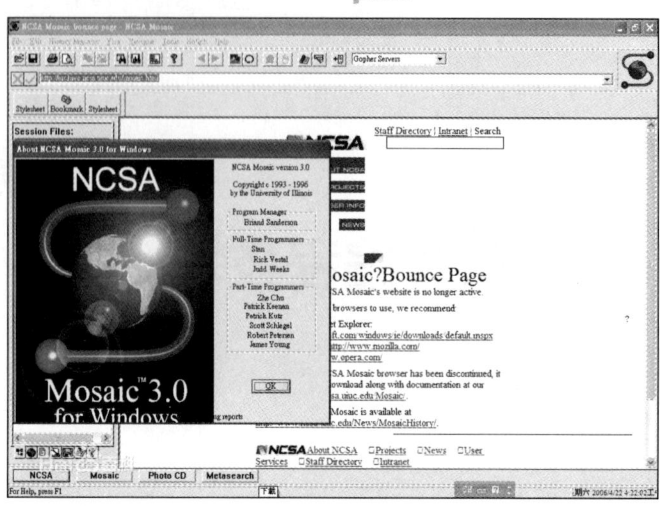

图 6.1　Mosaic 浏览器

6.1.2　Web 服务器

Web 服务器专门处理 HTTP 请求，并将结果传送到客户端，其可以响应一个静态页面或图片，进行页面跳转。Web 服务器把动态响应委托给其他的程序，如 CGI 脚本、JSP 代码。UNIX 和 Linux 平台下使用最广泛的 Web 服务器是 Apache 服务器，而 Windows 平台则是 IIS(Internet Information Services)服务器。

6.1.3　超文本传输协议

1. 超文本传输协议简介

超文本传输协议(HTTP)是一个描述客户端和服务器端之间如何实现请求和应答的标准，采用了请求/响应模型。HTTP 的主要特点如下：

(1) 简单快速：客户向服务器请求服务时，只需传送请求方法和路径。

(2) 灵活：HTTP 允许传输任意类型的数据对象。

(3) 无连接：限制每次连接只处理一个请求。

(4) 无状态：协议对于事务处理没有记忆能力。

2. HTTP 请求-响应过程

(1) HTTP 服务器在某个指定端口(默认端口号为 80)监听客户端发送过来的请求。

(2) 通过使用 Web 浏览器、网络爬虫或者其他的工具，HTTP 客户端发起一个到 HTTP 服务器上指定端口的 HTTP 请求。

(3) HTTP 客户端与 HTTP 服务器指定端口之间建立一个 TCP 连接。

(4) 服务器向客户端发回一个状态行，如“HTTP/1.1 200 OK”，以及具体响应的消息。

3. 统一资源定位符

统一资源定位符(URL)即浏览器的地址栏里输入的网站地址。URL 是一种特殊类型的

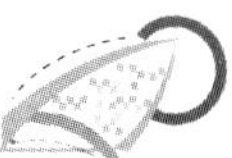

URI(Uniform Resource Identifier，通用资源标志符)，包含了在 Internet 上查找某个互联网资源的足够的信息。URL 语法格式如下：

```
        http://host[ ":"port][abs_path]
```

其中，http://代表超文本传输协议，通常无须输入；host 为合法的 Internet 主机域名或者 IP 地址；port 指定一个端口，默认 80；abs_path 指定请求资源的 URI。

例如，　http://www.abcxyz.com/china/index.htm。

4. HTTP 请求

HTTP 请求由三部分组成：请求行(request-line)、消息报头(headers)、请求正文(body)。请求行格式为

```
Method Request-URI HTTP-Version CRLF
```

其中，Method 为请求方法；Request-URI 为一个统一资源标识符；HTTP-Version 为请求的 HTTP 协议版本；CRLF 为回车和换行。

5. HTTP 主要请求方法

(1) GET：请求获取 Request-URI 所标识的资源。
(2) POST：在 Request-URI 所标识的资源后附加新的数据。
(3) HEAD：请求获取由 Request-URI 所标识的资源的响应消息报头。
(4) PUT：请求服务器存储一个资源，并用 Request-URI 作为其标识。
(5) DELETE：请求服务器删除 Request-URI 所标识的资源。

6. HTTP 响应

HTTP 响应由三部分组成：状态行(status-line)、消息报头(headers)、响应正文(body)。状态行格式为

```
HTTP-Version Status-Code Reason-Phrase CRLF
```

其中，HTTP-Version 为服务器 HTTP 协议的版本。Status-Code 为服务器发回的响应状态代码。Reason-Phrase 为状态代码的文本描述。

7. HTTP 响应状态代码

HTTP 响应状态代码由三位数字组成，第一个数字定义了响应的类别，如下所示：
(1) 1xx：指示信息。表示请求已接收，继续处理。
(2) 2xx：成功。表示请求已被成功接收、理解、接受。
(3) 3xx：重定向。要完成请求必须进行更进一步的操作。
(4) 4xx：客户端错误。请求有语法错误或请求无法实现。
(5) 5xx：服务器端错误。服务器未能实现合法的请求。

8. HTTP 消息报头

HTTP 消息报头分为普通报头、请求报头、响应报头、实体报头四类。

(1) 普通报头：可用于所有的请求和响应消息。下面是普通报头的部分组成：

①Cache-Control 普通报头域：用于指定缓存指令。

②Date 普通报头域：表示消息产生的日期和时间。

③Connection 普通报头域：允许发送指定连接的选项。

(2) 请求报头：允许客户端向服务器端传递请求的附加信息以及客户端自身的信息。下面是请求报头的组成：

①Accept 请求报头域：指定客户端接受哪些类型的信息。

②Accept-Charset 请求报头域：指定客户端接受的字符集。

③Accept-Encoding 请求报头域：指定可接受的内容编码。

④Accept-Language 请求报头域：指定一种自然语言。

⑤Authorization 请求报头域：用于证明客户端有权查看某个资源。

⑥Host 请求报头域：指定被请求资源 Internet 主机和端口号。

⑦User-Agent 请求报头域：允许客户端将其操作系统、浏览器和其他属性告诉服务器。

(3) 响应报头：允许服务器传递不能放在状态行中的附加响应信息，以及关于服务器的信息和对 Request-URI 所标识的资源进行下一步访问的信息。下面是响应报头的部分组成：

①Location 响应报头域：重定向接受者到一个新的位置。

②Server 响应报头域：包含了服务器用来处理请求的软件信息，与 User-Agent 请求报头域相互对应。

③WWW-Authenticate 响应报头域：必须被包含在 401(未授权的)响应消息中。客户端收到 401 响应消息时，发送 Authorization 报头域请求服务器对其进行验证时，服务端响应报头就包含该报头域。

(4) 实体报头：HTTP 的请求和响应消息都可以传送一个实体。一个实体由实体报头域和实体正文组成(可以分开发送)。实体报头定义了关于实体正文和请求所标识的资源的元信息。下面是实体报头的组成：

①Content-Encoding 实体报头域：用做媒体类型的修饰符，指示了已经被应用到实体正文的附加内容的编码。

②Content-Language 实体报头域：资源所用的自然语言。

③Content-Length 实体报头域：实体正文的长度。

④Content-Type 实体报头域：发送给接收者的实体正文的媒体类型。

⑤Last-Modified 实体报头域：资源的最后修改日期和时间。

⑥Expires 实体报头域：响应过期的日期和时间。

6.2　HTML 基本概念和基本标签

HTML 的英文全称是 Hypertext Marked Language，即超文本标记语言。HTML 文件本质上是一个文本文件。但和一般文本不同的是，HTML 文件不仅包含文本内容，还包含一些 Tag，即标记。HTML 中的标记能够被所有的浏览器解释执行。

目前，HTML5 已经逐渐成为万维网的核心语言，它是标准通用置标语言下的 HTML 的第五次重大修改。本节不对 HTML 做深入讲解，只是展示一些对本门课程后续的讲解很有用的一些知识，若想详细了解 HTML，读者可参考相关书籍。

HTML 的基本标签有如下几种。

1. 超链接标签<a>

例如，<a href=http://www.sina.com.cn>新浪</a>超链接到新浪主页，<a href=dispcards.jsp>显示购物车</a>超链接到网站的 dispcards.jsp 页面。

2. 段落标签<p>

3. 字体标签<h1></h1>…<h6></h6>、<font></font>

例如：

```
<font face=宋体 size=20 color=red>
    这里使用宋体字体大小是 20 颜色是红颜色
</font>
```

4. 图片标签 img

例如，<img src= “images\my.gif width= “300” height= “200” />src 表示图片源，是一个 URL 地址，不是绝对物理路径，而是网络上的 URL，即虚拟路径。

5. 列表标签<ol><ul>

<ol></ol>标签对用来创建一个标有数字的列表，<ul></ul>标签时用来创建一个标有圆点的列表。

6. 表格标签<table>

Table 标签定义 HTML 表格。一个 HTML 表格由<table>标记以及一个或多个<tr>、<th>或<td>元素组成。<tr>定义表格行，<th>定义表头，<td>定义表格单元。

7. 表单标签 Form

本节重点介绍表单标签，因为表单标签在后续章节中会经常用到。表单(Form)用于从用户(站点访问者)收集信息，然后将这些信息提交给服务器进行处理。表单中可以包含允许用户进行交互的各种控件。用户在表单中输入或选择数据之后将其提交，该数据就会送交给表单处理程序进行处理。

为了让用户通过表单输入数据，表单中可以使用 Input 标签创建各种输入型表单控件。表单控件类型通过 Input 标记的 Type 属性设置，包括单行文本框、密码文本框、复选框、单选按钮、文件域以及按钮等。

(1) 表单基本形式。

```
<form action=" b.jsp"  method=" get 或 post" >
  <!--这里是表单一些输入等标记 -->
</form>
```

(2) 文本框。

```
<input type=text name=" username"  value="" >
```

(3) 提交按钮。

```
<input type=submit  value=" User Register" >
```

(4) 密码框。

```
<input type=password name="upwd">
```

(5) 单选按钮。

```
<input type=radio name =" usex"  value=" man"  checked>男
<input type=radio name=" usex"  value=" woman"  >女
```

该段代码为男女选择的单选按钮控件代码，其中 checked 表示男默认选中。

(6) 多选框。

```
<input type=checkbox name=" c1"  value=" sport" >体育
<input type=checkbox name=" c2"  value=" music"  >音乐
```

(7) 图像按钮。

```
<input type=image name=" name" border=0 value=" man"src=" name.gif" >
```

该段代码为创建一个使用图像的提交(submit)按钮 。

(8) 重置按钮。

```
<input type=reset >
```

该段代码为创建重置(reset)按钮。

(9) 下拉框。

<select></select>标签对用来创建一个下拉列表框或可以复选的列表框。它具有 multiple、name 和 size 属性。multiple 属性不用赋值，直接加入标签中即可使用，加入此属性后列表框变成可多选列表框。

<option>标签用来指定列表框中的一个选项，放在<select></select>标签对之间。此标签具有 selected 和 value 属性，selected 属性用来指定默认的选项，value 属性用来为<option>指定的那一个选项赋值，这个值是要传送到服务器上的。服务器正是通过调用<select>区域的名字的 value 属性来获得该区域选中的数据项的。

```
<select name=" address"  size=1>
   <option value=" sh" >上海</option><option value=" bi" >北京</option>
   <option value=" al" >安徽</option>
</select>
```

【例 6.1】表单综合示例。

```
<html>
 <body>
  <center>
```

```
    <Form action="Ex3.jsp" method="post" name="form1">
      用户名: <input type=text name="username" id="username"><br>
          <input type=hidden name="aa"><br>
      密码:  <input type=password name="userpwd"><br>
      性别: <input type=radio name="sex" value="man" checked>男
            <input type=radio name="sex" value="woman">女<br>
      爱好: <input type=checkbox name="ai1" value="体育" checked>体育
        <input type=checkbox name="ai1" value="音乐">音乐<br>
        <input type="image" border="2" name="name" src="images/myeclipse.gif">
      图片:<input type=file><br>
      地址: <select name="address"size=3 multiple>
         <option value="sh">上海</option>
         <option value="bi">北京</option>
         <option value="al">安徽</option>
      </select><br>
      <input type=submit value="提交">
      <input type=reset value="重填">
      <input type=button value="按钮"  >
   </Form>
   </center>
  </body>
  </html>
```

运行结果如图 6.2 所示。

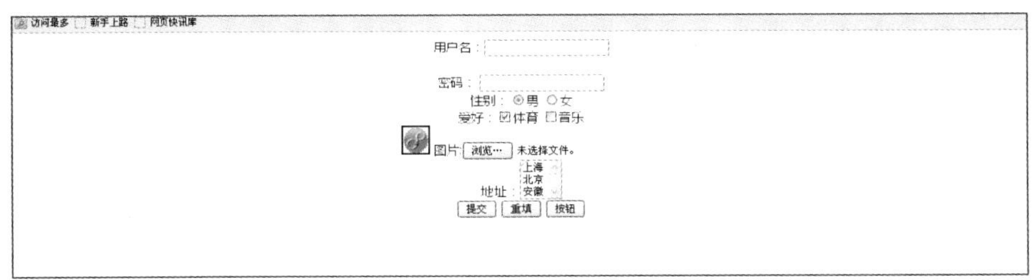

图 6.2 例 6.1 运行结果

其中，图片：<input type=file>是文件域控件，用于浏览打开文件，
代表输出换行。

6.3 CSS 的使用

CSS 是 Cascading Style Sheets 的英文缩写，即层叠样式表，它是一组格式设置规则，可用于控制 Web 页面的外观，用于布局与美化网页。CSS 语言也是一种标记语言，因此不需要编译，可以直接由浏览器执行。CSS 对大小写不敏感，如 CSS 与 css 是一样的。CSS 由 W3C 的 CSS 工作组创建和维护。

样式表定义如何显示 HTML 元素，仅通过编辑一个简单的 CSS 文档，外部样式表就可同时改变站点中所有页面的布局和外观。

通过使用 CSS 设置页面的格式，可实现页面内容与表现形式的分离。由于允许同时控制多重页面的样式和布局，CSS 可以称得上 Web 设计领域的一个突破。网站开发者应能够为每个 HTML 元素定义样式，并将之应用于希望的任意多的页面中。如需进行全局的更新，只需简单地改变样式，然后网站中的所有元素均会自动更新。

因此，使用 CSS 有如下优点：①更多排版和页面布局控制；②样式和结构分离；③样式可以保存；④文档更小；⑤可保持 Web 文档的一致性，以方便网站维护。

下面给出一个入门示例。

【例 6.2】 CSS 示例 1。

```
<HTML>
<HEAD>
    <link rel=stylesheet href="css/mystyle.css" type="text/css"> ①
    <TITLE>CSS 例子</TITLE>
    <STYLE TYPE="text/css"> ②
       H1 { font-size: 12pt; color: red }
       td {color:yellow;font-size:32}
    </STYLE>
  </HEAD>
  <body>
     <h1 style="color:yellow;font-size:9pt">欢迎使用 CSS 层叠样式表</h1>③
      <h1>欢迎使用 CSS 层叠样式表</h1>
      <h1>欢迎使用 CSS 层叠样式表</h1>
   </body>
</html>
```

运行结果如图 6.3 所示。

图 6.3　例 6.2 运行结果

1. CSS 用法

CSS 有三种样式表：内联样式、内部样式和外部样式。三种样式有不同的优先级，越接近目标的样式定义优先权越高。高优先权样式将继承低优先权样式的未重叠定义但覆盖重叠的定义。

(1) 内联样式(行内样式)。内联样式直接将代码写入网页的主体部分，如例 6.2 中的第③行<h1 style="color:yellow;font-size:9pt">。该样式只应用于将其作为属性的特定元素中，所以浏览器中显示为图 6.3 中黄色的文字样式。由于这种样式最接近目标，所以其样式定义优先权最高，它覆盖了前面定义的关于<H1>的内部样式和外部样式的定义。

值得一提的是，这里定义的样式表只针对这个标记<h1>起作用，对其他的<h1>标记不

起作用。

(2) 内部样式(文档层样式)。内部样式在网页的页头部分进行定义，如例 6.2 中的第②部分所定义的样式，如下所示：

```
<STYLE TYPE="text/css"> ②
       H1 { font-size: 12pt; color: red }
       td {color:yellow;font-size:32}
</STYLE>
```

在 CSS 中定义了<h1>标记的样式，在<body>部分所有<h1>的标记依照 CSS 样式显示，除了单独定义了样式的那个<h1>标记。

此样式需要将样式表放置于 head 元素的 style 子元素中，并且可用于整个网页文档。例 6.2 中的第二个<h1>部分“<h1>欢迎使用 CSS 层叠样式表</h1>”，由于没有行内样式定义，因此，其按照内部样式定义格式来显示 H1 标题内容，如图 6.3 红色文字部分。它的优先级仅次于内联样式。

(3) 外部样式。外部样式存放在单独的文本文件中。网页可以在头部使用<link />标记链接到这一文本文件，如例 6.2 中的第①部分的内容“<link rel=stylesheet href="css/mystyle.css" type="text/css">”，该代码表示文档引入了 css 目录下的 mystyle.css 文件所定义的样式。其中 mystyle.css 文件内容如下：

```
h1{color:red;font-size:32}
td{color:red;font-size:32}
```

我们可以看到，其中又定义了 h1 标题的样式为红色，字体大小为 32。

图 6.3 中并没有显示结果，这是因为当有同样选择符样式定义时，外部样式优先级最低，高优先级部分将覆盖这里的定义。如果我们对例 6.2 代码做一个小的改动，删除第②部分代码，则其运行结果如图 6.4 所示。

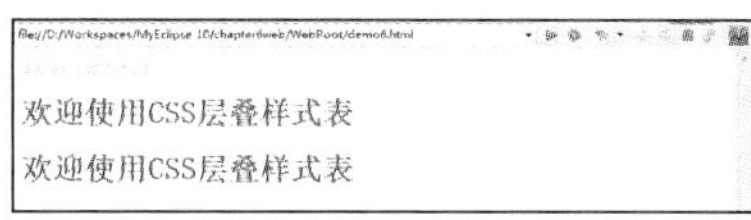

图 6.4　例 6.2 去掉内部样式定义的运行结果

从图 6.4 中可以看出，红色内容部分文字大小增大，这是因为它采用了外部样式文件 mystyle.css 文件所定义的样式，这里定义的<h1>字体大小为 32，因此字体显示明显增大。

使用这样的方式加载 CSS 显然比较方便，网站的网页需要使用 CSS 时，只需要加载 CSS 文件即可。如果网站换另外的风格，只需要改变 CSS 文件即可。

2. CSS 的常用选择器

CSS 的一般语法格式为

```
选择符{"属性 1: 值 1; 属性 2: 值 2; …  属性 n: 值 n"}
```

选择符可以是 XHTML 中的元素，如 p、body 等，也可以是类选择器、ID 选择器等。

使用 CSS 选择器可以实现对 XHTML 页面中的元素一对一、一对多或者多对一的控制。

CSS 常用的选择器分为类型选择器、后代选择器、伪类以及群组选择器等。

(1) 类型选择器。类型选择器用来选择特定类型的元素 ，并根据以下三种类型进行选择：

①ID 选择器：根据元素 ID 进行选择。

②类选择器：根据类名进行选择。

③标签选择器：根据 XHTML 标签进行选择，如例 6.2 中的 h1 选择符就属于标签选择器。

由于标签选择器比较好理解，下面重点介绍 ID 选择器和类选择器。

a. ID 选择器。ID 是设置标签的标识，用于区分不同的结构和内容。如果在一个班级中两个人同名，就会出现混淆。在 HTML 网页中出现重复时不会出现异常，但建议不重复使用 ID 符号。在 HTML 中，多个标签使用同一个 ID，定义 ID 选择符的 CSS 样式时前面要加上#，则同一个 ID 使用同一个 CSS 样式。

有可能在大部分浏览器中反复使用同一个 ID 而不会出现问题，但在标准上这是绝对错误的使用，而且很可能导致某些浏览器出现问题。

ID 通常用于定义页面上一个仅出现一次的标记。在对页面排版进行结构化布局时，一般使用 ID 比较好，因为一个 ID 在一个文档中只能被使用一次。一般可以利用 DIV+CSS 将网页布局，例如：

```
    <div id="main - col"></div>
    <div id="lift - col"></div>
    # main - col { float : left; width: 700px;}
    # left - col {float: right; width:200px;}
```

【例 6.3】CSS 示例 2。

```
<html>
<head>
    <style type="text/css">
      #c1{color:red;font-size:10pt;}
      #c2{color:blue;font-size:12pt;}
      #c3{color:red;font-size:20pt;}
      h1{color:yellow;font-size:18pt;}
    </style>
  </head>
  <table width=400 border=1>
    <tr>
     <td id ="c1">a31</td>
     <td id ="c2">a32</td>
     <td id ="c1">a33</td>
    </tr>
  </table>
  <h1 id="c3">Hello</h1>
  <h1>Hello</h1>
</html>
```

运行结果如图 6.5 所示。

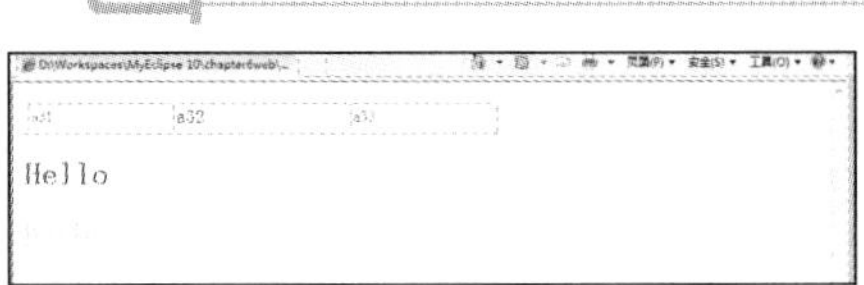

图 6.5　例 6.3 运行结果

从运行结果可以看出，第 1 列和第 3 列样式相同，因为它们是同一个 id，第 2 列为另一个 id，所以样式不同于其他列。另外，对于<h1>标签选择符，第一个选择符由于定义了 id，所以其样式为 c3 的样式，而第二个<h1>标记由于没有属性的定义，因此就采用了内部样式定义中关于 h1 标签选择器的定义。

b. class 选择符。class 是其所属的“类别”。Class 属性用于指定元素属于何种样式的类。按照语法，同名的 id 在一个文档里只应该出现一次，而 class 名可重复使用。注意，class 定义 css 时前面加上“.”，如.c1。

我们可以把前面的样式定义稍做改动，把 ID 改为 class，如下所示：

```
<style type="text/css">
   .c1{color:red;font-size:10pt;}
   .c2{color:blue;font-size:12pt;}
 </style>
```

在网页中，可以定义标记所属的类：

```
<h1 class="c1">
<tr class="c1">
<td class="c2">
```

该段代码中，h1 与 tr 属于同一个 class，使用.c1 所定义的样式，而 td 则属于.c2。

同一个元素也可以定义部分属于一个类，另一部分属于另外的类。在 CSS 中可以为不同类显示不同样式。例如：

```
H1.id1{font-size:x-large;color:red}
H1.id2{font-size:x-large;color:blue}
```

该段代码中，H1 标签定义了两个类别，分别给出了不同的字体大小和颜色。我们可以在网页中应用这两个定义，例如：

```
<h1 class ="id1">Hello</h1>
<h1 class="id2">Hello</h1>
```

这样两个“Hello”在浏览器中显示的样式就会不同。

【例 6.4】CSS 示例 3。

```
<HTML>
<HEAD>
<TITLE>CSS 例子</TITLE>
    <style type="text/css">
        tr.id1 { background-color: #ffcc33 }
        tr.id2 { background-color: deeppink }
```

```
      </style>
  </HEAD>
    <body>
      <table border=1 >
      <tr class="id1">
        <td >姓名</td><td>学号</td><td>地址</td>
      </tr>
      <tr class="id2">
        <td >chen</td><td>1001</td><td>sh</td>
      </tr>
      <tr class="id1">
        <td >chen</td><td>1001</td><td>sh</td>
      </tr>
      <tr class="id2">
        <td >chen</td><td>1001</td><td>sh</td>
      </tr>
    </table>
   </body>
  </html>
```

运行结果如图 6.6 所示。

姓名	学号	地址
chen	1001	sh
chen	1001	sh
chen	1001	sh

图 6.6　例 6.4 运行结果

由于我们在不同行定义了不同的样式类别，所以可以看到隔行显示不同样式的情况。

【参考图文】

(2)后代选择器。后代选择器又称包含选择器，用来选择特定元素或元素组的后代。

【例 6.5】 CSS 示例 4。

```
  <html>
   <head>
     <style type="text/css">
       h1 em {color:red;}
     </style>
   </head>
   <body>
     <em>important</em>
     <h1>This is a <em>important</em> heading</h1>
     <p>This is a <em>important</em> paragraph.</p>
    </body>
  </html>
```

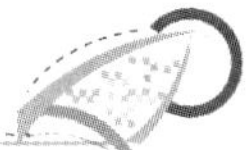

运行结果如图 6.7 所示。

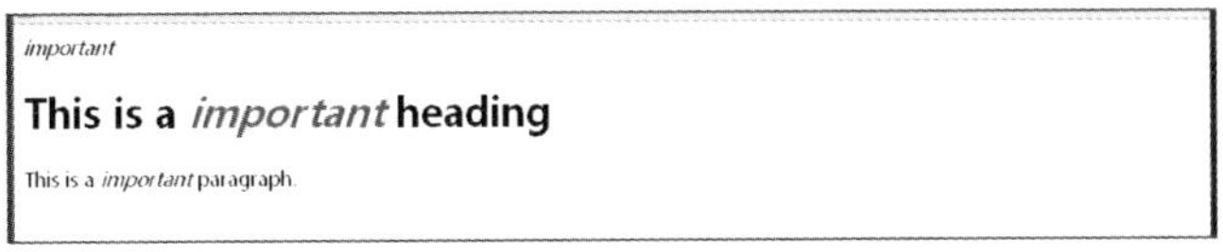

important

This is a *important* heading

This is a *important* paragraph.

图 6.7　例 6.5 运行结果

h1 em {color:red;}，定义了 h1 标记后包含的 em 标记的样式，也只有出现在 h1 标记中的 em 标记才应用该定义，而出现在其他地方的 em 标记不应用该样式定义。所以，只有中间地 important 单词显示成红颜色。

(3) 伪类。伪类用于向某些选择器添加特殊的效果，如鼠标悬停等。例如：

```
a:link{ color:#999999;} a:hover{color:#FFFF00;}
```

(4) 群组选择器。当几个元素样式属性一样时，可以共同设置一个样式声明，元素之间用逗号分隔。例如：

```
#main,p,td,li{line-height:20px;color:#c00;}
```

该段代码中，表示“id=main”的标记、p 标记、td 标记和 li 标记的样式是一样。

除了以上选择器，CSS 还有一些不常用的选择器，如子选择器与相邻同胞选择器、属性选择器等，此处不再详述。

3. CSS 属性

CSS 属性分七大类，共有 60 个属性。七大类分别为 font、list-style、text、margins、color、background、border。

(1) font 类。font 类组合了 font-style、font-variant、font-weight、font-size、line-height、font-family 等属性。

①font-family：设置元素的字体系列。

②font-size：设置文本元素的字体大小。

③font-style：设置文本元素的字体样式。

④font-variant：设置字体的变化。

⑤font-weight：设置字体的粗细。

⑥line-height：设置文本的行高。

(2) list-style 类。list-style 类组合了 list-style-image、list-style-position 和 list-style-type 等属性，适用于显示属性设置为列表项目的元素。

①list-style-image：将图像设置为有序或无序列表中的项目符号。

②list-style-position：设置有序或无序列表中项目符号相对于列表项目的位置。

③list-style-type：设置有序或无序列表中项目符号的类型。

(3) text 类。text 类组合了 text-align、text-decoration、text-indent 和 text-transform 等属性，分别表示文本对齐、文本修饰、文本缩进和文本变换等属性。

(4) margins 类。margins 类用来设置元素的外边距大小。其包含 margin-buttom、

margin-left、margin-right、margin-top 属性，分别对应的是下、左、右、上的外边距。

(5) color 类。color 类用来设置元素的前景颜色。

(6) background 类。background 类组合了 background-color、background-image、background-repeat、background-attachment 和 background-position 等属性。

①background-color：设置元素的背景颜色。

②background-image：设置元素的背景图像。

③background-repeat：设置背景图像在页面上的平铺方式。

④background-attachment：设置当用户水平或垂直滚动页面时背景图像是否随着滚动。

⑤background-position：设置背景图像在页面上的位置，必须同时指定水平和垂直位置。

(7) border 类。border 类组合了 border-width、border-color 和 border-style 等属性。

①border-width：分为 border-buttom-width、border-top-width、border-right-width、border-left-width，用于设置元素的下、上、右、左边框的宽度。

②border-color：设置元素边框的颜色。

③border-style：设置元素四周的边框类型。

【例 6.6】 CSS 属性使用示例。

```
<html>
 <head>
   <style type="text/css">
       span.red{font-size: 24pt; font-weight: bolder; font-family: Ariel;
       color: red}
   </style>
 </head>
<body>
<h3>使用 span 的示例</h3>
   <p>Now is the <span> best time </span> ever!</p>
   <p>Now is the <span class="red"> best time </span> ever!</p>
   <div style="color:blue">
     <h3>使用 div 的示例:</h3>
     <p>看看我的效果</p>
   </div>
</body>
</html>
```

运行结果如图 6.8 所示。

使用span的示例：

Now is the best time ever!

Now is the **best time** ever!

使用div的示例：

看看我的效果

图 6.8　例 6.6 运行结果

这段代码用到了<span>标签和< div>标签。

(1) <span>标签。当出现属性应用于某个元素会使得范围太大时，就可以使用<span>标签。

(2) <div>标签。<div>标签可定义文档中的分区或节，用做严格的组织工具，可把文档分割为独立的、不同的部分，但不使用任何格式与其关联。<div>标签是一个块级元素，其内容自动地开始一个新行。

从图 6.8 中可以看出，我们为第二个<span>标记设置了字体属性，所以只有这段<span>标记里的内容改变了字体样式，第一个<span>标记中的内容保持默认样式。

另外，我们还可以看出，后面两句设置了单独的布局，并设置了布局颜色属性为蓝色，所以该布局内容的所用内容都适用了这个样式。

6.4　利用 CSS 与 DIV 网页布局

【参考图文】

我们开始设计一个网站时首先要对网页进行布局，一个好的布局不仅使界面好看，容易被用户接受，还可以加快我们的开发进度。DIV+CSS 布局是网页 HTML 通过<DIV>标签以及 CSS 代码开发制作的(HTML)网页的统称。使用 DIV+CSS 布局的网页便于维护，使网页符合 Web 标准，网页打开速度更快等。CSS+DIV 相较于表格、框架的优势有如下几点：

(1) 使页面加载更快速。使用表格布局的网页必须将整个表格加载完成后才能显示出网页的内容，而 CSS+DIV 布局的网页则因 DIV 是一个松散的盒子而使其可以边加载边显示出网页内容。

(2) 使修改设计更有效率且费用更低。使用 CSS+DIV 布局时，外观结构与内容是分离的，当需要进行网页外观修改时，只需要修改 CSS 文件即可，完全不用修改网页的内容部分代码。

(3) 更有利于搜索引擎的检索。使用 CSS+DIV 布局时，外观结构和内容是分离的。当搜索引擎进行检索时，可以不用考虑外观结构，而只专注内容，因此更易于检索。

(4) 节约成本，降低宽带费用。使用 Web 标准的 CSS+DIV 布局时，省去了不必要的因素，大大减少了网页的内容，因此加载速度更快，从而降低了宽带费用。

(5) 使整个站点保持视觉的一致性。使用 CSS+DIV 外观的控制时，由于 CSS 可以一处定义多处使用，因此除了减少工作量外，也起到了统一整站视觉的功能。

(6) 使站点更容易被其他设备访问。使用 CSS+DIV 布局时，可使站点更容易被各种浏览器和用户访问，如手机等。

进行布局首先要对网页框架进行分析，如何划分模块，如何选择好的网页图片等。举例来说，现在需要完成一个上(上分为两块)、中(中包括左中右)、下布局框架，如图 6.9 所示。

图 6.9　网页布局框架

首先在网站根目录下新建 HTML 页面，命名为 index.html，在 CSS 目录下建立一个 CSS 文件，命名为 main.css。然后在 index.html 中导入 CSS 文件，再在 CSS 模板的基础上添加 CSS。

1. main.css 文件

main.css 文件内容如下：

```
body {
    background-color: white;font-size: 10pt;font-family: Arial;
    margin: 0;padding: 0;color: #333333;
}
#wapper {
    width: 960px; margin: 0; padding: 0; background-color:#09460F;
}
#header {
    clear: both; width: 960px; height: 130px; padding-top:5px; background-
    color:#C3BB1F;
}
#logo {
    width: 960px;height: 100px;padding-left: 25px;background-color:#4DC5D6;
}
#topmenu {
    float: left;width: 960px; height: 30px; padding-left: 25px; background-
    color:#F9630D;
}
#content {
    clear: both; width: 960px; height: 500px; background-color:#F7AE16;
}
#leftmenu {
    float: left;width: 200px;height: 500px; line-height: 14pt;padding-bottom:
    10px;
    background-color:#CCCCCC;
}
```

```
#centercontent {
    float: left;width: 600px;line-height: 14pt;height: 500px;
    padding-bottom: 10px;background-color:#C59A6F;
}
#rightsider {
    float: left;width: 160px;line-height: 14pt;height: 500px;
    padding-bottom: 10px;background-color:#FAF93C;
}
#footer {
    clear: both;width: 960px;height: 30px;text-align: center;line-height: 14pt;
    background-color:#EE88CD;
}
```

2. HTML 文件内容

HTML 文件内容如下：

```
<html>
  <head><title>网站布局示例</title>
    <link rel="stylesheet" type="text/css" href="css/main.css">
  </head>
  <body>
  <center>
     <div id="wapper">
            <div id="header">
              <div id="logo">网站图片</div>
              <div id="topmenu">网站顶部导航</div>
            </div>
            <div id="content">
              <div id="leftmenu">网站左边导航栏</div>
              <div id="centercontent">网站主体内容</div>
              <div id="rightsider">网站右边导航栏</div>
            </div>
            <div id="footer">网站版权声明</div>
     </div>
     </center>
  </body>
</html>
```

最后的运行结果如图 6.10 所示。

从图 6.10 中可以看出，运用 DIV+CSS 可对页面进行很好的布局。

注意两个重要的 CSS 元素：float 与 clear。

网页文档采用流布局，一般是自上而下的。但有时需要改变流方向，如左对齐等，这时就需要 float。基于浮动的布局可利用 float(浮动)属性并排定位元素；也可以利用 float 属性创建一个环绕在周围的效果，如环绕在照片周围。但是当把 float 属性应用到一个<div>标签上时，浮动就变成了一个强大的网页布局工具。float 属性把一个网页元素(div)移动到网页其他块(div)的某一边，任何显示在浮动元素下方的 HTML 都在网页中上移，并环绕在浮动周围。float 的属性如下：

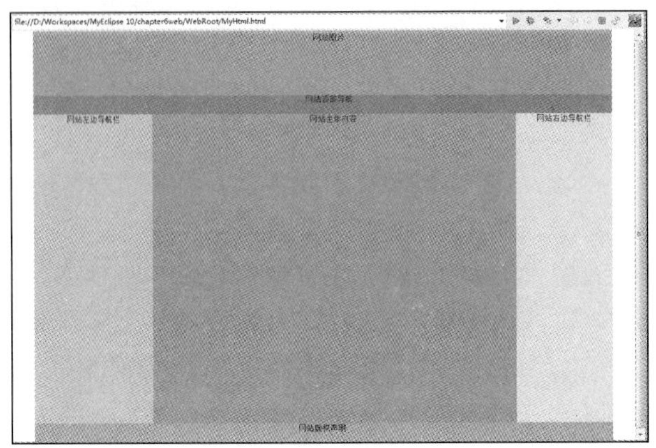

图 6.10　DIV+CSS 示例

①left：移至父元素中的左侧。

②right：移至父元素中的右侧。

③none：默认。会显示 float 在文档中出现的位置。

在 CSS 中， clear:both;可以终结出现在其之前的浮动。使用 clear 属性可以使元素边上不出现其他浮动元素。clear 的属性如下：

①left：不允许元素左边有浮动的元素。

②right：不允许元素右边有浮动的元素。

③both：元素的两边都不允许有浮动的元素。

④none：允许元素两边都有浮动的元素。

【例 6.7】 float 与 clear 用法示例。

```
<html>
  <head>
    <style type="text/css">
          div{
            width:300px;
            border:1px solid red
          }
          img{
            float:left;
            width:100px;
            height:100px;
          }
          p.f1{float:none;width :100px;}
          p.f2{float:right;width :400px;}
      </style>
  </head>
```

```
<body>
  <div>
  <img src="images/cart.jpg"/>
```

例 6.6 中的第三行会和第一行排在一起，因为当属性设置 float(浮动)时，其所在的物理位置已经脱离文档流了，但是大多时候我们希望文档流能识别 float(浮动)，或者是希望 float(浮动)后面的元素不被 float(浮动)所影响，此时就需要用 clear:both;来清除。

```
  </div>
  <hr/>
  <p class="f1">这个是第 1 项 </p>
  <p class="f2">这个是第 2 项 </p>
  <p >另起一行</p>
```

以上的第三行会和第一行排在一起，因为当属性设置 float(浮动)时，其所在的物理位置已经脱离文档流了，但是大多时候我们希望文档流能识别 float(浮动)，或者是希望 float(浮动)后面的元素不被 float(浮动)所影响，此时我们就需要用 clear:both;来清除。

我们可以在第三个<P> 加一个清除浮动。

```
  <p class="f1">这个是第 1 项 </p>
  <p class="f2">这个是第 2 项 </p>
  <p style="clear:both;">另起一行</p>
 </body>
</html>
```

运行结果如图 6.11 所示。

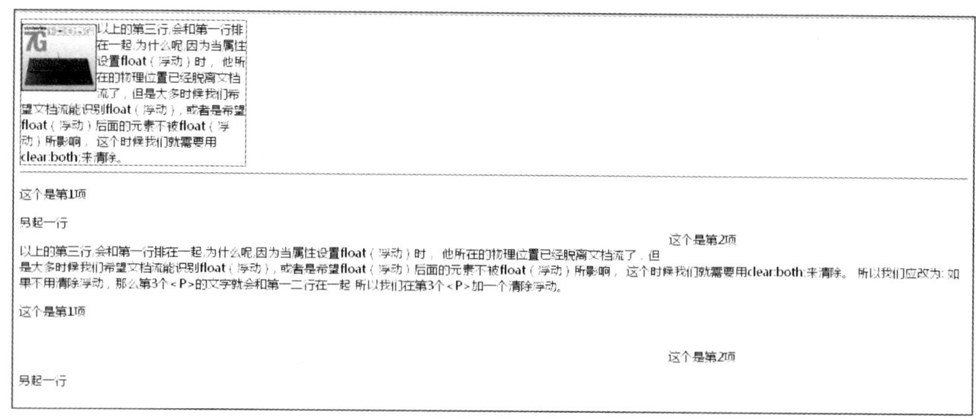

图 6.11　例 6.7 运行结果

结合代码中的文字部分和图中显示结果可以很好的理解 float 和 clear 元素的基本用法。由于使用了<img>标记和 CSS 设计样式，其 float 属性设置为 left，所以图片和文字产生了环绕的效果。中间一段代码，由于“这个是第 2 项”部分在 CSS 中设置为 float 为 right，所以这部分内容向右浮动，从而“另起一行”部分被递补上来填充了“这个是第 2 项”部分的位置。最后一段代码，由于“另起一行”部分的 CSS 样式 float 属性设置为 clear:both，所以其前后左右不再出现浮动元素，所以其依然在原来应该在的位置上。

6.5 JavaScript 编程基础

JavaScript 是一种脚本语言，可以直接嵌入 HTML 文件被浏览器解释执行。JavaScript 运行在客户端的浏览器中，利用这一特性，可以不需要将网页发送到服务器端。例如，一个用户注册，可以利用 JavaScript 在客户端直接对用户名、密码等进行简单验证，如用户名或密码有没有填写，或用户名与密码最小长度验证等。现在 JavaScript 技术越来越成熟，Ajax 技术以及 JQuery 等都是在 JavaScript 基础上发展起来的。客户端应用的 JavaScript 是一组对象的集合，利用这些对象可以对浏览器和用户交互进行控制。

6.5.1 面向对象和 JavaScript

JavaScript 并不是一种面向对象的编程语言，而是一种基于对象的语言。在 JavaScript 中，对象是属性的集合。每个属性或者是一个数据属性，或者是一个方法属性。在 JavaScript 对象中的属性集合是动态可变的，即随时可以添加或者删除属性。

6.5.2 嵌入 JavaScript

JavaScript 脚本可以直接或间接地嵌入 XHTML 文档中，脚本可以作为标签<script>的内容出现。直接嵌入 JavaScript 脚本的形式如下

```
<script type="text/javascript">
     <!--
        …嵌入 JavaScript 脚本…
      -->
</script>
```

6.5.3 插入 JavaScript

使用标记<script>…</script>可以在 HTML 文档的任意地方插入 JavaScript，也可以在<HTML>之前插入。但是，如果要在声明框架的网页(框架网页)中插入，就一定要在<frameset>之前插入，否则不会运行。

插入 JavaScript 的语法格式为：

```
<script type="text/javascript">
     function setAllCheckTrue(objChkAll){
        var frm=jQuery(objChkAll).parents().filter("form,:first");
        if(frm != null){
              jQuery(frm).find(":checkbox").attr("checked", true);
        }
  }
</script>
```

另外一种插入 JavaScript 的方法，是把 JavaScript 代码写到另一个文件(此文件通常应该用“.js”作为扩展名)当中，然后用格式为“<script src="javascript.js"></script>”的标记将其嵌入文档中。注意，一定要用“</script>”标记。这样的格式也可以用在连接中，例如：

```
<script src="css/jquery-1.1.3.pack.js"  type="text/javascript"> </script>
```

6.5.4　JavaScript 的基本语法

1. 标识符

JavaScript 中的标识符必须以字母、下划线(_)或者美元符($)开头，之后可以是字母、下划线、美元符号或者是数字。标识符没有长度限制。不能使用 JavaScript 保留字。

2. 原始数据类型

JavaScript 有五种原始数据类型：数值(Number)、字符串(String)、布尔型(Boolean)、未定义的值(Undefined)和空值(Null)。

3. 声明变量

JavaScript 是动态确定类型，变量不需要定义类型。一个变量在程序运行的不同时期可以存储不同类型的值。变量名称中的字母区分大小写，如 variable 和 Variable 是两个不同的变量。变量可以通过以下方式声明：变量赋值可利用保留字 var 来声明。例如：

```
var d=10;
var d= "Hello";
```

由于 JavaScript 变量没有指定变量类型，所以它依据变量值来确定变量类型，像上面的例子中的变量 d，先是整型变量，后由于赋值一个字符串，因此又变为字符串类型。

4. JavaScript 表达式与运算符

表达式与数学中的定义相似，表达式是指用运算符把常数和变量连接起来的代数式。一个表达式可以只包含一个常数或一个变量，此时的运算符为一元运算符，此外还有二元运算符。运算符可以是四则运算符、关系运算符、位运算符、逻辑运算符、复合运算符和字符串连接操作符(+)。表 6-1 将这些运算符从高优先级到低优先级进行了排列。

表 6-1　JavaScript 常见运算符

自增、自减	x++	如 int x=1;int y=x++;在读取完 x 值后 x 值加 1，即 y=1;x=2
	x--	如 int x=1;int y=x--;在读取完 x 值后 x 值减 1，即 y=1;x=0
	++x	如 int x=1;int y=++x;在 x 值加 1 后读取 x 值，即 y=2;x=2
	--x	如 int x=1;int y=--x;在 x 值减 1 后读取 x 值，即 y=0;x=0
加、减、乘、除	x*y	返回 x 乘以 y 的值
	x/y	返回 x 除以 y 的值
	x%y	返回 x 与 y 的模（x 除以 y 的余数）
	x+y	返回 x 加 y 的值
	x-y	返回 x 减 y 的值

续表

关系运算、等于、不等于	x<y、x<=y、x>=y、x>y	当符合条件时返回 true 值，否则返回 false 值
	x= =y	当 x 等于 y 时返回 true 值，否则返回 false 值
	x!=y	当 x 不等于 y 时返回 true 值，否则返回 false 值
与、非、或	x&&y	当 x 和 y 同时为 true 时返回 true 值，否则返回 false 值
	!x	返回与 x（布尔值）相反的布尔值
	x||y	当 x 和 y 任意一个为 true 时返回 true，当两者同时为 false 时返回 false
三元表达式	c?x:y	当条件 c 为 true 时返回 x 的值（执行 x 语句），否则返回 y 的值（执行 y 语句）

5. JavaScript 函数

(1) 函数的定义和调用。函数的定义包含函数的标题与一组复合语句，用于描述函数的操作。为了保证解释器能够在遇到函数调用之前首先遇到该函数的定义，JavaScript 一般要求将函数定义放到 XHTML 文档的头部，需要使用 function 关键字，无论有无返回值都没有返回类型。函数形式如下：

```
function 函数名(可选的形式参数){
        函数主体
    }
```

①无返回值函数，函数体中不使用 return 关键字。

【例 6.8】 JavaScript 函数示例 1。

```
<HTML>
   <head>
    <SCRIPT LANGUAGE="JavaScript">
       function getSqrt(iNum)
       {
        var iTemp=iNum * iNum;
        document.write(iNum+"*"+iNum+"="+iTemp+"<br>");
       }
    </SCRIPT>
    </head>
    <body>
    <SCRIPT LANGUAGE="JavaScript">
       for(var i=1;i<=10;i++)
           getSqrt(i);//调用函数
    </SCRIPT>
  </body>
</html>
```

运行结果如图 6.12 所示。

```
1*1=1
2*2=4
3*3=9
4*4=16
5*5=25
6*6=36
7*7=49
8*8=64
9*9=81
10*10=100
```

图 6.12　例 6.8 运行结果

② 有返回值函数，函数体中使用 return 返回值。

【例 6.9】 JavaScript 函数示例 2。

```
<HTML>
  <head>
   <SCRIPT LANGUAGE="JavaScript">
      function f(y)
      {
        var x=y * y;
        return x;
      }
   </SCRIPT>
   </head>
   <body>
   <SCRIPT LANGUAGE="JavaScript">
       for(x=1; x <=10; x++)
       {
          y=f(x);
          document.write(x+"*"+x+"="+y+"<br>");
          document.write();
       }
   </SCRIPT>
  </body>
</html>
```

运行结果与例 6.8 相同。由于程序比较好理解，此处不再赘述。

(2) 局部变量。变量的作用范围指的是能够访问该变量的语句范围。隐式声明的变量的作用范围是全局的，在函数定义之外显式声明的变量的作用范围也是全局的。如果在一个函数中，某个变量既作为局部变量出现，又作为全局变量出现，则优先考虑作为局部变量进行处理，并隐藏这个具有统一名称的全局变量。

(3) 函数参数。函数参数有实参和形参两种。JavaScript 采用按值传递的参数传递方法。对于对象来说，由于实参传递的是对象，因此函数可以访问并修改对象。JavaScript 是动态定义类型的，因此无须对参数进行类型检查，函数调用过程中参数的数目并不与被调用函数中的形参数目进行对比检查，超出数目的实参在传递时将被忽略，超出数目的形参将被设定义为 undefined。

6. 几种编程结构

(1) 编程结构一：

```
if ( <条件> ) <语句 1> [ else <语句 2> ];
     if(条件){
         ...
     }else if(条件){
         ...
     }
```

【例 6.10】 JavaScript 函数示例 3，输出 3~100 之间的素数示例，每行输出 5 个。

```
<html>
    <head>
      <script language="JavaScript">
         function isSushu(x){
            var flag=true;
            for(var i=2;i<x;i++)
                if(x%i==0){
                  flag=false;break;
                }
            return flag;
         }
      </script>
   </head>
    <body>
       <script language="JavaScript">
         document.write("<center><table border=1>");
         var c=1;
         for(var n=3;n<=100;n++)
          if(isSushu(n)){
             if(c%5==1)
               document.write("<tr>");
             document.write("<td>"+n+"</td>");
             if(c%5==0)
                document.write("</tr>");
             c++;
          }
         document.write("</table></center>");
       </script>
    </body>
  </html>
```

运行结果如图 6.13 所示。

3	5	7	11	13
17	19	23	29	31
37	41	43	47	53
59	61	67	71	73
79	83	89	97	

图 6.13　例 6.10 运行结果

(2) 编程结构二：

```
switch(表达式){
      case 值 1:...;break;
      case 值 2:...;break;
         ....
      default:...;break;
    }
```

(3) 编程结构三：

```
for (<变量>=<初始值>; <循环条件>; <变量累加方法>) <语句>;
```

本语句的作用是重复执行<语句>，直到<循环条件>为 false 为止。其执行过程是：首先为<变量>赋<初始值>，然后*判断<循环条件>(应该是一个关于<变量>的条件表达式)是否成立，如果成立就执行<语句>，然后按<变量累加方法>对<变量>进行累加，回到“*”处重复，如果不成立就退出循环。该循环称为“for 循环”。例如：

```
for(var i=1;i <= 10;i++){...}
```

【例 6.11】JavaScript 函数示例 4，for 循环示例。

```
<html>
   <head>
    <script language="JavaScript">
          var num=7;
          for(var n=1;n<=num;n++){
             for(var x=1;x<=num-n;x++) //输出空格
               document.write("  ");
             for(var y=1;y<=n*2-1;y++) //输出*
               document.write("* ");
             document.write("<br>");
          }
   </script>
  </head>
  </html>
```

运行结果如图 6.14 所示。

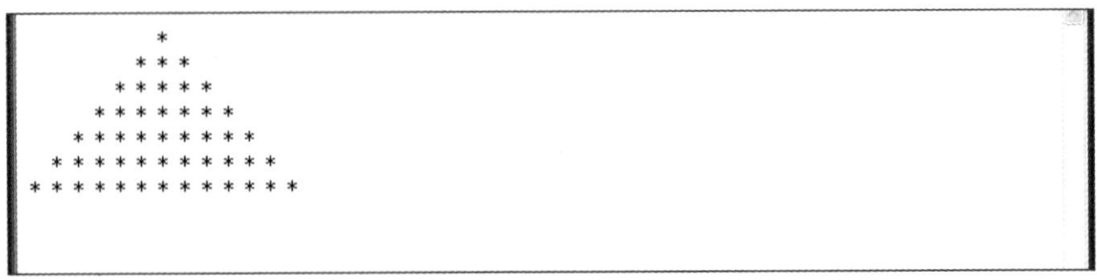

图 6.14　例 6.11 运行结果

(4) 编程结构四：

```
while (<循环条件>) <语句>;
while 循环比 for 循环简单，while 循环的作用是当满足<循环条件>时执行<语句>。
while(条件){
    …
}
```

6.5.5　JavaScript 对象

【参考图文】

1. 常用对象

由于 JavaScript 是基于对象的语言，所以有很多已经定义好的对象供用户使用。例如，常用对象 String，JavaScript 能够在必要时将原始类型字符串值转换为 String 对象； Date 对象，利用操作符 new 和 Date 构造函数可以很容易创建一个 Date 对象。另外还有 Document 对象和 Window 对象。JavaScript 可以利用 Document 对象对 XHTML 文档进行建模。而浏览器显示 XHTML 文档所在的窗口则是通过 Window 对象进行建模的。

Document 对象包含多个属性和方法，其中 write()方法可用于创建脚本输出，还可以用于动态地创建 XHTML 文档内容。

Window 对象有三种方法用以创建对话框：alert()、confirm()、prompt()。alert()方法用于打开一个对话框窗口，并将其参数显示在对话框内，如图 6.15 所示；confirm()方法用于打开一个带有两个按钮的对话窗口，如图 6.16 所示；prompt()方法可用于创建一个包含输入文本框的对话窗口，其包含了“确定”和“取消”两个按钮，以及输入文本框，如图 6.17 所示。

图 6.15　alert 对话框

图 6.16　confirm 对话框

图 6.17　prompt 对话框

2. 创建对象和修改对象

在 Javascript 中，对象一般通过 new 表达式进行创建。new 操作符只创建一个空对象，或者说是一个没有包含任何属性的对象。在 JavaScript 中，其对象中属性的数目是动态的，在解释过程中的任何时刻，都可以为对象添加属性或者从对象中删除属性。对象访问通过“对象.属性”的格式进行。

【例 6.12】 JavaScript 函数示例 5。

```
<html>
<body>
<script type="text/javascript">
var A1=new Object;
A1.a=10;
document.write(A1.a+"<br/>"+"<hr>");
</script>
</body>
</html>
```

程序创建了一个对象 A1，然后把 10 赋给 A1 的属性 a，最后输出这个属性值。运行结果显然为 10。

3. 数组对象

数组对象使用 new 进行创建，在 JavaScript 中定义数组与定义变量一样，只是数组需要使用 new Array(n) 开辟空间，n 表示开辟多少。定义好数组后可以向数组中添加任何类型的元素。

定义一维数组：

```
var x=new Array(10);//数组下标从 0 开始，到 n-1 结束。
  x[0]=10; x[1]="abc";
```

定义二维数组：

```
var x=new Array(10); //首先定义一维数组
x[0]=new Array(10);//再将一维数组中的第一个元素定义一个数组，则为二维数组
x[0][0]=1;//给二维数组中第一行第一列元素赋值。
x[1]=new Array(10);
```

【例 6.13】 JavaScript 函数示例 6，数组示例。

```
<html>
    <style type="text/css">
          .id1 { background-color: white }
          .id2 { background-color: black }
     </style>
   <body>
    <script language="JavaScript">
    //定义二维数组
```

```
        var x=new Array(10);
        for(var i=0;i<x.length;i++)
            x[i]=new Array(10);
       //给二维数组元素赋值
        for(var i=0;i<10;i++)
          for(var j=0;j<10;j++){
              var n=Math.random();
               if(n<0.5)
                 x[i][j]=0;
               else
                 x[i][j]=1;
          }
       //输出
       document.write("<table border=1>");
       for(var i=0;i<10;i++){
          document.write("<tr>");
          for(var j=0;j<10;j++){
             if(x[i][j]==0)
               document.write("<td class='id1' width=20>"+x[i][j]+"</td>");
             else
               document.write("<td class='id2'>"
                         +"<font color=white>"+x[i][j]+"</font>"+"</td>");
          }
          document.write("</tr>");
         }
       document.write("</table>");
    </script>
    </body>
  </html>
```

程序先定义了一个 10 个元素的数组，每个元素又分别定义了一个 10 个元素的数组，然后对该二维数组赋值。首先生成一个随机数，根据该随机数定义数组元素的不同值“1”和“0”。然后根据该值的不同分别使用了 CSS 样式，用来定义不同的单元格显示背景色。运行结果如图 6.18 所示。

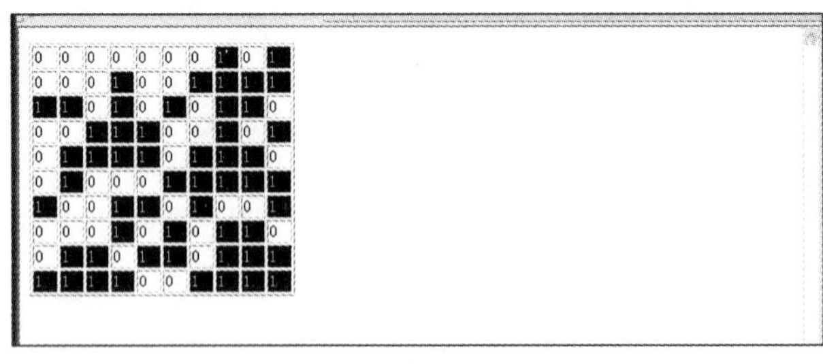

图 6.18　例 6.13 运行结果

此外数组有很多方法，如 join()方法、sort()方法和 concat()方法等。

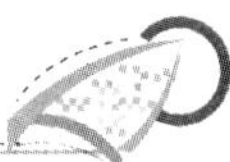

【例 6.14】JavaScript 函数示例 7。

```
<html>
<body>
  <script type="text/javascript">
    var arr=new Array(6) ;
    arr[0]="George";
    arr[1]="John";
    arr[2]="Thomas";
    arr[3]="James";
    arr[4]="Adrew";
    arr[5]="Martin";
    document.write(arr + "<br />");
    document.write(arr.sort());
  </script>
</body>
</html>
```

运行结果如图 6.19 所示。程序首先创建了六个元素的数组，然后分别赋值，第一行输出数组内容，第二行输出排序后的数组内容。

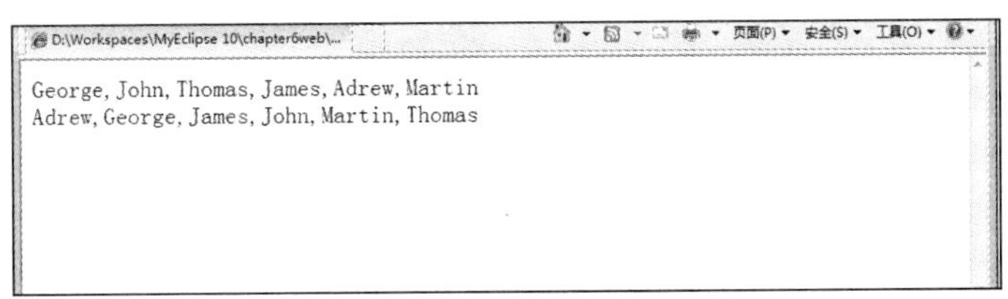

图 6.19　例 6.14 运行结果

6.5.6　JavaScript 与 XHTML 文档

1. JavaScript 的执行环境

JavaScript 的执行环境是浏览器，浏览器显示的 XHTML 文档窗口是与 JavaScript 中的 Window 对象相对应的，每一个 Window 对象都有一个名为 document 的属性，它是针对窗口显示的 Document 对象的引用。JavaScript 中的 Document 对象用于描述所显示的 XHTML 文档的属性。

2. 文档对象模型

文档对象模型(DOM)是一种应用程序接口，定义了 XHTML 文档和应用程序之间的接口。实际的 DOM 规范包含了一组接口，其中每个接口都对应着一个文档树节点类型。通过 DOM，用户可以利用编程语言编写代码来创建文档，遍历整个文档结构以及修改、添加或者删除文档元素或者元素中的内容。例如，图 6.20 是某个 XHTML 文档的 DOM 树型结构。

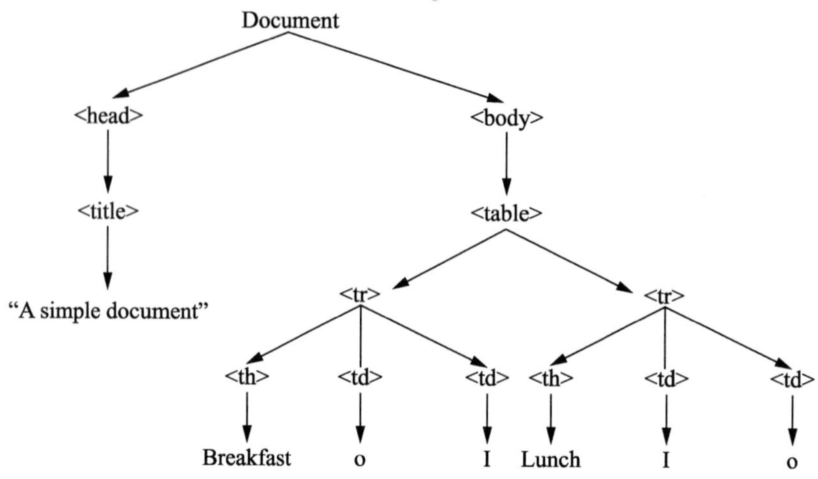

图 6.20 某个 XHTML 文档的 DOM 树型结构

3. 利用 JavaScript 访问元素

利用 JavaScript 访问 HTML 文档元素通常有三种方式。

(1) 利用 JavaScript 方法 getElementById()。元素的标识符(id)在文档中都是独一无二的，所以通过标识符可以准确地定位到某个元素，如<div id="docid"></div>这个元素，其准确地定位方式为 document.getElementById("docid")。

(2) getElementsByName()。例如：

```
<div name="docname" id="docid1"></div>
<div name="docname" id="docid2"></div>
```

用 getElementsByName("docname")可以获得这两个 DIV。其中，用 getElementsByName ("docname")[0]访问第一个 DIV，用 getElementsByName("docname")[1]可以访问第二个 DIV。

(3) getElementsByTagName()。我们还可以通过 tagname(标签名称)来获得元素，一个 document 中当然会有相同的标签，所以这个方法也是取得一个数组。用 getElementsByTagName("div")[0]访问第一个 DIV，用 getElementsByTagName("div")[1]访问第二个 DIV。

6.5.7 JavaScript 的事件与事件处理

【参考图文】

1. 事件处理的基本概念

事件是某些特殊情况发生时的通知，如对文档的加载、在一个表单按钮上单击等。严格地讲，事件是由一个浏览器和 JavaScript 系统为了响应某些正在发生的情况而隐式创建的对象。事件处理程序能够使一个 Web 文档响应浏览器和用户的动作。

事件处理是对象化编程的一个很重要的环节。我们一般用特定的自定义函数(function)来处理事件。指定事件处理程序有以下两种方法。

(1) 编写特定对象特定事件的 JavaScript。

```
<script language="JavaScript" for="对象" event="事件">
事件处理代码
</script>
```

例如：

```
    <script language="JavaScript" for="window" event="onload">
        alert('网页加载完毕，请你阅读。');
    </script>
```

(2) 直接在 HTML 标记中指定。

```
<标记 .... 事件="事件处理程序">
```

一般常用事件已经存在相应的 XHTML 标签属性，这些标签属性可以将事件和事件处理程序关联起来。

2. 处理主体元素事件

由主体元素导致的事件绝大部分是 load 和 unload。当用户进入或离开页面时就会触发 onload 和 onUnload 事件，这两个事件也常被用来处理用户进入或离开页面时有关 cookies 的操作。

例如，以下代码是关于 onload 的示例，当页面加载时执行一段脚本函数，弹出一个警示框，输出“您好，欢迎您！”，运行结果如图 6.21 所示。

```
<html>
<head><title> onload event handler</title>
<script type="text/javascript">
   function load_greeting(){
      alert("您好，欢迎您！");
   }
    </script>
   </head>
   <body onload="load_greeting();">
    <p/>
   </body>
</html>
```

图 6.21　onload 事件示例运行结果

3. 处理表单按钮的事件

XHMTL 文档中的表单为搜集浏览器用户的简单输入信息提供了一种既简单又有效的途径。对于按钮操作，创建的最为常用的事件为 click，其中有用于处理一些简单情况的普通按钮、复选框和单选按钮、文本框，文本框能够引发四种不同的事件：blur、focus、change 和 select。下面分别举例说明。

【例 6.15】单选按钮事件处理示例。

```
<html>
  <head>
    <title>显示按钮信息</title>
    <script type="text/javascript" >
    function fruitChoice(fruit){
        switch(fruit) {
            case 1:
                alert("五月杨梅已满林，初疑一颗价千金。");
                break;
            case 2:
                alert("一骑红尘妃子笑，无人知是荔枝来。");
                break;
            case 3:
                alert("江南有丹桔，经冬犹绿林。");
                break;
            default:
                alert("Error in JavaScript function fruitChoice");
                break;
        }
    }
    </script>
  </head>
  <body>
    <h4> 看看古人对水果的描绘吧！</h4>
    <form id="myForm" action="handler">
      <p>
        <input type="radio" name="fruitButton"  value="1"
            onclick="fruitChoice(1)" />
        杨梅
        <br />
        <input type="radio" name="fruitButton"  value="2"
            onclick="fruitChoice(2)"/>
        荔枝
        <br />
        <input type="radio" name="fruitButton" value="3"
            onclick="fruitChoice(3)"/>
        桔
           <br />
    </form>
  </body>
</html>
```

运行结果如图 6.22 所示。

图 6.22　例 6.15 运行结果

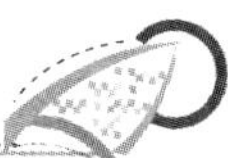

当单击“荔枝”单选按钮时，运行结果如图 6.23 所示。

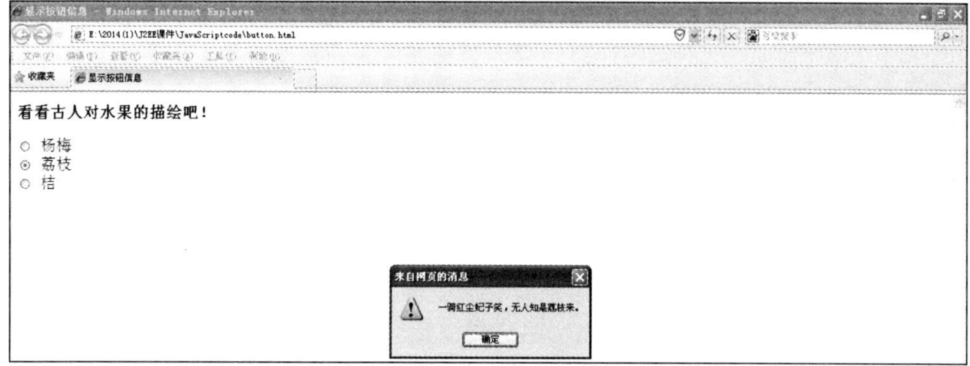

图 6.23　单击“荔枝”单选按钮后的运行结果

程序中每个单选按钮控件的事件处理函数都是 fruitChoice()，其中的参数用于区分三个不同的单选按钮。fruitChoice()是 JavaScript 脚本语言中的方法，算法较简单，用了一个多分支结构，根据三个不同的参数弹出不同内容的 alert 对话框。

【例 6.16】下拉框事件处理示例。

```
<html>
   <body>
     <select name="seladdr" size="3" onchange="func()">
        <option selected value="北京">北京</option>
        <option value="上海">上海</option>
         <option value="广州">广州</option>
      </select>
      <script language="javascript">
       function func(){
          alert("你选择了" + seladdr.value);
       }
       </script>
   </body>
</html>
```

运行结果如图 6.24 所示。

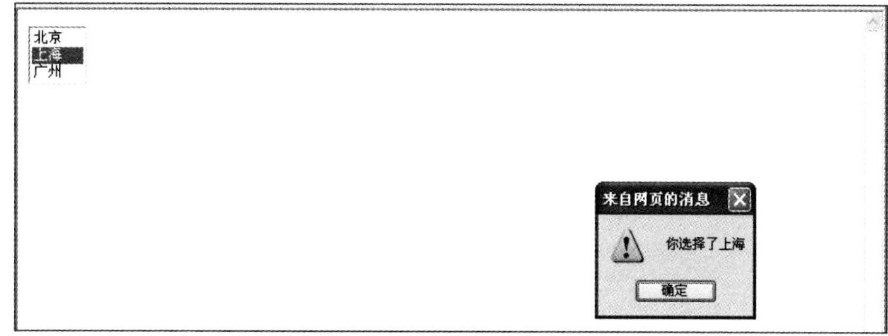

图 6.24　例 6.16 运行结果

其中，<select>标记的属性 size 代表下拉框将同时显示几个选项，事件属性为 onchange，当用户单击某一选项时将触发这个事件，这个事件的值为定义的 func()脚本函数，该脚本函数很简单，只是弹出了一个警告框，内容为被选择的选项内容。

4. 检验表单输入

JavaScript 能够将数据检验的部分任务从通常比较繁忙的服务器端转移到客户端。为防止用户错误地填写某个表单输入元素，可以编制一个 JavaScript 事件处理函数以进行如下操作：

(1) 产生一个 alert 消息，将错误信息显示给用户。

(2) 使该输入元素获得焦点，将光标定位到该元素中，可以通过 focus()方法完成。

(3) 处理函数选定该元素，并高亮显示该元素中的文本。

【例 6.17】利用 JavaScript 对输入的表单进行验证示例。

```
<html>
 <head>
   <SCRIPT>
    //定义验证函数，在 Form 的提交事件 onSubmit()调用
    //当 checkForm()验证函数返回 true 时才真正提交，如果返回 false
    //则不提交，还是停留在当前页面上
    // document.form1.uname//表示取名称为 form1 的表单上的 uname 这个标签的值
    function checkForm(){
        var name=document.form1.uname;
        if(name.value==""){
            alert("请输入用户名");
            document.form1.uname.focus();
            return false;
        }
        if(name.value.length > 8 || name.value.length < 3){
           alert("长度要求 3~8 位! ");
           document.form1.uname.select();
           return false;
         }
        if(document.form1.upwd.value==""){
            alert("请输入密码");
            document.form1.upwd.focus();
            return false;
          }
         return true;
     }
   </SCRIPT>
  </head>
  <body>
    <Form action="reg.jsp" method="post" name="form1"
        onSubmit="return checkForm();">
```

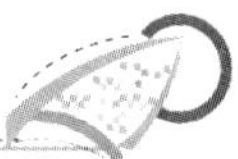

```
    UserName:<input type=text name=uname > <br>
    UserPwd:<input type=password name=upwd> <br>
   <input type=submit value="注册">
  </Form>
</body>
</html>
```

运行结果如图 6.25 所示。

图 6.25　例 6.17 运行结果

从运行结果中可以看出，当操作者没有输入用户名但单击“注册”按钮时，程序弹出警告框，提示操作者输入用户名。其中，document.form1.uname.focus()方法的作用就是使该 uname 输入元素获得焦点，将光标定位到该元素中； document.form1.uname.select()方法的作用是该处理函数选定 uname 元素，并高亮显示该元素中的文本。

本 章 小 结

本章主要介绍了 HTML 网页基本知识。要学好 HTML，应重点掌握以下基础知识。一是 HTML 基本标签的使用。二是 CSS 编程知识。网页的布局和美工很重要，这是和最终用户交流的最直接的方式。用户有时不会关注网页实现细节，而只关注页面。系统再好，如果没有一个好的界面，其效果也会不尽人意。三是 JavaScript 及其 Ajax 知识，这是客户端编程重要语言。现在有很多基于 JavaScript 的库文件能够帮助优化网站，应多学习、多积累、多运用。本书后续章节会进一步学习其中的一款产品 JQuery。

习　　题

【参考图文】

一、选择题

1. 下面这些元素中，属于 HTML5 新增的元素的是(　　)。
   A．<head>　　B.<header>　　C.<body>　　D.<embed>
2. 在表单中添加单选按钮时，需要设置<input>标记的 type 属性值为(　　)。
   A．radio　　B.radiobutton　　C. checkbox　　D. Button
3. 在表单中添加隐藏域时，需要设置<input>标记的 type 属性值为(　　)。
   A．file　　B. text　　C. hidden　　D. button
4. (　　)是 JavaScript 支持的合法注释。

A．<!-- -->　　B. //　　C. #　　D./* */

二、填空题

1．无序列表是在每个列表项的前面添加一个________。通过________标记可以创建一组无序列表，其中每一个列表项以________标记表示。

2．有序列表是在每个列表项目的前面加上________。有序列表的标记为________，每一个列表项前使用________标记。

3．在 CSS 中，使用起始标记________和结束标记________来定义注释。

三、上机实践

1．在页面上显示 1～100 之间的偶数，每行显示五个(用 HTML 中的 Table 标签)。

2．使用 HTML 的表单以及表格标签，完成图 6.26 所示的注册界面。注意使用 JavaScript 对界面标签内容进行验证。验证码先不编写，其可在完成后续章节学习后完成。

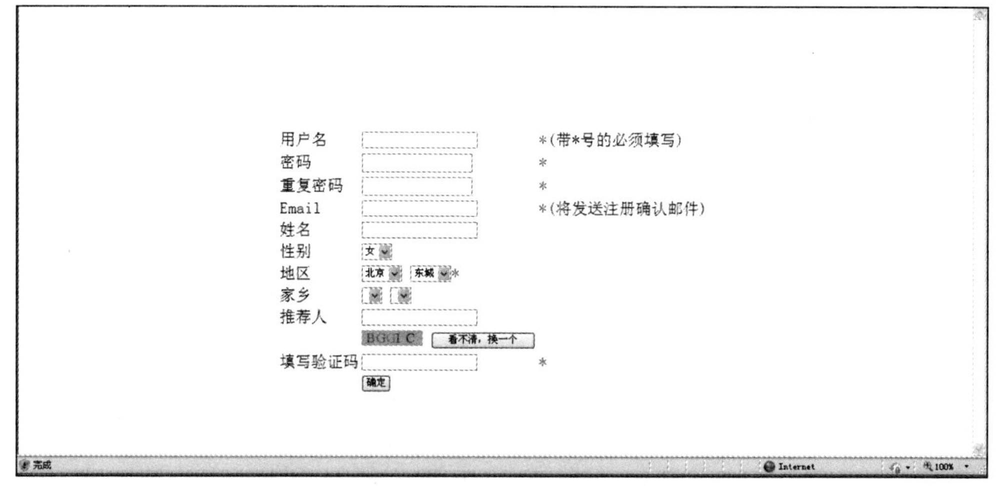

图 6.26　注册界面

3．参考下面给出的代码，使用 HTML 与 JavaScript 完成图 6.27 所示界面功能。

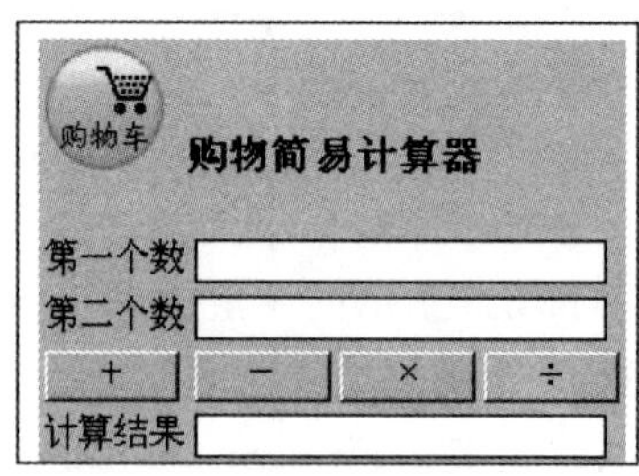

图 6.27　购物简易计算器界面

参考函数定义如下：

```
<SCRIPT language="JavaScript" >
```

```
  function compute(op)
  {
    var num1,num2;
    num1=parseFloat(document.myform.txtNum1.value);
    num2=parseFloat(document.myform.txtNum2.value);
    if(op=="+")
      docume nt.myform.txtResult.value=num1+num2;
    if(op=="-")
      docume nt.myform.txtResult.value=num1-num2;
    if(op=="*")
      document.myform.txtResult.value=num1*num2;
   if(op=="/"&&num2!=0)
      document.myform.txtResult.value=num1/num2;
 }
     </SCRIPT>
```

其中，txtResult 为最后一个文本框名称。

关于如何调用 compute()函数，代码如下：

```
<FORM action="" method="post" name="myform" id="myform">
<INPUT type="button" value=" + " onClick="compute('+')">
</Form>
```

第 7 章

JSP 编程技术

学习目标

【参考图文】

- 学习 JSP 编程基础
- 熟悉 JSP 常见内置对象
- 掌握 JavaBean 编程技术
- 掌握 Servlet 编程技术
- 了解过滤器 Filter 编程技术

JSP(JavaServer Pages)是由 Sun Microsystems 公司倡导和许多公司参与共同建立的一种使软件开发者可以响应客户端请求、动态生成 HTML、XML 或其他格式文档的 Web 网页的技术标准。JSP 技术是以 Java 语言作为脚本语言的。JSP 将 Java 代码和特定的预定义动作嵌入静态页面 HTML 中。

在传统的网页 HTML 文件中加入 Java 程序脚本(Scriptlet)和 JSP 标记(tag)，就构成了 JSP 网页。Web 服务器在收到访问 JSP 网页的请求时，Web 服务器(该服务器安装在服务器端)配合 JDK 编译其中的 Java 程序脚本，然后将执行结果以 HTML 格式返回给客户，因此其对客户端要求很低，如只需要浏览器以及网络能够互联就可以了。Java 程序脚本拥有 Java 程序的大部分功能，如访问数据库、读写文件以及发送 E-mail 等。

用 JSP 开发的 Web 应用是跨平台的，既能在 Windows 上运行，也能在 Linux 等其他操作系统上运行。JSP 结合了 Servlet 和 JavaBean 技术，充分继承了 Java 的众多优势，具有以下特点：

(1) 一次编写，随处运行。

(2) 可重用组件。

(3) 标记化页面开发。

(4) 角色分离。

7.1　JSP 编程基础

7.1.1　JSP 运行环境配置

运行 JSP 网页程序需要 Web 服务器，目前一个广泛且开源的 Web 服务器为 Tomcat。本书使用的是 Tomcat 6.0 版本，安装的 JDK 版本是 JDK1.6。

1. JSP 运行环境

首先安装 JDK1.6，JDK1.6 可以直接在 Sun 公司网站下载，安装非常简单。然后安装 Tomcat 6.0，建议下载解压版的 Tomcat，下载后解压到某一个目录即可。

假设 JDK 安装目录为 C:\Program Files\Java\jdk1.6.0_13，Tomcat 6.0 安装目录为 D:\tomcat6。

首先配置环境变量。右击"我的电脑"，单击"属性"，弹出"子位属性"对话框，单击"环境变量"按钮，弹出"环境变量"对话框，设置第一个环境变量。设置 JAVA_HOME，JAVA_HOME 值为 JDK 安装根目录。单击"环境变量"对话框中的"新建"按钮，假设 JDK 安装根目录为 C:\Program Files\Java\jdk1.6.0_13，如图 7.1 所示。

再设置第二个环境变量 Path。Path 指系统一些可执行文件，如 EXE 文件的路径。系统已经存在，不要删除已有的值。继续单击"新建"按钮，在变量值末尾或前面加上";%JAVA_HOME%\bin;"，分号表示多个值分隔，如图 7.2 所示。

图 7.1　JAVA_HOME 环境变量设置

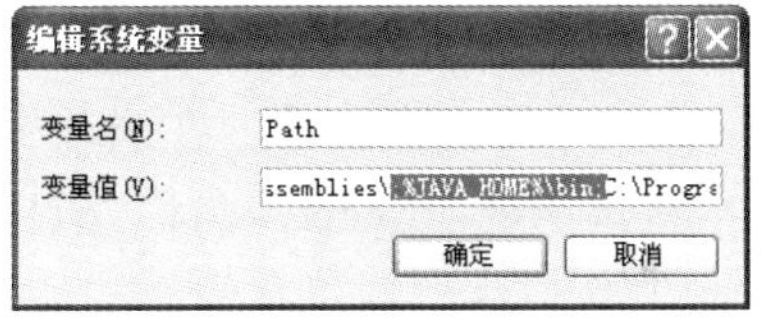

图 7.2　Path 环境变量设置

设置第三个环境变量 classpath。classpath 指 Java 程序运行所需要的基本包.jar。单击"新建"按钮，值为"%JAVA_HOME%\lib\dt.jar;%JAVA_HOME%\lib\tool.jar。%JAVA_HOME% 表示引用了之前设置的环境变量 JAVA_HOME 的值，如图 7.3 所示。

最后设置第四个环境变量 TOMCAT_HOME。TOMCAT_HOME 指 Tomcat 服务器安装根目录。单击"新建"按钮，如图 7.4 所示。

图 7.3　classpath 环境变量设置

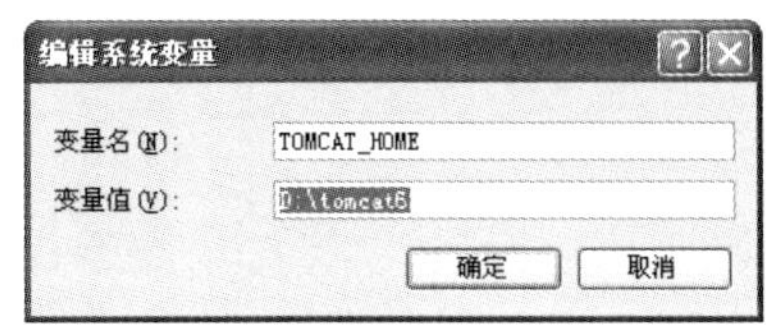

图 7.4　tomcat 环境变量设置

2. 第一个 JSP

运行${Tomcat Home 目录}\bin\startup.bat，启动 Tomcat，然后使用记事本编写一个网

页，网页内容如下：

```
<%@ page language="java"  pageEncoding="gbk"%>
<html><body>
  <%
   out.println("这是我第一个 JSP");
  %>
</body>
</html>
```

该文件以 hello.jsp 为名保存，注意拓展名为.jsp。编写好的网页放置在 tomcat 6.0 的安装目录下的 webapps\工程名\hello.jsp 下。用户可以在 webapps 下创建目录 myFirstWeb。

在浏览器中输入 http://localhost:8080/myFirstWeb/hello.jsp，运行结果如图 7.5 所示。

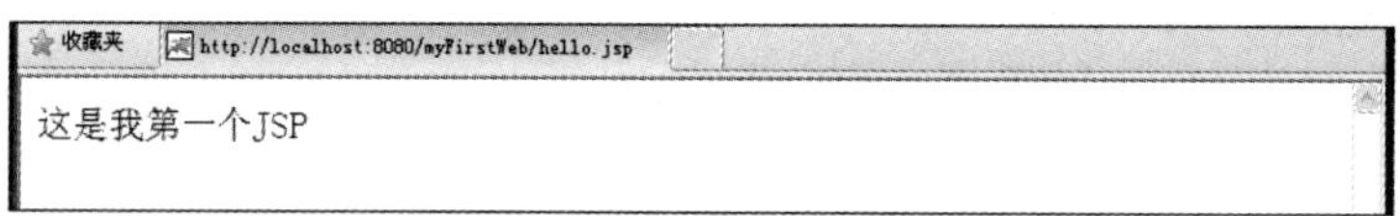

图 7.5 hello.jsp 运行结果

3. 在 MyEclipse 中开发 JSP

在 MyEclipse 中需要配置 Web 服务器，其实在 MyEclipse 中可以配置多个 Web 服务器，我们选择 Tomcat 服务器。

(1) 配置 Tomcat 服务器：选择“window→Preference→MyEclipse Enterprise Workbench→Servers→Tomcat6.X”命令，在选项中选择 Tomcat 安装的根目录即可。

(2) 新建 Web Project，名称为 chapter7web。向导自动添加 JRE 以及 Java EE5 的一些基本的包。完成后，项目目录结构如图 7.6 所示。

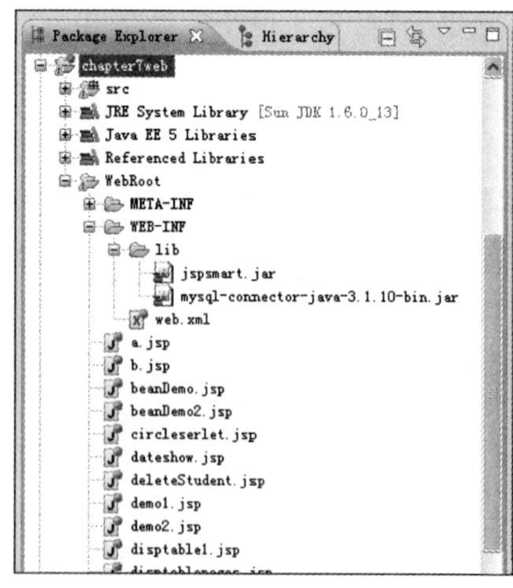

图 7.6 项目目录结构

其中主要目录的作用如下：

①\src 源代码目录：放置所有 Java 源文件，如*.java 文件。

②\WebRoot 目录：网页根目录，放置各种网页文件，如*.jsp、*.html 等。

③\WEB-INF 目录：放置一些配置信息，如 web.xml 文件。

④\WEB-INF\classes 目录：放置 Java 文件编译后的.class。

⑤\WEB-INF\lib 目录：放置工程需要用到的包文件，拓展名为.jar。

(3) 建立 hello.jsp 文件，添加本节中的代码。

(4) 部署 Web 工程到 Tomcat 中。右击项目名称，在弹出的快捷菜单中选择“工程→MyEclipse→Add and Remove Project Deployments”命令，得到图 7.7 所示的项目部署向导图。这里所说的部署就是将工程复制到 Tomcat 的 webapps 目录下。部署后可以查看该目录结构，查看是否已正确部署。

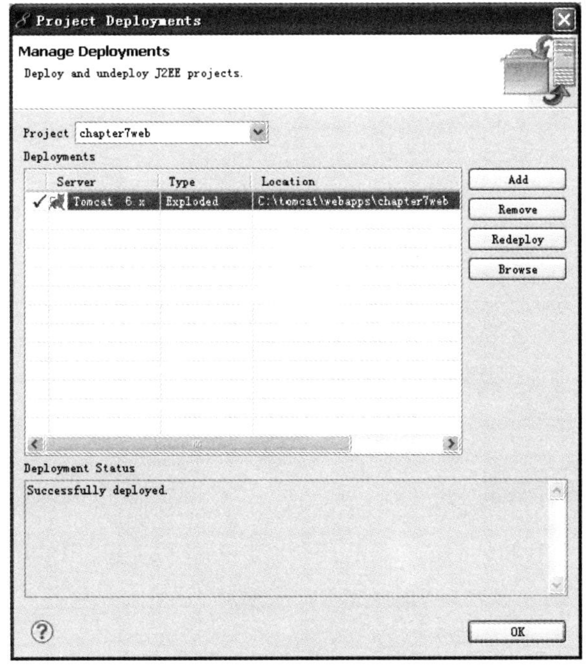

图 7.7　项目部署向导图

(5) 运行程序。在 MyEclipse 中启动 Tomcat 服务器，在内置浏览器地址栏中输入 http://localhost:8080/chapter7web/hello.jsp，运行结果如图 7.8 所示。

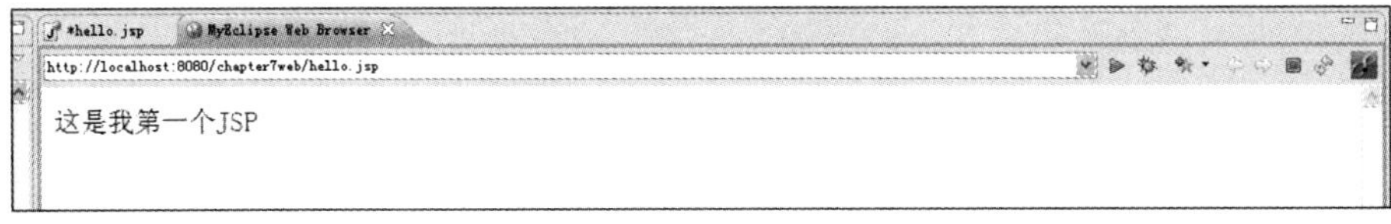

图 7.8　MyEclipse 中 hello.jsp 运行结果

7.1.2　JSP 的执行过程

客户端请求 URL，即请求 jsp 容器(如 Tomcat)中的 JSP 页面，第一个用户请求 jsp 文

件时，把 jsp 文件转换成 java 文件(servlet 类文件)，然后再编译成 class 文件，最后以 HTML 格式返回给客户端浏览器，客户端浏览器解释 HTML 标签呈现给用户。由于编译后的 class 文件常驻内存，因此如果再次有客户请求的时候，直接再开一个线程，无须重新编译，直接执行第一次已经编译好的 class 文件即可。当然，如果 jsp 文件发生变化，那么就需要重新编译一次。下面我们看一个示例。

【例 7.1】 JSP 示例。

```
<%@ page language="java"  pageEncoding="gbk"%>
<html>
 <body>
  <%
   for(int i=1;i<=5;i++)
     out.println(i+"*"+i+"="+i*i);
  %>
 </body>
</html>
```

由例 7.1 可以看出，<%...%>语句语法就是 Java 语言的代码。其运行结果如图 7.9 所示。

```
1*1=1 2*2=4 3*3=9 4*4=16 5*5=25
```

图 7.9 例 7.1 运行结果

7.1.3 JSP 脚本元素的组成

JSP 脚本元素由三个部分组成：JSP 声明、JSP 程序段和 JSP 表达式。

1. JSP 声明

使用声明来定义需要使用的变量、方法。JSP 声明方式与 Java 相同，其语法格式为

```
<%! declaration;[ declaration;]......%>
```

2. JSP 程序段

JSP 程序段又称为 JSP Scriptlet，是在 JSP 中符合 Java 语言规范的一段 Java 程序。程序段包括在<% %>之间，其语法格式为

```
<%code fragment%>
```

<%...%>中间包含 Java 代码，在一个页面中可以在多个位置出现多个<%...%>脚本块。我们可以在脚本块定义变量、函数以及编写一些执行代码等。

(1) 定义变量。例如：

```
<%! int x=0;%>
<% int y=10;%>
```

上述两种定义变量是不同的。使用“!”定义的变量类似于全局变量，在网页刷新时该变量值保存；而不使用“!”的定义变量是局部变量，每次网页刷新时重新生成分配内存。

(2) 定义函数。例如：

```
<!--定义一个函数，判断输入的一个数字是否为素数-->
<%! boolean isSushu(int x){
    boolean flag=true;
    for(int n=2;n<x;n++)
      if(x%n==0) {
       flag=false;break;
    }
   return flag;
 }
%>
```

(3) 调用函数。例如：

```
<% int c=0;
   for(int i=3;i<100;i++){
       if(isSushu(i)){
           if(c%5==0)
               out.println("<tr>");
           out.println("<td><b>"+i+"</b></td>");
           if(c%5==4)
               out.println("</tr>");
           c++;
       }
   }
%>
```

上面两段代码写在同一个 jsp 文件中，在浏览器中运行该网页，运行结果如图 7.10 所示。

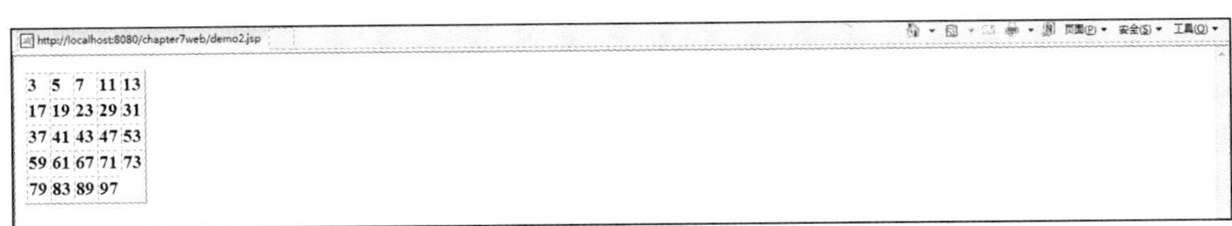

图 7.10　JSP 函数使用示例

3. JSP 表达式

表达式元素是指在脚本语言中被定义的表达式，其在运行后自动转化为字符串并显示在浏览器中。其语法格式为

```
<%=expression%>
```

7.1.4 JSP 注释

JSP 注释分为三种：普通 Java 注释、HTML 风格注释和 JSP 风格注释。

1. 普通 Java 注释

用双斜杠“//”注释单行；用“/*　*/”注释多行；用“/**　*/”注释多行，用于将所注释的内容文档化。

2. JSP 特有的注释

(1) 客户端注释，其语法格式为

```
<!--comment-->
```

其属于 HTML 风格注释，注释信息会发送到客户端，当用户通过浏览器查看网页源代码信息时，可以看到这些注释。

(2) 服务器端注释，其语法格式为

```
<%/* comment */ %>或<%--comment --%>
```

这种注释信息不会发送到客户端，属于 JSP 风格注释。

下面通过一个例子来学习 JSP 表达式、JSP 声明和 JSP 注释的一些用法。

【例 7.2】JSP 示例 1。

```
<%@ page language="java"  pageEncoding="gbk"%>
<html>
 <body>
   <%! int x=0;%>
   <% int y=10;%>
   <!--<%=x++%>-->HTML 风格注释
   <!--<%=y++%>-->HTML 风格注释
   <%/* comment */ %>或<%--<%=x%>--%>JSP 风格注释
  </body>
</html>
```

程序运行后，右击浏览器窗口选择查看源文件，结果如图 7.11 所示。

```
<html>
 <body>


 <!--0-->HTML风格注释
  <!--10-->HTML风格注释
 或JSP风格注释


 </body>
</html>
```

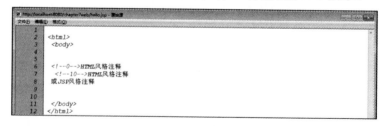

图 7.11　例 7.2 运行后源文件显示

我们从图 7.11 中可以清晰地看出，对于 JSP 声明中的 x 值，在其 JSP 风格注释中的 JSP 表达式输出中并没有显示其结果；而 HTML 风格的注释对 x 和 y 的值都进行了输出。将网页再刷新一次，相当于例 7.2 再被执行一次，再次运行后源文件显示如图 7.12 所示。

http://localhost:8080/chapter7web/hello.jsp

文件(F) 编辑(E) 格式(O)

```

<html>
 <body>


 <!--1-->HTML风格注释
  <!--10-->HTML风格注释
 或JSP风格注释


 </body>
</html>
```

图 7.12　例 7.2 再次运行后源文件显示

从图 7.12 中可以看到，y 值不变，而 x 变为 1，说明对其的加法有了作用，这就是带“！”的 JSP 变量声明和不带“！”的变量声明的区别。使用“!”定义的变量类似于以前的全局变量，实际上是该 JSP 文件在服务器被转换为 Servlet 类后的成员变量，其在网页刷新时该变量值保存。而不使用“!”的定义变量是局部变量，实际上是这个 Servlet 类的方法中定义的变量，每次网页刷新时都将被重新生成并分配内存，所以值保持初始值不变。

7.1.5　JSP 常见指令

【参考图文】

1. page 指令

page 指令定义当前 JSP 文件所需的属性，如页面编码、页面用到的一些包等。常见属性包括 import、contentType 、errorPage、isErrorPage 等。其位置可以出现在页面的任何位置，但推荐放在页首。

(1) 设置页面编码。例如：

```
<%@ page pageEncoding="gb2312"%>
```

该代码设置编码为中文编码，显示中文时不会出现乱码。网页默认的编码是 ISO-8859-1。

(2) 导入包和类.import：需要导入的 java 包列表。

```
<%@ page import="java.sql.*" %>
<%@ page import="java.util.*,java.io.*"%>
```

【参考图文】

(3) 设置页面类型 contentType：设置 MIME 类型和字符编码集。MIME 类型默认为 text/html，字符集默认为 charset=ISO-8859-1。

```
<%@page contentType="text/html; chareset=gbk"%>
```

(4) 设置网站异常处理页面。

errorPage：设置处理异常事件的 JSP 文件。

isErrorPage：设置此页是否为处理异常事件的页面，如果设置为 true，就能使用 exception 对象。

【例 7.3】异常处理示例。

首先编写一个页面，该页面存在异常，目的是当该页面发生异常时导向一个异常处理页面。

第 1 步：创建一个 errortest.jsp 页面。如果出现异常，将跳转到 error.jsp。

代码如下：

```
<%@ page language="java"  pageEncoding="gbk"%>
<%@ page errorPage="error.jsp" %>
<html>
 <body>
   <%
       int x[]=new int[10];
       x[11]=3;//出现异常，数组下标越界
   %>
</body>
</html>
<%@ page errorPage="error.jsp" %>表示当这个页面发生异常，页面导向 error.jsp 页面
```

第 2 步：error.jsp 页面。该页面为错误处理页面，捕获异常对象 exception。

代码如下：

```
<%@ page language="java"  pageEncoding="gbk"%>
<%@ page isErrorPage="true"%>
<html>
 <body>
  <%
     response.setStatus(200);
     out.println("传过来的异常: "+exception);
   %>
</body>
</html>
```

在浏览器中运行 errortest.jsp 网页，运行结果如图 7.13 所示。

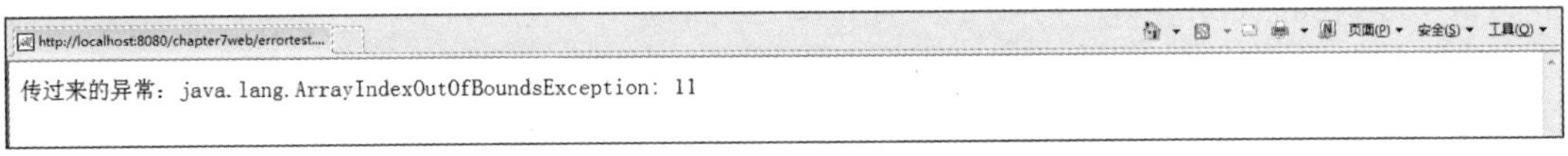

http://localhost:8080/chapter7web/errortest...

传过来的异常：java.lang.ArrayIndexOutOfBoundsException: 11

图 7.13　errortest.jsp 页面运行结果

由于 errortest.jsp 中 Java 代码发生数组越界，所以产生了异常，从而跳转到 error.jsp 页面来处理，该文件运行结果显示了数组越界异常信息。

注意：为了让异常信息正常显示而不是交给浏览器来处理异常，error.jsp 文件中要加上代码 response.setStatus(200);。

2. include 指令

如果一个 Web 程序导航和页脚在每个页面都会出现，那么可以将导航和页脚部分单独做成一个网页文件，如果以后别的页面要使用就可以使用 include 指令。<%@ include file=" "%>功能为 jsp 的 include 指令元素读入指定页面的内容。Web 容器在编译阶段将这些内容和原来的页面融合到一起。

我们可以使用 include 指令在 JSP 中包含一个静态的文件，同时解析该文件中 JSP 语句。

```
<%@ include file="top.jsp"%>
  ...
<%@ include file="bottom.jsp"%>
```

注意：被包含页面，如 top.jsp，不能含有<html>与<body>标记。

3. taglib 指令

taglib 指令用于提供类似于 XML 中的自定义新标记的功能。其语法格式为

```
<%@ taglib url="relative taglibURL" prefix="taglibPrefix" %>
```

7.1.6　JSP 常见动作元素

1. <jsp:include>

该动作元素的作用是在当前页面添加动态和静态的资源。其语法格式为

```
<jsp:include page="url"/>
```

include 指令与该动作元素的区别：include 动作是在页面请求访问时，将被包含页面的运行结果嵌入，而 include 指令是在 JSP 页面转化成 Servlet 前的编译时将被包含页面包含。

2. <jsp:forward>

该动作元素的作用是引导请求进入新的页面。其语法格式为

```
<jsp:forward page="url" />
```

<jsp:forward>实现了网站内部跳转，从一个网页使用该标签跳转到另外的网页。在跳转时可以传递参数。<jsp:forward>动作元素从一个 jsp 文件向另外一个文件传递一个包含用户请求的 request 对象。

该动作元素包含两个属性或子标签：

(1) page 属性是一个表达式或是一个字符串，用于说明将要定向的文件或 URL。例如：

```
<jsp:forward page="a.jsp"/>
```

(2) <jsp:param>向一个动态文件发送一个或多个参数。如果使用<jsp:param>标签，则目标文件必须是动态的文件(如 Servlet 或者 JSP 等)。另外，页面可以通过 request 来接收参数。

例如，第一个页面，即 a.jsp 页面：

```
<jsp:forward page="b.jsp">
  <jsp:param name="p1" value="1001"/>
  <jsp:param name="p2" value="chen"/>
</jsp:forward>
```

第二个页面，即 b.jsp 接收参数：

```
<%
    String v1=request.getParameter("p1");
```

```
        String v2=request.getParameter("p2");
        out.println(v1+"<br>");
out.println(v2);
    %>
```

当第一个页面执行了跳转以后，同时也通过同一个 request 把参数 p1 和 p2 也带了过去。第二个页面获取到这两个参数后把值显示在浏览器窗口中。运行后，浏览器最终输出结果如下：

```
1001
chen
```

3. <jsp:param>

该动作元素的作用就是提供其他 JSP 动作的名称/值信息。其语法格式为

```
<jsp:param name="name" value="value" />
```

4. <jsp:useBean>

该动作元素的作用是应用 JavaBean 组件，其语法格式为

```
<jsp:useBean id="name" scope="page|request|session|application"typeSpec/>
   typeSpec::= class="className"|type="typeName"|class="className"
        type="typeName"|
              beanName="beanName" type="typeName"
```

5. <jsp:getProperty>

该动作元素的作用是将 JavaBean 的属性插入输出中，其语法格式为

```
<jsp:getProperty name="beanName" prop_expr/>
  prop_expr ::= property="*"|
            property="propertyName"|
           property="propertyName"  param="paramName"|
           property="propertyName"  value="propertyValue"
     propertyValue ::= String|JSP expression
```

6. <jsp:setProperty>

该动作元素的作用是设置 JavaBean 组件的属性值，其语法格式为

```
<jsp:setProperty name="beanName" prop_expr/>
    prop_expr ::= property="*"|
             property="propertyName"|
             property="propertyName"   param="paramName"|
             property="propertyName" value="propertyValue"
         propertyValue ::= String|JSP expression
```

最后三个动作元素主要用于 JavaBean 编程应用中，我们将在 7.3 节中重点讲解。

7.2 JSP 常见内置对象

JSP 共有九种基本内置对象。所谓内置对象，就是无须用户在编程中创建的对象，这些对象在运行过程中由系统自动加载创建。

7.2.1 out 对象

out 对象是一个输出流，用来向客户端输出数据，可用于各种数据的输出，主要应用在脚本程序中。out 对象会通过 JSP 容器自动转换为 java.io.PrintWriter 对象。out 对象具有 page 作用范围。

7.2.2 request 对象

【参考图文】

request 对象用于服务器端接收从客户端传来的参数。该对象封装了用户提交的信息，通过调用该对象相应方法可以获取封装的信息。当 request 对象获取客户提交的汉字字符时，会出现乱码，必须进行特殊处理。request 对象具有 request 作用范围。例如，在浏览器地址栏输入 http://localhost:8080/myweb/a.jsp?name=admin&birth=1990-12-12，表示向 a.jsp 页面传递两个参数，一个名称为 name，值为 admin，另外一个名称为 birth，值为 1990-12-12，&表示多个参数分隔符。

在 a.jsp 页面使用 request 接收参数，返回一个 String 类型的值。接收形式如下：

```
String name= request.getParameter("name");
String birth= request.getParameter("birth");
```

注意： 如果没有传进参数，但在一个页面中又使用 request 接收了该参数，则返回值为 null，可以使用如下方式判断是否接收到该参数。

```
String v1 = request.getParameter("p1");
If(v1!=null){…}
```

1. 中文乱码问题

【例 7.4】 中文乱码示例。

```
<%@ page language="java"  pageEncoding="gbk"%>
<html>
 <body>
  <form action="zwjieshou.jsp" method="get">
       UserName<input type=text name=uname ><br>
       <input type=submit>
   </form>
 </body>
</html>
```

接收页面 zwjieshou.jsp 代码如下：

```
<%@ page language="java"  pageEncoding="gbk"%>
```

```
<html>
 <body>
   <%
     String uname=request.getParameter("uname");
     out.println("<h3>"+uname+"</h1>");
   %>
 </body>
</html>
```

网页运行后，输入中文后，运行结果很可能如图 7.14 所示。

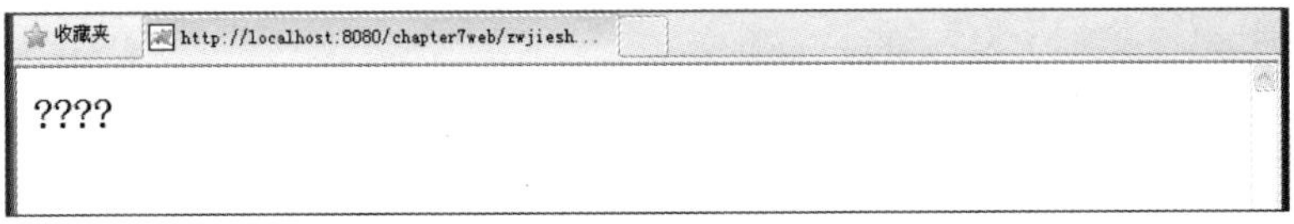

收藏夹 http://localhost:8080/chapter7web/zwjiesh...

????

图 7.14　页面乱码运行结果

输出结果出现了乱码。其通常的解决办法可参见例 7.5。

【例 7.5】中文乱码处理示例。

```
<%@ page language="java"  pageEncoding="gbk"%>
<html>
 <body>
   <%
     String uname=request.getParameter("uname");
     uname=new String(uname.getBytes("iso-8859-1"),"gb2312");//重新编码
     out.println("<h3>"+uname+"</h1>");
   %>
 </body>
</html>
```

该段代码将 request 传过来的参数进行重新编码，把默认的“iso-8859-1”编码为汉字的字符编码，即“gb2312”，因此此种情况的乱码问题得到了解决，运行结果如图 7.15 所示。

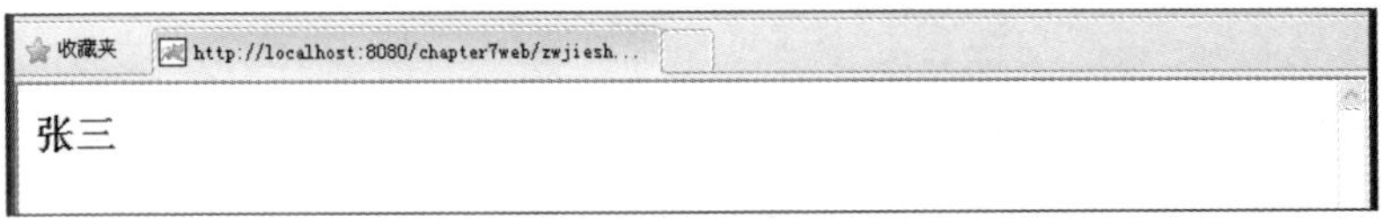

收藏夹 http://localhost:8080/chapter7web/zwjiesh...

张三

图 7.15　乱码页面处理后运行结果

2. 表单标签中用户输入的值服务器端接收

(1) 复选框。例如：

```
UHobby<input type = checkbox name = h1 value = music>音乐
      <input type = checkbox name = h2 value = sports>体育
```

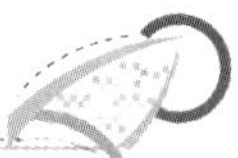

接收页面接收复选框值的方法 request.getParameter(“h1”)中的 h1 就是复选框的标签名。例如：

```
String h1 = request.getParameter("h1");
String h2 = request.getParameter("h2");
if(h1 != null)
   out.println("爱好: "+ h1);
if(h2 != null)
   out.println("爱好: "+ h2);
```

我们还可以用 request.getParameterValues()方法同时接收多个 request 传过来的参数。前提是多个表单控件应该是同一个 name 或 id，如上面的示例需写成如下代码：

```
UHobby<input type = checkbox name = h1 value = music>音乐
    <input type = checkbox name = h1 value = sports>体育
```

我们可以看到其 name 都为 h1。接收方法如下：

```
String[]str = request.getParameterValues("h1");
if(str!=null)
   out.println("爱好: "+str[0]+" "+str[1]);
```

其中 request.getParameterValues()方法得到的是一个 String 类型的数组，里面存放着多个接收的参数值。

(2) 下拉框。例如：

```
UCity<select name = ucity>
      <option value ="bj">北京</option>
      <option value ="sh"selected>上海</option>
      <option value ="tj">天津</option>
    </select>
```

接收页面接收下拉框值，用户选择的是哪个城市传递的就是哪个参数值。

```
String ucity = request.getParameter("ucity");
```

其余输入如文本框、单选按钮等，读取其中的值都与之类似，此处不再赘述。

7.2.3　response 对象

response 对象用于服务器对客户的请求做出动态的响应，向客户端发送数据。response 对象具有 page 作用范围。

(1) 动态响应 contentType 属性。用 page 指令静态地设置页面的 contentType 属性，动态设置该属性时使用 response.setContentType("text/html;charset=utf-8");。

(2) 定时刷新。例如：

```
response.setHeader("Refresh","5");//表示每隔 5s 刷新一次
```

【例 7.6】一个服务器端网页时钟实现示例。

```
<%@ page language="java" import="java.util.*,java.text.*" pageEncoding="gbk"%>
```

```
<html>
 <body>
  <%
     Date date=new Date();
     SimpleDateFormat  format=new SimpleDateFormat("hh:mm:ss");
     String time=format.format(date);
     out.println(time);
     response.setHeader("Refresh","1");
   %>
 </body>
</html>
```

运行结果如图 7.16 所示。

图 7.16　例 7.6 运行结果

首先，在page指令部分，声明了import属性，导入了后面创建Date对象用到的java.util.*包和创建 SimpleDateFormat 对象用到的 java.text.*包。然后，在 JSP 脚本代码中创建了这两个对象，用创建 SimpleDateFormat 对象的方法 format()对 Date 对象按照“hh:mm:ss”格式进行了格式化，并输出了这个时间。最后，response 对象设置了定时刷新，每隔 1 秒刷新一次。

(3) 网页重定向。可以在<%%>中使用 response 对象的 sendRedirect(url)跳转到网站内部或外部网站的其他页面。跳转时停止当前网页运行，显示跳转后的网页。

```
response.sendRedirect("index.jsp");
```

<jsp:forward>动作元素(简称 Forward)和此处介绍的网页重定向(简称 Redirect)有区别，其不同之处如下：

① Forward 属于服务器端去请求资源，服务器直接访问目标地址，因此客户端浏览器地址不变；Redirect 是告诉客户端，使浏览器去请求访问哪一个地址，相当于客户端重新请求一遍，所以地址栏会变。

② Forward 转发的页以及转发到的目标页面能够共享 request 里面的数据；Redirect 转发的页以及转发到的目标页面不能共享 request 里面的数据。

③ Redirect 能够重定向到当前应用程序的其他资源，并且能够重定向到同一个站点上的其他应用程序中的资源，甚至可以使用绝对 URL 重定向到其他站点的资源，如<% response.sendRedirect(“http://www.google.com”);%>；Forward 只能在同一个 Web 应用程序内的资源之间转发请求，可以理解为服务器内部的一种操作。以下代码运行时报错：

```
<jsp:forward page=http://www.google.com></jsp:forward>
```

④ Forward 效率较高，因为跳转仅发生在服务器端；Redirect 相对较低，因为相当于

再进行了一次请求。

7.2.4　application 对象

application 对象是应用程序级内置存储对象，存储在服务器端，如网站计数器。访问该网站所有用户共有的数据。服务器启动后就产生了 application 对象，当客户在所访问的网站的各个页面之间浏览时，application 对象都是同一个，直到服务器关闭。但是与 session 对象不同的是，所有客户的 application 对象都是同一个，即所有客户共享该内置的 application 对象。

(1) 设置属性。其语法格式为

```
application.setAttribute("属性名",Object);
```

(2) 读取属性值。其语法格式为

```
Object obj=application.getAttribute("属性名");
```

【例 7.7】网站计数器实现示例。

```
<%
    Object c = application.getAttribute("count");
    if(c!=null){
       int x=Integer.parseInt(c.toString());
       x++;
       out.println("您是第"+x+"个访问本网站的客户");
       application.setAttribute("count",x+"");
     }else{
        out.println("您是第 1 个访问本网站的客户");
        application.setAttribute("count","1");
     }
  %>
```

注意：所有用户、网页都可以使用、共有 applicatoin 对象。

程序首先通过 application.getAttribute("count")获取 application 对象中的 count 属性值。第一次访问网站时该值为 null，所以执行 else 分支，输出“您是第 1 个访问本网站的客户”，同时将 application 对象中的 count 属性赋值为 1；以后，当再次访问该网站时，获取 count 值不为 null，所以执行 if 分支，先将该值转换为整型数值，然后加 1，输出“您是第×个访问本网站的客户”信息，同时将加 1 后的该值转换为字符串存于 count 属性中。

7.2.5　session 对象

session 对象是会话级内置存储对象，从一个客户打开浏览器并连接到服务器开始，到客户关闭浏览器离开该服务器结束，称为一个会话。当一个客户访问一个服务器时，可能会在该服务器的几个页面之间反复连接，反复刷新一个页面，服务器应当通过某种办法知道这是同一个客户，这就需要 session 对象。

session 对象是 javax.servlet.httpServletSession 类的一个对象，它提供了当前用户会话

的信息和对可用于存储信息的会话范围的缓存访问，以及控制如何管理会话的方法。每个客户都对应有一个 session 对象，用来存放与这个客户相关的信息。session 对象具有 session 作用范围。session 对象的方法包括：

(1) 读取会话 ID：session.getId()。当一个客户首次访问服务器上的一个 JSP 页面时，JSP 引擎产生一个 session 对象，同时分配一个 String 类型的 ID 号，JSP 引擎同时将这个 ID 号发送到客户端，存放在 Cookie 中，这样 session 对象和客户之间就建立了一一对应的关系。

(2) 设置属性：session.setAttribute("属性名",值);。

(3) 读取属性：Object obj=session.getAttribute("属性名");。

【参考图文】

下面通过一个示例学习 session 对象的使用。

【例 7.8】使用 session 对象实现购物车功能示例。

第 1 步：显示商品及购买页面示例。

代码如下：

```
<%@ page language="java"  pageEncoding="gbk"%>
<%@page import="java.util.*"%>
<!DOCTYPE HTML PUBLIC "-//W3C//DTD HTML 4.01 Transitional//EN">
<html>
  <body>
   Java <a href="showbooks.jsp?bname=Java" >购买</a><br>
   VB.net <a href="showbooks.jsp?bname=vb.net">购买</a><br>
   C++ <a href="showbooks.jsp?bname=c%2B%2B" >购买</a><br>
   Asp.net <a href="showbooks.jsp?bname=Asp.net">购买</a><br>
   <a href="showcarts.jsp" >显示购物车</a>
   <%
     String bname=request.getParameter("bname");
     if(bname!=null){
        //从 session 中读取集合属性
         ArrayList plist=(ArrayList)session.getAttribute("plist");
       //如果集合为空，则新建一个集合，存放购买的书名
        if(plist==null){
           plist=new ArrayList();
           plist.add(bname);
           //保存到 session
           session.setAttribute("plist",plist);
        }else{
        //如果已经购买过书了，则检查是否已经购买过这本书了；如果第一次
        //购买，则将商品添加到集合中，集合再放入 session 中
           if(!plist.contains(bname)){
             plist.add(bname);
             session.setAttribute("plist",plist);
           }
        }
     }
```

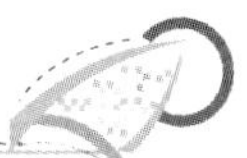

```
  %>
  </body>
</html>
```

运行结果如图 7.17 所示。

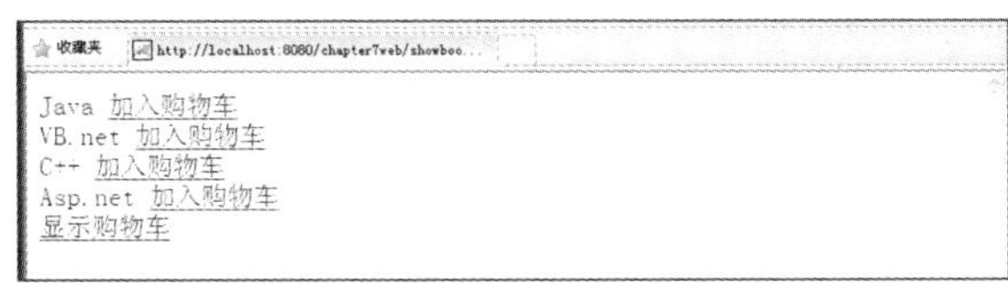

图 7.17 商品及购买页面的运行结果

其中，C++ <a href="showbooks.jsp?bname=c%2B%2B" >购买</a>这一行代码之所以在 bname 后不是“C++”而是“c%2B%2B”，是由于在 url 参数行中，“+”号一般是不能正常表示的，需要用“%2B”来表示。

购物车通过一个 ArrayList 集合来存放物品，然后统一地将其存放在 session 对象的某一个属性中，作为不同页面之间传递参数的桥梁。

第 2 步：显示购物车页面：

代码如下：

```
<%@ page language="java"  import="java.util.*" pageEncoding="gbk"%>
<html>
  <body>
  <% ArrayList plist=(ArrayList)session.getAttribute("plist");
    if(plist!=null)
       for(int i=0;i<plist.size();i++)
         out.println("<h4>你已经购买了: "+plist.get(i)+"</h4>");
  %>
  </body>
</html>
```

运行结果如图 7.18 所示。

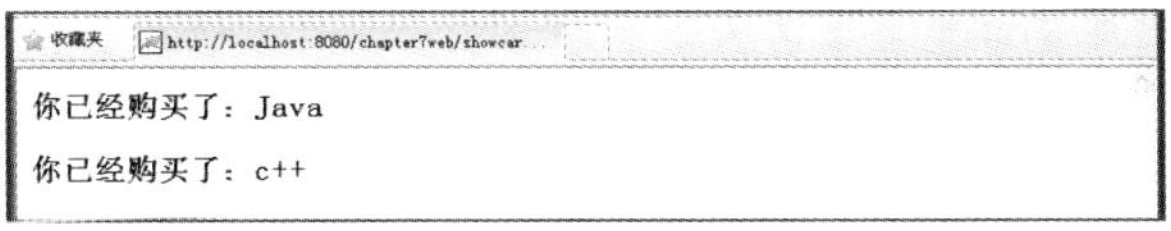

你已经购买了：Java

你已经购买了：c++

图 7.18 购物车页面运行结果

该程序也是先从 session 对象的 plist 属性中取出先前页面存放在其中的物品集合，然后通过集合遍历输出购物车中的物品名称。

7.2.6 pageContext 对象

pageContext 对象代表该 JSP 页面上下文，也就是一个运行环境，使用该对象可以访问页面中的共享数据。常用的方法有 getServletContext()和 getServletConfig()等。pageContext

对象能够存取其他内置对象，当内置对象包括属性时，也可以读取和写入这些属性。使用 pageContext 设置属性，该属性默认在 page 作用范围内。例如：

```
pageContext.setAttribute("page" , "hello") ;
<%
   int x[]={1,2,3,4,5};
   pageContext.setAttribute("arr",x);
%>
  <%
    int y[]=(int[])pageContext.getAttribute("arr");
    for(int i=0;i<y.length;i++){
          out.println(y[i]+"<br>");
    }
  %>
```

这段代码首先把"hello"字符串存于 pageContext 对象的"page"属性中；然后又建立了一个数组 x 并初始化，并将这个数组也存于 pageContext 对象的另一个属性"arr"中；最后代码从 arr 属性中将数组取出，通过强制类型转换存入 y 数组中，并对 y 数组进行了遍历输出操作。这段代码在浏览器的输出结果为

```
1
2
3
4
5
```

7.2.7 Cookie 对象的使用

【参考图文】

Cookies 是一种 Web 服务器通过浏览器在访问者的硬盘上存储信息的手段。Netscape 使用一个名为 cookies.txt 的本地文件保存从所有站点接收的 Cookie 信息；而 IE 浏览器把 Cookie 信息保存在类似于 C:\windows\cookies 的目录下。当用户再次访问某个站点时，服务端将要求浏览器查找并返回先前发送的 Cookie 信息，来识别这个用户。

(1) 设置客户端 Cookie。例如：

```
Cookie uname=new Cookie("名","值");
response.addCookie(uname);//将 Cookie 保存到客户端某个存储区域
```

(2) 读取客户端 Cookie。例如：

```
Cookie c[]=request.getCookies();
for(int i=0;i<c.length;i++){
    Cookie cook=c[i];
    if(cook.getName().equals("名"))
      out.println(cook.getValue());
}
```

7.2.8　其他内置对象(page、config、exception)

page 对象是 this 变量的别名，是一个包含当前 Servlet 接口引用的变量。page 对象具有 page 作用范围。

config 对象提供了对每一个服务器或者 JSP 页面的 javax.servlet.ServletConfig 对象的访问，对象中包含了初始化参数以及一些实用方法，可以为使用 web.xml 文件的服务器程序和 JSP 页面在其环境中设置初始化参数。config 对象具有 page 作用范围。

exception 对象是异常对象。与错误不同，这里的异常指的是 Web 应用程序中所能够识别并处理的问题。如果在 JSP 页面中没有捕捉到异常，就会产生 exception 对象，并把这个对象传递到在 page 设定的 errorpage 中去，然后在 errorpage 页面中处理相应的 exception。exception 对象具有 page 作用范围。

需要注意的是，要使用内置的 exception 对象，必须在 page 命令中设定<%@page isErrorPage="true" %>，否则会出现编译错误。

7.3　JavaBean 编程技术

7.3.1　JavaBean 概述

JavaBean 是 Java 的一种软件组件模型，是 Sun Microsystems 公司为了适应网络计算提出的。JavaBean 是 Java 语言编写的类，实现业务层代码。如果在 JSP 页面中有一个输入表单供用户输入注册信息，输入的注册信息要保存到服务器端的数据库中，保存用户信息的过程可以在 Java 函数中完成，可以使用纯 Java 语言实现，页面只需要调用该函数传给它相应的参数即可。实现这段业务代码的类称为 JavaBean。

利用 JavaBean 实现 Java 与 HTML 页面分离。用户可以使用 JavaBean 将功能、处理、数据库访问和其他任何可以用 Java 代码创造的对象进行打包，并且其他的开发者可以通过内部的 JSP 页面、Servlet、其他 JavaBean、applet 程序或者应用来使用这些对象。JavaBean 类必须是公共的，并且具有无参数的构造器。

特别要说明的是，JavaBean 是一个普通的 Java 类，在使用时需要用户创建其对象实例，JavaBean 不拥有网页上下文(Web Context)，所以不能在 JavaBean 中直接使用 session、application 以及 pageContext 等内置对象。

JSP 提供了三种标记来使用 JavaBean：

(1) 初始化 Bean，使用标记<jsp:useBean/>。

(2) 获取 Bean 属性，使用标记<jsp:getProperty/>。

(3) 设置 Bean 属性，使用标记<jsp:setProperty/>。

JavaBean 的生命周期分为四种范围：Page、Request、Session 和 Application，其各自覆盖的范围如图 7.19 所示。通过设置 JavaBean 的 scope 属性，可以对 JavaBean 设置不同的生命周期。

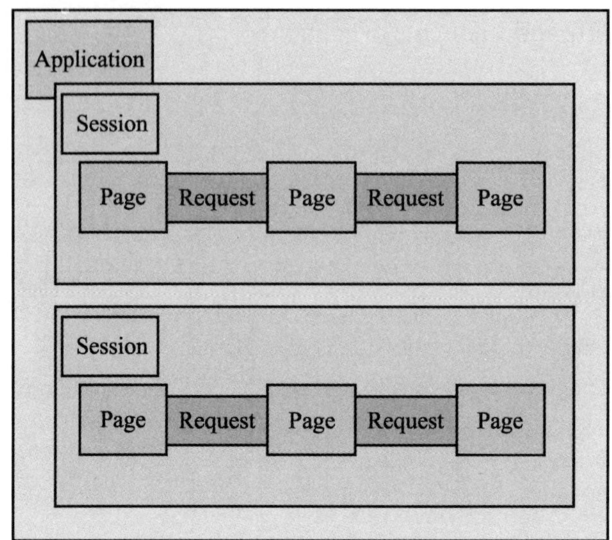

图 7.19　JavaBean 的生命周期范围

下面我们学习如何运用 JavaBean 进行 JSP 编程。

1. 定义 JavaBean

在源代码目录 src 中创建 JavaBean 类。

```
package bean;
public class Circle {
 public double area(double r){
     return Math.PI*r*r;
 }
}
```

2. 页面调用

页面调用分三种调用方式。

(1) 直接在页面上建一个 Circle 的实例。

```
<%@ page import="bean.Circle"%>
<% double  r=5.0;
   if(r>=0){
     Circle obj=new Circle();
     out.println(obj.area(r));
   }
%>
```

(2) 通过<jsp:useBean>标记生成一个实例 id="obj"，obj 是实例名。

```
<jsp:useBean id="obj" class="bean.Circle"/>
```

相当于：

```
<%
  Circle obj=new Circle();
%>
```

注意：JavaBean 中一般不需要构造函数，如果定义了构造函数，需要有一个默认的构造函数。属性的访问通过创建 getter()/setter()方法完成。

(3) 属性的访问标记<jsp:setProperty>与<jsp:getProperty>。<jsp:getProperty>用于读取某个实例的某个属性的值，<jsp:setProperty>用于设置某个实例的某个属性的值。我们通过一个示例来说明。

【例 7.9】Circle 类如果有一个属性为 r，并写了一个 set()方法。

```
package bean;
public class Circle2 {
   private double r;
   public double getR() {
      return r;
   }
   public void setR(double r) {
      this.r = r;
   }
   public double area(){
        return Math.PI*r*r;
      }
}

<%@ page language="java"  pageEncoding="gbk"%>
<html>
 <body>
  <jsp:useBean id="circle" class="bean.Circle" />
```

设置属性的值为 30：

```
  <jsp:setProperty  name="circle" property="r" value="30"/><br>
```

读取属性的值：

```
  <jsp:getProperty  name="circle" property="r"/><br>
```

计算面积：

```
    <%
     out.println(circle.area());
    %>
<br>
</body>
</html>
<jsp:useBean id="circle" class="bean.Circle"/>
<jsp:getProperty  name="circle" property="r" />
```

上面语句的意思就是读取实例 obj 的属性 r 并输出，其调用了函数 obj.getR()。

再如：

```
<jsp:useBean id="user" class="bean.User"/>
<jsp:getProperty name="user" property="uname" />
```

其功能上相当于：

```
    <%
      out.println(user.getUname());
    %>
<jsp:setProperty  name="circle" property="r" value="30"/>
```

上面语句的意思就是为实例 obj 的属性 r 赋值为 30，其调用了函数 obj.setR(30)。

再如：

```
<jsp:useBean id="user" class="bean.User"/>
<jsp:setProperty name="user" property="uname" value="chen"/>
```

其功能上相当于：

```
    <%
      user.setUname("chen");
     %>
```

【参考图文】

注意：<jsp:setProperty name="userForm" property="*"/>是 JavaBean 的基本操作。property="*"自动储存用户在 JSP 页面中输入的所有值，用于匹配 Bean 中的属性。在 Bean 中的属性的名字必须和 request 对象中的参数名一致。一般来说，JSP 页面中表单的<input>标签的 name 属性最好用引号括起来，防止由于名字不一致而出错。

7.3.2 JavaBean 数据库编程综合示例

虽然可以直接在页面上访问数据库，但不推荐这种方法，这种方法将导致页面不简洁。应在 JSP 页面上尽量减少脚本，多用标签。

本节一个示例说明如何在页面上直接访问数据库。JSP 访问数据库技术与前面讲述的内容一致，这里就不再赘述，我们来看一种实际应用中运用更多的分页显示数据库的方法。分页显示数据库方法很多，如直接对 SQL 语句进行分页检索，对结果集 ResultSet 进行分页等。这里介绍一种方法，其借助了 JavaBean 编程技术。

第 1 步：建立数据库访问对象，其中给出了对数据库操作的方法。这里建立 StudentDao，对学生的信息进行处理，代码如下：

```
public class StudentDao {
    String driver="com.mysql.jdbc.Driver";
    String url="jdbc:mysql://localhost:3306/mydb";
    public Connection getConn() throws ClassNotFoundException, SQLException{
        Connection con = null;
        Class.forName(driver);
        con=DriverManager.getConnection(url,"root","admin");
```

```
        return con;
    }
    public void addStudent(String sno,String sname,String sdept){
        try{
            Connection con = getConn();
            String sql="insert into student values(?,?,?)";
            PreparedStatement cmd=con.prepareStatement(sql);
            cmd.setString(1, sno);
            cmd.setString(2, sname);
            cmd.setString(3, sdept);
            cmd.executeUpdate();
            con.close();
        }catch(Exception ex){

        }
    }
    //根据传入的当前页数，每页显示的页数，来查询数据
    public List<Student> queryallStudents(int countPage,int mayPage){
          ArrayList<Student> list=new ArrayList<Student>();
          String sql = "select * from student limit "
                  + mayPage * (countPage - 1)+"," + mayPage+"";
           try{
               Connection con = getConn();
               Statement cmd=con.createStatement();
               ResultSet rs=cmd.executeQuery(sql);
               while(rs.next()){
                   Student s=new Student();
                   s.setSno(rs.getString(1));
                   s.setSname(rs.getString(2));
                   s.setSdept(rs.getString(3));
                   list.add(s);
               }
               con.close();
           }catch(Exception ex){
           }
           return list;
       }
    //查询总的记录数
    public int sumRecord() throws ClassNotFoundException, SQLException{
         int sumCount = 0;
         String sql = "select * from student";
         Connection con = getConn();
         Statement cmd=con.createStatement();
         ResultSet rs=cmd.executeQuery(sql);
         rs.last();
```

```
            sumCount = rs.getRow();
            return sumCount;
        }
        //查询总页数
        public int sumPageCount(int pageCount) throws ClassNotFoundException,
        SQLException{
            int sumPageCount = 0;
            int sumRecord = this.sumRecord();
            if (sumRecord % pageCount == 0){
                sumPageCount = sumRecord / pageCount;
            }
            else
            {
                sumPageCount = sumRecord / pageCount + 1;
            }
            return sumPageCount;
        }
        public void deleteStudentBySno(String sno){
            try{
                Connection con = getConn();
                String sql="delete from student where sno=?";
                PreparedStatement cmd=con.prepareStatement(sql);
                cmd.setString(1, sno);
                cmd.executeUpdate();
                con.close();
            }catch(Exception ex){
            }
        }
    }
```

该程序段封装了几种操作：首先是获取数据库连接操作 getConn，其次是添加学生信息操作 addStudent、根据学号删除学生信息操作 deleteStudentBySno，最重要的就是分页查询显示学生信息的相关方法，包括根据传入的当前页数、每页显示的页数来查询学生信息数据的方法 queryallStudents()，查询总的记录数的方法 sumRecord()，查询总页数的方法 sumPageCount()。其中，分页数据的检索采用了直接在 SQL 语句中进行分页检索，如下：

```
String sql = "select * from student limit " + mayPage * (countPage - 1) +
"," + mayPage + "";
```

这是 MySQL 数据库的 SQL 语句，可以分页查出所需要的信息数据。另外，查询表的总记录数用到了以下方法：

```
        rs.last();//游标指向结果集的最后一条记录
        sumCount = rs.getRow(); //获取最后一条记录的行数，从而得到总的记录数
```

查询总页数的方法是这样的：先得到总的记录数，然后除以每页预先设定的记录数，如果能整除，则商即是所需总页数，如果不能整除，则加一即可。

通过上面的做法，我们对数据库访问的操作进行了很好的封装，我们可以将上面的DAO操作看做一个JavaBean。

第 2 步：在页面上调用 JavaBean，分页显示数据。

代码如下：

```
<%@ page language="java" import="java.sql.*,java.util.*,
                        bean.Student,dao.StudentDao" pageEncoding="gbk"%>
<html>
<head>
  <style type="text/css">
    #c1{background-color:black;}
  </style>
</head>
   <body>
    <jsp:useBean id="dao" class="dao.StudentDao"/>
      <center>
         <table border=1>
            <tr id="c1">
               <td >
                  <font color="white">学号</font>
               </td>
               <td >
                  <font color="white">姓名</font>
               </td>
               <td >
                  <font color="white">院系</font>
               </td>
               <td colspan=2></td>
            </tr>
   <%
      int pageCount = 3;                  //每页显示的记录数
      int rowCount = 0;                   //总记录数
      int curPageCount = 0;               //当前的页数
      int sumPageCount = 0;               //总共页数

      String strPage = request.getParameter("page");

      if (strPage == null)
         curPageCount = 1;
      else
         curPageCount = Integer.parseInt(strPage);

      rowCount = dao.sumRecord();
      sumPageCount = dao.sumPageCount(pageCount);

      if(curPageCount<1){
         curPageCount = 1;
         out.println("已经是第一页！");
```

```
        }
        if(curPageCount>sumPageCount){
            out.println("已经是最后一页! ");
            curPageCount = sumPageCount;
        }

    ArrayList<Student> slist=
        (ArrayList<Student>)dao.queryallStudents(curPageCount,pageCount);
     pageContext.setAttribute("stulist", slist);

    ArrayList slist1=(ArrayList)pageContext.getAttribute("stulist");
    if(slist1!=null)
      for(int i=0;i<slist1.size();i++){
        Student stu = (Student)slist1.get(i);
        out.println("<tr><td>"+stu.getSno()+"</td><td>"+stu.getSname()
                +"</td><td>"+stu.getSdept()+"</td></tr>");
      }
     %>
     <%
      out.println("<tr><td>
         <a href=disptableToJavaBeanPages.jsp?page=1>第一页</a></td>");
      out.println("<td><a href=disptableToJavaBeanPages.jsp?page="
                      +(curPageCount+1)+">下一页</a></td>");
      out.println("<td><a href=disptableToJavaBeanPages.jsp?page="
                      +(curPageCount-1)+">上一页</a></td>");
      out.println("<td><a href=disptableToJavaBeanPages.jsp?page="
                      +sumPageCount+">最后一页</a></td></tr>");
    %>
       </table>
      </center>
    </body>
</html>
```

运行结果如图 7.20 所示。

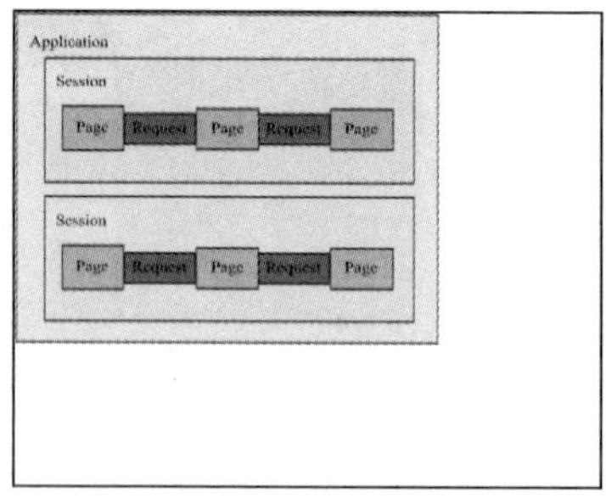

图 7.20　分页显示效果图

其中，院系显示的是该院系所代表的 ID 号，它是另一个表，即院系表的外码。程序还能实现提醒用户第一页和最后一页的功能。

程序首先通过<jsp:useBean id="dao" class="dao.StudentDao"/>创建了 StudentDao 对象，

然后调用里面的方法进行分页前的预处理，并调用了 queryallStudents()方法进行了分页查询，得到的结果存到内置对象 pageContext 的属性 stulist 中。紧接着，程序从该属性中取出结果存入一个 ArrayList 中，然后通过遍历该 ArrayList 访问结果集中的数据并显示在网页中。程序的最后，程序输出了显示页面导航的标记，同时建立了相应的链接。

7.4　Servlet 编程技术

7.4.1　Servlet 概述

Servlet 是用 Java 编写的类，运行于服务器端，即 Web 服务器(如 Tomcat)中。不同于 JavaBean 的是，Servlet 对象由 Web 服务器创建。Servlet 拥有 Web 上下文，即 Servlet 类中可以读取页面一些对象，如 response、request 等。Servlet 通过创建一个框架来扩展服务器的能力，以提供在 Web 上进行请求和响应服务。当客户端发送请求至服务器时，服务器可以将请求信息发送给 Servlet，并让 Servlet 建立起服务器返回给客户机的响应。当启动 Web 服务器或客户机第一次请求服务时，可以自动装入 Servlet。装入后，Servlet 继续运行，直到其他客户机发出请求。其功能主要如下：

(1) 创建并返回一个包含基于客户请求性质的动态内容的完整的 HTML 页面。

(2) 创建可嵌入现有 HTML 页面中的一部分 HTML 页面(HTML 片段)。

(3) 与其他服务器资源(包括数据库和基于 Java 的应用程序)进行通信。

(4) 用多个客户端处理连接，接收多个客户端的输入，并将结果广播到多个客户端上。

(5) 对特殊的处理采用 MIME 类型过滤数据，如图像转换。

Servlet 比 JSP 出现的更早些。JSP 页面被客户端第一次请求时，Web 服务器将 JSP 页面编译成一个 Servlet，Servlet 响应客户端的请求，再形成 HTML 格式发送到客户端浏览器中。从某种意义上说，JSP 是对 Servlet 的一次包装，使得网页程序更容易编写，如在 JSP 中设置了很多内置对象。

现在 Servlet 一般不写界面层了，界面层的功能主要由 JSP 完成，而 Servlet 可以作为中间控制层，它从页面接收传过来的参数，再去调用业务层 JavaBean 实现业务逻辑。例如，在一个页面注册场景中，我们使用 JSP 完成注册界面，将注册页面中输入的参数通过 Form 提交给一个 Servlet，Servlet 再调用 JavaBean 的某个方法将用户信息写到数据库中。这是一个典型的编程模式，即 MVC 编程模式。

Servlet 请求-响应流程如图 7.21 所示。

第 1 步：客户端发送请求至服务器端。

第 2 步：服务器将请求信息发送至 Servlet。

第 3 步：Servlet 生成响应内容并将其传给服务器(Server)。响应内容动态生成，通常取决于客户端的请求。

第 4 步：服务器将响应返回给客户端。

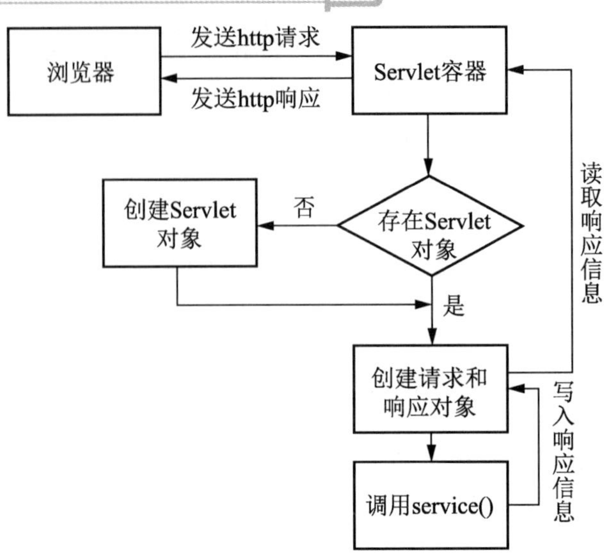

图 7.21　Servlet 请求-响应流程

JSP 与 Servlet 的不同之处如下：

(1) 简单地说，JSP 就是含有 Java 代码的 HTML，而 Servlet 是含有 HTML 的 Java 代码。

(2) JSP 最终也是被解释为 Servlet 并编译再执行。

(3) 在 MVC 三层结构中，JSP 负责 V(视图)，Servlet 负责 C(控制)，各有优势，各司其职。Servlet 在功能实现上其实是一样的，可以说用 JSP 能实现的，Servlet 也可以实现，但是从应用的角度来讲，JSP 更适合做表现层的事情，因为其有标签支持，而 Servlet 适合做数据逻辑层的数据处理。

(4) Servlet 就是一个 Java 类，Web 中应用的应该是 HttpServlet，Servlet 类最大的好处就是能够提供 request/response 的服务器功能，当有请求提交到 Servlet 时，Servlet 执行其自身的 service(request/response)方法。

7.4.2　Servlet 的生命周期

Servlet 的生命周期就是指 Servlet 从创建实例开始到最后销毁的这段过程。Servlet 生命周期中会自动调用的三个主要方法为 init()、service()、destroy()。其生命周期过程如下：

(1) 装载 Servlet 类以及其他可能使用到的类，即 Web 服务器创建一个 Servlet 的实例。

(2) 调用 init(ServletConfig config)方法加载配置信息，初始化 Servlet。一个客户端的请求到达服务器端，Web 服务器创建一个请求对象 request 以及一个响应对象 response。

(3) 调用 service()方法处理业务逻辑，服务器(Server)激活 Servlet 的 service()方法，传递请求和响应对象作为参数，service()方法获得关于请求对象的信息，处理请求，访问其他资源，获得需要的信息 。service()方法使用响应对象的方法根据客户传递方式不同(用户可能使用 get 或 post 方式提交)可能激活其他方法以处理请求，如 doGet()或 doPost()响应客户端的请求。

(4) 调用 destroy()方法销毁不再使用的 Servlet。

最后要注意的是，对于更多的客户端请求，服务器(Server)创建新的请求和响应对象，仍然激活此 Servlet 的 service()方法，将这两个对象作为参数传递给服务器。如此重复以上的循环，但无须再次调用 init()方法。一般 Servlet 只初始化一次，当服务器(Server)不再需要 Servlet 时(一般当 Server 关闭时)，服务器(Server)调用 Servlet 的 Destroy()方法。

7.4.3　Servlet 编程

Servlet API(Servlet Application Programming Interface)是 Servlet 规范定义的一套专门用于开发 Servlet 程序的 Java 类和接口。Servlet API 由两个包组成：javax.servlet 和 javax.servlet.http。

任何一个 Servlet 类必须实现 javax.servlet.Servlet 接口。为了充分利用 HTTP 协议的功能，一般情况下，都将自己编写的 Servlet 作为 HttpServlet 类的子类。任意一个 Servlet 必须采用如下方式进行定义：

```
public class MyServlet extends javax.servlet.http.HttpServlet
```

HttpServlet 类的很多方法用到了 HttpServletRequest 和 HttpServletResponse 对象作为方法参数。HttpServletRequest 类实现了 ServletRequest 接口，它封装了客户端 HTTP 请求的细节。HttpServletResponse 类实现了 ServletResponse 接口，它封装了向客户端发送的 HTTP 响应的细节。HttpServlet 提供了四种不同的方法用于响应客户请求，最常用的是 doGet() 和 doPost()方法。通常情况下，在编写 Servlet 时，只需重写 HttpServlet 的 doGet()方法与 doPost()方法。

下面以编写一个简单的 Servlet 为例说明开发 Servlet 的过程。下面是一个典型的 Servlet 的程序代码，该 Servlet 实现如下功能：当用户输入一个圆半径，将参数传递给 Servlet 时，该 Servlet 向客户端浏览器显示圆面积。

第 1 步：创建 Servlet 类，从 HttpServlet 继承，编写 doGet()、doPost()等函数的代码。

代码如下：

```
package myservlet;
import java.io.*;
import javax.servlet.ServletException;
import javax.servlet.http.*;
public class CircleServlet extends HttpServlet {
public void doGet(HttpServletRequest request, HttpServletResponse response)
            throws ServletException, IOException {
      response.setContentType("text/html;charset=gb2312");
      PrintWriter out = response.getWriter();
      double r=Double.parseDouble(request.getParameter("r"));
      out.println("圆的面积="+Math.PI*r*r);
      out.close();
   }
}
```

response.setContentType("text/html;charset=gb2312")用于设置响应对象页面的内容类

型，常用于防止出现页面中文乱码；response.getWriter()用于获取 PrintWriter 对象，用于页面输出；request.getParameter("r")用于从页面获取表单输入控件名为“r”的参数。

第 2 步：改写网站配置文件 web.xml，增加以下内容：

```
<!--定义 servlet 名为 CircleServlet,处理类 myserv.CircleServlet -->
<servlet>
    <servlet-name>CircleServlet</servlet-name>
    <servlet-class>myservlet.CircleServlet</servlet-class>
  </servlet>
<!--定义名为 CircleServlet 的 servlet 调用的 URL:/calcu -->
  <servlet-mapping>
    <servlet-name>CircleServlet</servlet-name>
    <url-pattern>/calcu</url-pattern>
  </servlet-mapping>
```

这一步定义该 Servlet 的名称、对应处理类名以及客户端调用的 URL。

第 3 步：编写 JSP 代码，调用 Servlet。

代码如下：

```
<%@ page language="java"  pageEncoding="gbk"%>
<html>
 <body>
   <form action="calcu" method="get">
       输入圆的半径: <input type=text name="r"><br>
       <input type=submit value="计算">
   </form>
 </body></html>
```

注意代码中的 action="calcu"，"calcu"对应的就是 Servlet 的 URL，即调用 CircleServlet，这是在 web.xml 中配置的。

最终运行结果：输入页面如图 7.22 所示。调用成功输出页面如图 7.23 所示。

图 7.22　输入页面运行结果

图 7.23　输出页面运行结果

现总结 Servlet 的调用流程：首先，从客户端输入半径值，单击“计算”按钮或者直接输入 http://localhost:8080/ chapter7web/calcu?r=12.3；然后，根据 URL “/calcu”在配置文件 web.xml 找到对应的 Servlet，如果定位到 Servlet 类，则 Web 服务器创建一个 Servlet 实

例，依据客户端请求方式不同(get 或 post)，Servlet 实例自动调用处理类中 doGet()方法响应客户端得到请求；最后，在 doGet()方法使用 request 对象接收客户端的参数，计算结果通过 out 输出到客户端。

因此，我们通常将 JSP 作为用户视图层 View，Servlet 作为控制层 Controller，JavaBean 实现业务逻辑层 Model。这就是典型 MVC 模式。

7.4.4　Servlet 初始化函数

启动一个 Servlet 线程时，自动调用 Servlet 的初始化函数，可以在初始化函数中读取配置文件(web.xml)中的一些参数。

(1) 读取当前网站实际物理路径。例如：

```
String path=config.getServletContext().getRealPath("/");//读取网站根的实际物理路径
```

(2) 读取 web.xml 文件参数。例如：

```
  <servlet>
    <servlet-name>ServDemo</servlet-name>
    <servlet-class>com.ServDemo</servlet-class>
    <init-param>
      <param-name>user</param-name>
      <param-value>root</param-value>
    </init-param>
  </servlet>
```

该 Servlet 中定义了一个参数，名为 user，值为 root。该参数可以在 Servlet 类中的 init (ServletConfig config)函数中读取，如：

```
public void init(ServletConfig config) throws ServletException {
       super.init(config);
         String value=config.getInitParameter("user");
         System.out.println(value);
}
```

上面的初始化参数其实只能由该 ServDemo 这个 Servlet 读取，类似于局部变量。如何定义一个全局的初始化参数呢？可以在 web.xml 中这样定义：

```
<?xml version="1.0" encoding="UTF-8"?>
<web-app >
  <servlet>
    <servlet-name>CircleServlet</servlet-name>
    <servlet-class>myserv.CircleServlet</servlet-class>
  </servlet>
  <servlet-mapping>
    <servlet-name>CircleServlet</servlet-name>
    <url-pattern>/calcu</url-pattern>
  </servlet-mapping>
```

```
    <context-param>
        <param-name>url</param-name>
        <param-value>jdbc:mysql://127.0.0.1:3306/support</param-value>
    </context-param>
</web-app>
```

在 Servlet 中读取代码为

```
public void init(ServletConfig config) throws ServletException {
    super.init(config);
    String url=config.getServletContext().getInitParameter("url");
    System.out.println(url);
}
```

从中我们可以看出，config.getInitParameter 用于读取某一个 Servlet 的初始化参数，而 config.getServletContext().getInitParameter 用于读取应用中的所有 Servlet 共享的初始化参数。

7.4.5 Servlet 3.0 的新特性

在 Servlet 3.0 中，可以使用元注解的方式配置 Serlvet，可以将@WebServlet 用于继承自 javax.servlet.http.HttpServlet 的 Servlet 类，从而无须在 Web 部署描述符(web.xml)中建立 Servlet 条目。注释@WebServlet 具有 name、urlPatterns 和 initParams 等，可以通过它们来定义 Servlet 的行为。

7.5 过滤器 Filter 编程技术

7.5.1 Filter 概述

在 Web 服务器中，当客户端发起 URL 请求时，Web 服务器收到客户端请求首先经过过滤器，如果过滤器允许则客户才可以到达最终的 URL。过滤器就像一个链条，介于客户端与服务器端资源 URL(如 JSP、Servlet)之间。多个过滤器还可以组成一个过滤链。

Filter 不是一个 Servlet，它不能产生一个 response，Filter 能够在一个 request 到达 Servlet 之前预处理 request，也可以在离开 Servlet 时处理 response，即 Filter 其实是一个“Servlet Chaining”(Servlet 链)。

一个 Filter 在 Servlet 被调用之前被截获，在 Servlet 被调用之前检查 Servlet request，且根据需要修改 request 头和 request 数据。最后，再根据需要修改 response 头和 response 数据。

简单地讲，Filter 相当于加油站，request 是条路，response 也是条路，目的地是 Servlet，这个加油站设在什么地方，对什么数据过滤操作可以完全由程序员来控制。常见的过滤器有编码转换、权限认证、日志和审核等。

Filter 是一个接口，它定义了如下三个方法。

(1) void init(FilterConfig config)：完成 Filter 初始化。Servlet 容器创建 Filter 实例后调用一次 Init()方法。在这个方法中可读取 web.xml 文件中的初始化参数。

(2) void doFilter(ServletRequest request, ServletResponse response, FilterChain chain)：完成实际的过滤操作。

(3) void destroy()：Servlet 容器在销毁 Filter 实例前调用该方法，释放 Filter 占用的资源。

其中 doFilter()方法中的最后一个参数是 FilterChain 类型，它也是一个接口，FIlterChain 接口中定义了 doFilter(ServletRequest request, ServletResponse response)方法。所以，FilterChain 可以继续调用链中的下一个过滤器，循环往复，直到没有下一个过滤器，则到达用户最终想访问的 Web 组件。因此，在进行 Filter 配置时，可以把多个过滤器串联组装成一条链，然后依次执行其中的 doFilter()方法，如图 7.24 所示。

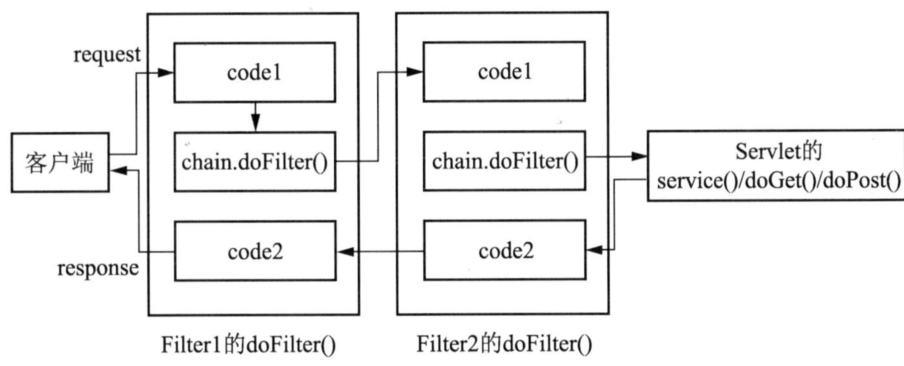

图 7.24　过滤器流程

Filter 可拦截多个用户请求或响应，一个请求或响应也可被多个 Filter 拦截。拦截之后，Filter 就可以进行一些通用处理，如访问权限控制、编码转换、记录日志等。

7.5.2　Filter 编程

【参考图文】

下面通过一个中文乱码过滤器来介绍过滤器编程。

第 1 步：编写过滤器类。

代码如下：

```
package myfilter ;
public class SetCharacterEncodingFilter implements Filter {
    private String encoding;
    public void init(FilterConfig filterConfig) throws ServletException {
       this.encoding=filterConfig.getInitParameter("encoding");
    }
    public void doFilter(ServletRequest request, ServletResponse response,
      FilterChain chain) throws IOException, ServletException {
      request.setCharacterEncoding(this.encoding);
      response.setCharacterEncoding(this.encoding);
      chain.doFilter(request,response);
    }
```

```
    public void destroy() {
    }
}
```

filterConfig.getInitParameter 用于读取 web.xml 配置文件中的初始化参数。

第 2 步：web.xml 中添加过滤器的配置。

代码如下：

```
<filter>
  <filter-name>SetCharacterEncodingFilter</filter-name>
  <filter-class>myfilter.SetCharacterEncodingFilter</filter-class>
   <init-param>
     <param-name>encoding</param-name>
     <param-value>utf-8</param-value>
   </init-param>
</filter>
<filter-mapping>
   <filter-name>SetCharacterEncodingFilter</filter-name>
   <url-pattern>/*</url-pattern>
</filter-mapping>
```

这里的配置和 Servlet 的配置非常相像，也是先定义 Filter 名，通过该名定义相应的物理类和 URL 映射，该 URL 路径映射下的所有内容都会先经过该 Filter 的过滤。

第 3 步：编写一个输入信息的 JSP 页面与一个接收的测试页面。输入中文查看接收的结果是否出现乱码。页面注意设置为 utf-8 编码格式。其代码如下：

```
<%@ page language="java" pageEncoding="utf-8"%>
<html>
 <body>
  <form action=" filtertest.jsp" method="get">
      UserName<input type=text name=uname ><br>
      <input type=submit>
   </form>
    <%
     String uname=request.getParameter("uname");
     if(uname!=null)
       out.println("<h3>"+uname+"</h3>");
   %>
 </body>
</html>
```

运行结果如图 7.25 所示。

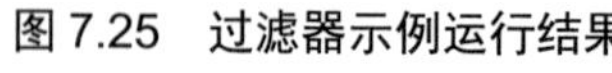

图 7.25　过滤器示例运行结果

从图 7.26 可以看出，运行结果依然是乱码，这是因为这种配置过滤器解决中文乱码的问题只适用于 method=post 的情形，而现在 method=get。将其修改后再运行，结果如图 7.27 所示。

收藏夹　http://localhost:8080/chapter7web/filtert...

UserName

提交

张三

图 7.26　method=post 情形下的过滤器示例运行结果

那么 method=get 的情形如何解决乱码问题呢？我们依然可以用过滤器，但解决的方法比较复杂，此处不再赘述。

7.5.3　Filter 配置

Filter 可以映射过滤应用程序中的各种资源，其可以在配置文件中的 URL 中由编程人员定义。例如：

(1) 映射过滤应用程序中所有资源。例如：

```
<filter-mapping>
   <filter-name>loggerfilter</filter-name>
   <url-pattern>/*</url-pattern>
</filter-mapping>
```

(2) 过滤指定的类型文件资源。例如：

```
<filter-mapping>
   <filter-name>loggerfilter</filter-name>
   <url-pattern>*.html</url-pattern>
</filter-mapping>
```

其中<url-pattern>*.html</url-pattern>若要过滤 JSP，则改*.html 为*.jsp，但是注意没有“/”。如果要同时过滤多种类型资源，则：

```
<filter-mapping>
    <filter-name>loggerfilter</filter-name>
    <url-pattern>*.html</url-pattern>
</filter-mapping>
<filter-mapping>
    <filter-name>loggerfilter</filter-name>
    <url-pattern>*.jsp</url-pattern>
</filter-mapping>
```

(3) 过滤指定的目录。例如：

```
<filter-mapping>
   <filter-name>loggerfilter</filter-name>
   <url-pattern>/folder_name/*</url-pattern>
```

```
</filter-mapping>
```

(4) 过滤指定的 Servlet。例如：

```
<filter-mapping>
    <filter-name>loggerfilter</filter-name>
    <servlet-name>loggerservlet</servlet-name>
</filter-mapping>
```

(5) 过滤指定的文件。例如：

```
<filter-mapping>
    <filter-name>loggerfilter</filter-name>
    <url-pattern>/simplefilter.html</url-pattern>
</filter-mapping>
```

7.6 JSP 编程常见技巧

7.6.1 JSP 验证码的实现

为了有效防止某个黑客对某一个特定注册用户用特定程序暴力破解方式进行不断的登录尝试，防止用户利用机器人自动注册、登录、灌水等，都可以采用验证码技术。

所谓验证码，就是将一串随机产生的数字或符号，生成一幅图片，图片里加上一些干扰像素。

下面介绍通过使用 Servlet 实现验证码的技术，其实现原理如下：

(1) 在服务器通过 Servlet 产生几位随机数字(验证码)；

(2) 将验证码存放在 session 中；

(3) 验证码形成图片，输出到客户端；

(4) 校验客户端验证码与 session 保存验证码是否相同。

其实现步骤如下：

第 1 步：创建一个 Servlet。

代码如下：

```
public class ImageServlet extends HttpServlet {
    public void doGet(HttpServletRequest request, HttpServletResponse response)
            throws ServletException, IOException {
        //设置页面不缓存
        response.setHeader("Pragma", "No-cache");
        response.setHeader("Cache-Control", "no-cache");
        response.setDateHeader("Expires", 0);
        //在内存中创建图像
        int width = 60, height = 20;
        BufferedImage image = new BufferedImage(width, height,
              BufferedImage.TYPE_INT_RGB);
        //获取图形上下文
```

```
        Graphics g = image.getGraphics();
        //设定背景色
        g.setColor(new Color(255, 255, 0));
        g.fillRect(0, 0, width, height);
        //创建随机数对象
        Random random = new Random();
        String sRand = "";
        //取随机产生的认证码(四位数字)
        //设定字体
        g.setFont(new Font("Times New Roman", Font.PLAIN, 18));
        for (int i = 0; i < 4; i++) {
            String rand = String.valueOf(random.nextInt(10));
            sRand += rand;
            //将认证码显示到图像中
            g.setColor(new Color(30 + random.nextInt(160), 40 + random
                    .nextInt(170), 40 + random.nextInt(180)));
            g.drawString(rand, 13 * i + 6, 16);
        }
        //随机产生干扰线，使图像中的认证码不易被其他程序探测到
        for (int i = 0; i < 20; i++) {
            int x = random.nextInt(width);
            int y = random.nextInt(height);
            int xl = random.nextInt(12);
            int yl = random.nextInt(12);
            g.drawLine(x, y, x + xl, y + yl);
        }
        //将认证码存入 session
        request.getSession().setAttribute("yzm", sRand);
        g.dispose();
        //输出图像到页面
        ImageIO.write(image, "JPEG", response.getOutputStream());
    }
    public void doPost(HttpServletRequest req, HttpServletResponse resp)
            throws ServletException, IOException {
        doGet(req, resp);
    }
}
```

第 2 步：配置 web.xml 文件。

代码如下：

```
<!--定义生成验证码的 Servlet -->
    <servlet>
        <servlet-name>ImageServlet</servlet-name>
        <servlet-class>yzm.ImageServlet</servlet-class>
    </servlet>
```

```
    <servlet-mapping>
        <servlet-name>ImageServlet</servlet-name>
        <url-pattern>/servletyzm</url-pattern>
    </servlet-mapping>
```

第 3 步：编写登录页面。

代码如下：

```
<form action="yzmvalidate.jsp" method="post">
    <table align="center">
     <tr>
        <td>
            用户名
        </td>
        <td>
            <input type="text" name="uname">
        </td>
     </tr>
     <tr>
        <td>
            密 码
        </td>
        <td>
            <input type="password" name="upwd">
        </td>
      </tr>
      <tr>
        <td>
            验证码
        </td>
        <td>
            <input type="text" name="uyzm">
            <img border=0 id="yz" src="servletyzm">
            <input type="button" value="看不清，换一个" onclick="
                     document.getElementById('yz').src='servletyzm?d='+Math.
                     random(); "/>
       </td>
       </tr>
       <tr>
          <td align="center">
               <input type="submit" value="登录">
          </td>
          <td align="center">
               <input type="reset" value="取消">
          </td>
        </tr>
```

```
        </table>
    </form>
<input type="button" value="看不清，换一个" onclick="
```

document.getElementById('yz').src='servletyzm?d='+Math.random(); "/>,这里之所以用了随机函数，是因为在单击此按钮进行刷新时，浏览器根据提交的请求是否有变化来判断是用缓冲区里的数据还是将请求提交给服务器。因此，为了体现这种变化性，这里定义了一个参数 d，值由一个随机函数给出，这样每次 d 值都会有变化，浏览器会以为每次提交的请求不同，所以均提交给服务器请求新的数据。

表单中的 action 值为 yzmvalidate.jsp，这就是该表单交由处理的页面，用来验证验证码的正确性。下面我们就编写这个页面。

第 4 步：编写验证验证码页面。

代码如下：

```
<%
    String uyzm=request.getParameter("uyzm");
    String yzm=request.getSession().getAttribute("yzm").toString();
    if(!uyzm.equalsIgnoreCase(yzm))
        response.sendRedirect("loginerr.jsp?err="
            +new String("验证码错误".getBytes("gb2312"),"iso-8859-1"));
    else
        out.println("验证成功!");
%>
```

这里分别从 request 对象中取出输入的验证码值，从 session 中取出之前保存的 Servlet 生成的验证码值，然后进行对比。对比时为了忽略大小写，这里用了 equalsIgnoreCase()方法。如果验证码有错误，页面将跳转到 loginerr.jsp 页面，同时传过去一个参数 err，表明出错信息。这个信息由于是中文，所以为了防止出现乱码，这里进行了转码。

运行结果如图 7.27 所示。

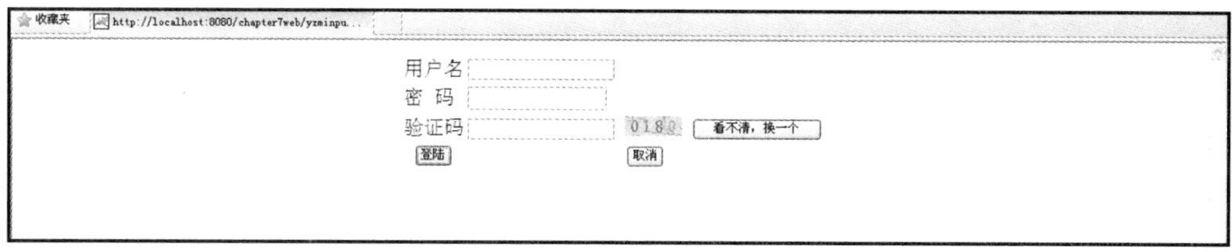

图 7.27　带有验证码的登录界面

7.6.2　JSPSmartUpload 实现文件上传下载

JSPSmartUpload 是 www.jspsmart.com 网站开发的一个可免费使用的全功能的文件上传下载组件，适用于嵌入执行上传下载操作的 JSP 文件中。该组件有以下几个特点：

(1) 使用简单，少量代码。

(2) 能全程控制上传，可获得全部上传文件的信息(包括文件名、大小、类型、扩展名、文件数据等)，方便存取。

(3) 能对上传文件在大小、类型等方面做出限制和过滤。

(4) 下载灵活。

(5) 能将文件上传到数据库中，也能将数据库中的数据下载下来。

JSPSmartUpload 组件可以从 www.jspsmart.com 网站上下载，压缩包的名字是 jspsmart.jar。下载后导入工程后就可以使用。

另外，JSPSmartUpload 还有许多其他功能，设置使用非常方便，如：

(1) 设定上传限制，限制每个上传文件的最大长度。例如：

```
su.setMaxFileSize(10000);
```

(2) 限制总上传数据的长度。例如：

```
su.setTotalMaxFileSize(20000);
```

(3) 设定允许上传的文件(通过扩展名限制)，仅允许 doc、txt 文件。例如：

```
su.setAllowedFilesList("doc,txt");
```

(4) 设定禁止上传的文件(通过扩展名限制)，禁止上传带有 exe、bat、jsp、htm、html 扩展名的文件和没有扩展名的文件。例如：

```
        su.setDeniedFilesList("exe,bat,jsp,htm,html,,");
```

其实现步骤如下：

第 1 步：编写文件上传下载 Servlet。

首先，是上传的 Servlet 的关键代码，代码如下：

```
protected void doPost(HttpServletRequest request,
        HttpServletResponse response) throws ServletException, IOException {
        response.setContentType("text/html;charset=gb2312");
        PrintWriter out = response.getWriter();
        /*以上两行不能颠倒，否则会出现中文乱码*/
        try {
            SmartUpload su = new SmartUpload();
            su.setAllowedFilesList("txt,jpg");
            //上传初始化
            su.initialize(config, request, response);
            //上传文件
            su.upload();
            //读取当前网站实际物理路径
            String rootpath = config.getServletContext().getRealPath("/");
            System.out.println(rootpath);
            String uname = su.getRequest().getParameter("uname");
            /* 根据用户名创建一个目录，专门保存用户的图片 */
            java.io.File f = new java.io.File(rootpath + uname);
            if (!f.exists())
                f.mkdir();
```

```
            //将上传文件全部保存到指定目录
            int count = su.save(f.getAbsolutePath());
            out.println("保存成功! ");
        } catch (Exception ex) {
            out.println("未保存成功!");
    }
}
```

再给出下载的 Servlet 的关键代码，代码如下：

```
public void doGet(HttpServletRequest request, HttpServletResponse response)
            throws ServletException, IOException {
        response.setContentType("text/html");
        PrintWriter out = response.getWriter();
        SmartUpload su=new SmartUpload();
        su.initialize(config,request,response);
        su.setContentDisposition(null);
        String rootpath = config.getServletContext().getRealPath("/");
        try {
            su.downloadFile("E:/Ex3_2.xml");
        } catch (SmartUploadException e) {
            // TODO Auto-generated catch block
            e.printStackTrace();
        }
    }
```

这段代码实现了从 E 盘下载 Ex3_2.xml 文件的功能。

第 2 步：编写配置文件 web.xml。

代码如下：

```
<!--文件上传的 Servlet -->
    <servlet>
        <servlet-name>UploadServlet</servlet-name>
        <servlet-class>upload.UploadServlet</servlet-class>
    </servlet>
    <servlet-mapping>
        <servlet-name>UploadServlet</servlet-name>
        <url-pattern>/upload</url-pattern>
    </servlet-mapping>
<!--文件下载的 Servlet -->
    <servlet>
        <servlet-name>DownloadServlet</servlet-name>
        <servlet-class>Download.DownloadServlet</servlet-class>
    </servlet>
    <servlet-mapping>
        <servlet-name>DownloadServlet</servlet-name>
        <url-pattern>/download</url-pattern>
```

```
    </servlet-mapping>
```

第 3 步：编写调用上传下载 Servlet 的网页。

代码如下：

```
<body>
    <form action="upload" method="post" enctype="multipart/form-data">
        用户名: <input type="text" name="uname"><br>
        图片: <input type="file" name="userimage"><br>
      <input type=submit value="文件上传">
    </form>
     <a href="download">文件下载</a>
 </body>
```

注意：这里的 enctype 必须为 multipart/form-data,如此才能实现文件上传下载功能。

本 章 小 结

本章内容较多，涉及 JSP 基础、JavaBean、Servlet、Filter 等， 需要花费一定的时间学习。对于 Servlet，一定要理解其本质，理解其与 JavaBean 的异同，理解 Servlet 要在 web.xml 配置文件中配置其 URL 的原因，理解 JSP 与 Servlet 的关系，还要深刻了解 Filter 的基本概念。Filter 与 Servlet 也存在关联，因此本章也可以说是围绕 Servlet 展开的。

学习了第 6 章与第 7 章的知识，我们就可以动手制作一个网站了。练习很重要，多动手练习，练习后要思考。

【参考图文】

习　　题

一、选择题

1．以下不属于 JSP 指令标签的是(　　)。

A．page　　B．include　　C．<jsp:include>　　D．taglib

2．以下不属于 JSP 动作标识的是(　　)。

A．<jsp:include>　　B．<jsp:forward>

C．<c:out>　　D．<jsp:useBean>

3．在 JSP 页面中嵌入 Java 代码需应用的标记为(　　)。

A．<%　%>　　B.<%--　--%>　　C.<!-- -->　　D./*　*/

4．在 JSP 页面中不包括(　　)。

A．JSP 指令标签项　　B．HTML 标记语言

C．属性文件　　D．JSP 表达式

5．要设置 JSP 页面支持的语言，应设置 page 指令(　　)。

A．language 属性　　B.extends 属性

C.contentType 属性　　　　　　　　D.charset 属性

二、填空题

1．include 指令中的 file 属性的含义是__________。

2．JSP 页面中包含__________种注释形式。

3．要包含一个外部文件，需要使用__________动作标识。

4．要实现将 index.jsp 页面转发至 error.jsp 页面中，需要使用__________。

5．要把 Java 的表达式结果输出到 JSP 页面中，使用的是__________。

三、上机实践题

1．从 JSP 页面输入长和宽，由 JSP 接收参数,在 JSP 中调用一个 JavaBean 计算矩形面积，JSP 将结果输出到浏览器上。

2．计算图 7.28 所示的到期存款总额。

注意使用 request 对象接收值，在 JSP 中计算其利息与到期总额。

图 7.28　简易计算器

第 8 章

EL 表达式与 JSTL 标签库

学习目标

- 掌握 EL 表达式的使用
- 掌握 JSTL 标签库的使用

【参考图文】

8.1 EL 表达式

8.1.1 EL 表达式概述

EL 表达式(Expression Language)，即表达式语言，它是为了便于存取数据而定义的一种语言，在 JSP 2.0 之后才成为一种标准。引入 EL 表达式语言目的之一是为 JSP 页面计算、访问和打印数据提供方便，尽可能减少 JSP 页面中的 Java 代码，使 JSP 页面更简洁，更易于开发和维护。

EL 表达式可以写在 HTML 标记的标记体内，也可以写在标记属性值内。

EL 表达式提供了在 JSP 脚本编制元素范围外使用运行时表达式的功能。例如，页面中要输出变量或表达式值，在 JSP 中使用<%%>输出，但使用 EL 表达式之后，可直接使用 EL 表达式进行输出，减少了脚本与 HTML 的嵌套。

其语法格式为

```
${expression}
```

expression 就是表达式。

【例 8.1】EL 表达式示例。

```
<%@ page language="java"  pageEncoding="utf-8"%>
<html>
    <body>
    <%
      int x=100 ;
      pageContext.setAttribute("ax",x);
     %>
```

```
    <!--使用 JSP 脚本输出-->
    <%
      out.println("x="+ pageContext.getAttribute("ax"));
     %>
    <!--使用 EL 表达式输出-->
       x=${ax}
       ${ax }
    </body>
</html>
```

运行结果如图 8.1 所示。

图 8.1　例 8.1 运行结果

8.1.2　EL 表达式输出某个范围变量值

1. 输出某一个范围内的变量值

其语法格式为

```
${name}
```

${name}的含义是读出某一范围中名称为 name 的变量。

因为我们并没有指定哪一个范围的 name，所以其会依序从 page、request、session、application 范围查找。

要取得 session 中储存属性 name 的值，可以利用下列方法：

```
<%=session.getAttribute("name")%>
```

在 EL 表达式中则使用下列方法：

```
${name}或${sessionScope.name}
```

sessionScope 是 EL 表达式中与范围有关的隐含对象。与范围有关的 EL 表达式隐含对象包含以下四个：pageScope、requestScopc、sessionScope 和 applicationScope。

2. 输出页面之间传递的值

与输入有关的隐含对象有两个：param 和 paramValues，它们是 EL 表达式中比较特别的隐含对象。

例如，要取得用户的请求参数时，可以利用下列方法：

```
request.getParameter(String name)
request.getParameterValues(String name)
```

在 EL 表达式中则可以使用 param 和 paramValues 两者来取得数据，如下所示：

```
${param.name}
${paramValues.name}
```

例如：

```
<form action="" >
  <input type=checkbox name=h1 value=music>音乐
  <input type=checkbox name=h1 value=sports>体育
  <input type=submit />
</form>
${paramValues.h1[0]}
${paramValues.h1[1]}
```

这段代码中，EL 表达式通过${paramValues.h1[0]}获取到 music 值并输出，通过${paramValues.h1[1]}获取 sports 值并输出。

3. 读取 Cookie 中的值

要取得 Cookie 中有一个设定名称为 E-mail 的值，可以使用${cookie. Email}来读取。

【例 8.2】输出 Cookie 中的值示例。

```
<%@ page language="java"  pageEncoding="gbk"%>
<html>
<body>
    <%
      Cookie c=new Cookie("uemail","chen@126.com");
      response.addCookie(c);
    %>
      <input type=text value="${cookie.uemail.value}">
</body>
</html>
```

程序首先先创建一个 Cookie 对象，把 chen@126.com 值放入 uemail 属性中，然后由 response 对象通过 addCookie()方法发回到客户端并存入硬盘的某个位置中。

第一次运行结果就是一个空白的输入控件，这是因为第一次请求还没有 Cookie 生成。第二次运行结果输入控件中出现了内容，这表明在客户端的硬盘中生成了对应的 Cookie，第二次请求时把 Cookie 的值带了回来。运行结果如图 8.2 所示。

图 8.2 例 8.2 运行结果

4. 读取 initParam

initParam 可取得设定 Web 站点的环境参数(Context)，如可以使用 ${initParam.userid}取得名称为 userid 的环境参数。

【例 8.3】输出 web.xml 中的参数值。

首先在 web.xml 文件中定义参数，该参数为全局参数。其代码如下：

```
<context-param>
    <param-name>url</param-name>
    <param-value>jdbc:mysql://127.0.0.1:3306/mydb</param-value>
 </context-param>
 <context-param>
    <param-name>userid</param-name>
    <param-value>chenpq</param-value>
 </context-param>
```

在 JSP 文件中调用这些全局参数的代码如下：

```
<%@ page language="java"  pageEncoding="gbk"%>
<html>
<body>
```

通过 application 读取参数：

```
  <%
   out.println(application.getInitParameter("url"));
  %>
  <br>
```

通过 EL 表达式读取参数，代码如下：

```
  ${initParam.url}
  ${initParam.userid}
 </body>
</html>
```

首先，程序通过 application 对象的 getInitParameter()方法从 web.xml 文件的<context-param>标记处读取和方法中的参数名一致的相对应的参数值，然后程序分别给出了通过 JSP 脚本代码输出和通过 EL 表示方法输出的不同方式，读者可以对比。

5. 访问 JSP 隐含对象属性

在 EL 表达式中有访问 JSP 隐含对象的 getXXX()方法，其语法格式为

```
    ${pageContext.JSP 隐含对象名.XXX}
```

例如，访问 request 隐含对象的 getRequestURI()方法，其语法格式为

```
    ${pageContext.request.requestURI}
```

8.1.3　EL 运算符

(1) EL 算术运算符有五个：+、−、*或$、/或 div、%或 mod，代表加、减、乘、除、取余。

(2) EL 关系运算符有六个：==或 eq、!=或 ne、<或 lt、>或 gt、<=或 le、>=或 ge，代表等于、不等于、小于、大于、小于等于、大于等于。

(3) EL 逻辑运算符有三个：&&或 and、||或 or、!或 not，代表与、或、非。

(4) EL 其他运算符有三个：Empty 判空运算符、条件运算符、()括号运算符。

下面通过一个示例来学习 EL 运算符的基本用法。

【例 8.4】 EL 运算符示例。

```
<%@ page language="java" pageEncoding="gbk"%>
<html>
  <body>
    <%
        int x = 10;
        pageContext.setAttribute("x", x);
    %>
    2+34=${2+34}<br>
    EL 表达式中 x+34=${x+34}<br>
    EL 表达式中 x>34 的值=${x>34}<br>
    EL 表达式中 x gt 34 的值=${x gt 34}<br>
    EL 表达式中 x ge 34 的值=${x ge 34}<br>
    EL 表达式中 x eq 34 的值=${x eq 34}<br>
  </body>
</html>
```

运行结果如图 8.3 所示。注意，${}中的 x 不是 JSP 脚本代码中的变量 x，而是存储在 pageContext 对象中的属性变量 x，这点一定要区分。EL 表达式中的运算和一般表示相应的运算方法相同，此处不再赘述。

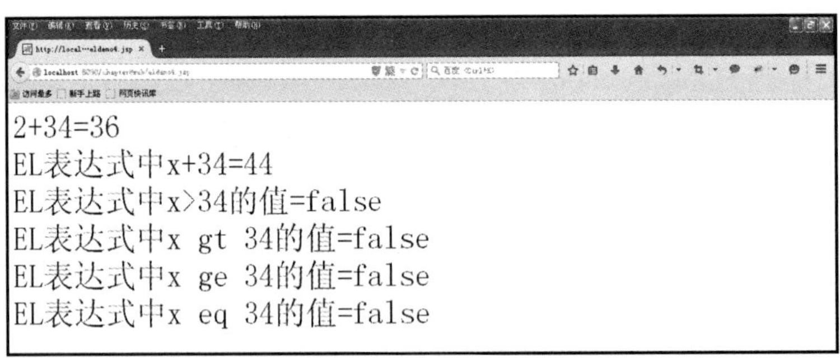

图 8.3 例 8.4 运行结果

8.1.4 EL 表达式输出 JavaBean 中属性值

1. 输出 JavaBean 中的属性

例 8.5 给出了一个输出 JavaBean 中属性的程序示例。

【例 8.5】EL 输出 Bean 中属性示例。

定义 JavaBean，代码如下：

```
package bean;
public class User {
    private String uname, upwd, ubirth;
    static int i=0;
    public String getUname() {
        return uname;
    }
    public void setUname(String uname) {
        this.uname = uname;
    }
    public String getUpwd() {
        return upwd;
    }
    public void setUpwd(String upwd) {
        this.upwd = upwd;
    }
    public String getUbirth() {
        return ubirth;
    }
    public void setUbirth(String ubirth) {
        this.ubirth = ubirth;
    }
}
```

JSP 页面输出，代码如下：

```
<%@ page language="java"  pageEncoding="gbk"%>
<html>
    <body>
     <jsp:useBean id="user" class="bean.User"></jsp:useBean>
     <jsp:setProperty name="user" property="uname" value="chen"/>
     <jsp:setProperty name="user" property="upwd" value="1234"/>
     <jsp:setProperty name="user" property="ubirth" value="2000-12-12"/>
    EL 表达式输出 JavaBean<br>
     Name:${user.uname}<br>
     Pwd:${user.upwd}<br>
     Birth:${user.ubirth}<br>
     用户名: <input type=text value="${user.uname}" name="uname"><br>
   </body>
</html>
```

运行结果如图 8.4 所示。程序首先通过<jsp:useBean id="user" class="bean.User"></jsp:useBean>创建 User 类并初始化，然后通过<jsp:setProperty/>为 User 类中的三个属性赋值。最后，通过 EL 表达式输出这三个属性值。

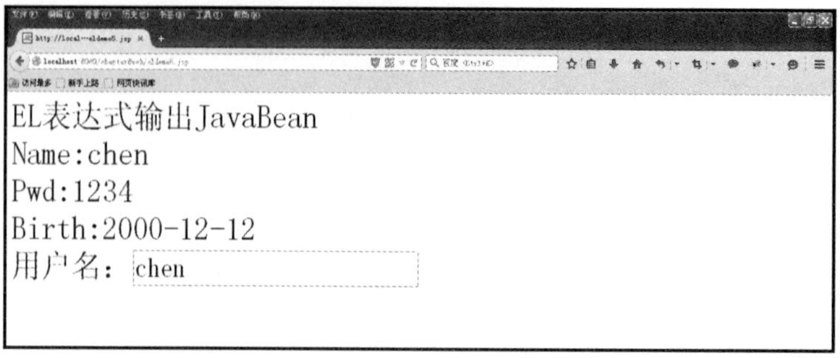

EL表达式输出JavaBean
Name:chen
Pwd:1234
Birth:2000-12-12
用户名: chen

图 8.4　例 8.5 运行结果

2. 输出集合元素

输出集合元素的语法格式为

```
${集合名称[索引]}
```

例 8.6 给出了通过 EL 表达式输出集合元素的一个示例，其中一个集合元素包括了普通的字符串，另一个集合元素包含了若干个对象。

【例 8.6】 EL 输出集合元素示例。

```
%@ page language="java" pageEncoding="gbk"%>
<%@page import="java.util.ArrayList"%>
<%@page import="bean.User"%>
<html>
    <body>
     <%
       ArrayList arr=new ArrayList();
       arr.add("a");arr.add("b");arr.add("c");
       pageContext.setAttribute("arr",arr);
       ArrayList<User> list2=new ArrayList<User>();
       User user=new User();
       user.setUname("zhou");
       user.setUpwd("1234");
       user.setUbirth("2000-12-12");
       list2.add(user);
       user=new User();
       user.setUname("chen");
       user.setUpwd("1234");
       user.setUbirth("1900-12-12");
       list2.add(user);
       pageContext.setAttribute("clist",list2);
   %>
    输出数组:
    ${arr[0]},${arr[1]},${arr[2]},${arr[3]}<br>
    输出集合:
    ${clist[0].uname},${clist[0].upwd},${clist[0].ubirth}<br>
```

```
    ${clist[1].uname},${clist[1].upwd},${clist[1].ubirth}<br>
  </body>
</html>
```

运行结果如图 8.5 所示。程序运行过程如下：

(1) 创建了一个 ArrayList 对象 arr，然后分别向里面添加了三个元素。

(2) 把 arr 对象存入 pageContext 对象的属性 arr 中。

(3) 创建一个 ArrayList 对象 list2，要求里面存放 User 类型的对象元素。

(4) 创建了两个 User 对象，并分别赋值，加入 list2 中，再把 list2 存放到 pageContext 对象的属性 clist 中。

(5) 通过 EL 表达式分别输出 pageContext 对象的属性 arr 中的四个元素和 pageContext 对象的属性 clist 中的两个 User 元素的属性值。

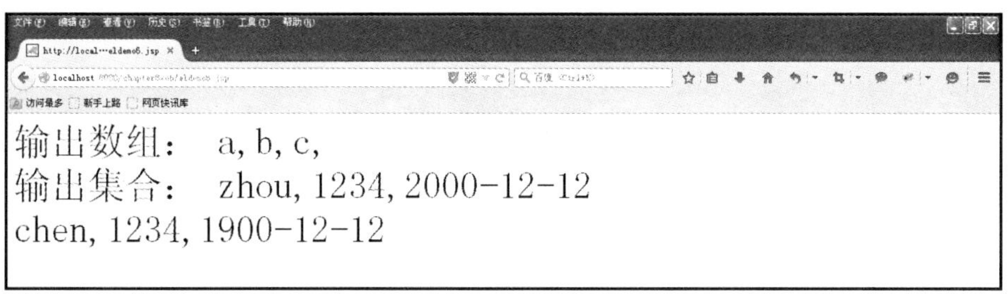

图 8.5　例 8.6 运行结果

8.2　JSTL 标签库的使用

8.2.1　JSTL 的基本概念

HTML 由一些定制的标签构成，所有的浏览器都能解释执行这些标签。如何扩充网页里的标签呢? Apache 的 jakarta 小组开发了一套适用在 JSP 网页中的标签，这些标签运行在支持 Java 的 Web 服务器中，称为 JSP 标准标签库，即 JSTL (JSP Standard Tag Library)，JSTL 还在不断完善。因为 JSTL 源代码开放，所以其适合我们进一步开发与应用。JSTL 可以应用于各种领域，如基本输入输出、流程控制、循环、XML 文件剖析、数据库查询及国际化和文字格式标准化的应用等。

JSTL 使用一套新的标准标签库取代原来的 scriptlet(代码嵌入<% %>中)进行 JSP 页面开发，使页面代码的可读性有了显著提高。

JSTL 有以下五种基本的定制标签库。

(1) 核心标签库 (Core tag library)。核心标签库提供了定制操作，通过限制作用域的变量管理数据，以及执行页面内容的迭代和条件操作。核心标签库还提供了用来生成和操作 URL 的标记。核心标签库声明如下：pref ix 为 c，URI(统一资源标识符)为 http://java.sun.com/jsp/jstl/core。

(2) I18N 格式标签库 (I18N-capable formatting tag library)。I18N 格式标签库支持使用

本地化资源束进行 JSP 页面的国际化。format 标签库定义了用来格式化数据(尤其是数字和日期)的操作。I18N 格式标签库声明如下：prefix 为 fmt，URI 为 http://java.sun.com/ jsp/jstl/fmt。

(3)SQL 标签库 (SQL tag library)。SQL 标签库定义了用来查询关系数据库的操作。SQL 标签库声明如下：prefix 为 sql，URI 为 http://java.sun.com/jsp/jstl/sql。

(4) XML 标签库 (XML tag library)。XML 标签库包含一些标记，这些标记用来操作通过 XML 表示的数据。XML 标签库声明如下：prefix 为 xml，URI 为 http://java.sun.com/jsp/jstl/xml。

(5) 函数标签库 (Functions tag library)。函数标签库通常用于 EL 表达式语句中，可以简化运算。函数标签库声明如下：prefix 为 fn，URI 为 http://java.sun.com/jsp/jstl/functions。

8.2.2 JSTL 入门

我们从一个示例开始，使用 JSTL 等自定义的标签库，需要在网页前面声明 Tag 标记，其声明如下：

```
<%@ taglib prefix="c" uri="http://java.sun.com/jsp/jstl/core" %>
```

例 8.7 给出了一个 JSTL 程序的示例，读者可以从中先了解拥有 JSTL 标签的程序。

【例 8.7】 JSTL 示例。

```
<%@ page language="java" import="java.util.*" pageEncoding="gbk"%>
<%@ taglib prefix="c" uri="http://java.sun.com/jsp/jstl/core"%>
<html>
      <body>
        <c:set var="userName" value="zhang san" />
        <c:set value="16" var="age" />
        欢迎您,
    <c:out value="${userName}" />
        <hr>
      <!--从1到5依次取一个数字赋于变量i-->
    <c:forEach var="i" begin="1" end="5">
          ${i}  
    </c:forEach>
    <br>
    <c:if test="${age<18}">
          对不起，你的年龄过小，不能访问这个网页
        </c:if>
        <br>
        <hr>
        <jsp:useBean id="user" class="bean.User">
     </jsp:useBean>
     <%
       user.setUname("chen");
     %>
```

```
    <c:out value="Hello ${user.uname}"/>
    <hr/>
    <jsp:useBean id="user1" class="bean.User"></jsp:useBean>
    <c:set target="${user1}" property="uname" value="admin" />
    <c:set target="${user1}" property="upwd" value="1234" />
    <c:out value="Hello ${user1.uname}"/>
    <c:out value="Hello ${user1.upwd }"/>
</body>
</html>
```

运行结果如图 8.6 所示。程序比较复杂，我们现在只需要了解 JSTL 程序的轮廓，细节我们后面会逐一讲解。

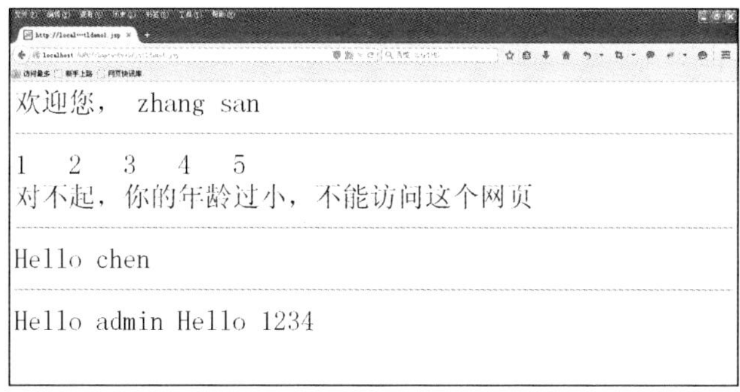

图 8.6　例 8.7 运行结果

8.2.3　JSTL 核心标签库

JSTL 核心标签库(Core)主要有基本输入/输出、流程控制、迭代操作和 URL 操作。

1. 表达式操作(out、set、remove)

(1) <c:out>：输出一个特定范围里面的属性与 JSP 中的 out.println(); 类似。例如：

```
    <c:out value="Hello Jstl"/>
    <jsp:useBean id="user" class="bean.User">
    </jsp:useBean> <!--这里创建一个 User，并初始化-->
    <%
      user.setUname("chen");//为 user 的属性 uname 赋值
    %>
    <c:out value="Hello ${user.uname}"/>
     <!--输出 user 的属性 uname 中的值-->
```

(2) <c:set>：设置某个特定对象的一个属性，而且要求是某个范围的变量属性值，该范围依次为 page、request、session、application。

```
      <c:set value="value"  var="varName"
              [scope= "{page|request|session|application}"]/ >
```

例如：

```
<c:set value="chen"  var="uname"/>
```

相当于：

```
<%
  pageContext.setAttribute("uname","chen");
%>
```

以上代码是给 page 范围的变量 uname 赋值为 chen。以下代码是给 session 范围的变量 uname 赋值为 chen。

```
<c:set value="chen"  var="uname" scope="session"/>
```

(3) <c:remove>：删除某个变量或者属性。

```
<c:remove var="varName"
      [scope= "{page|request|session|application}"]/ >
```

例如：

```
<c:remove var=" uname " scope="session"/>
```

(4) 为 bean 属性赋值。

```
<jsp:useBean id="user" class="chen.User"></jsp:useBean>
<c:set target="${user}" property="uname" value="admin" />
<c:set target="${user}" property="upwd" value="1234" />
```

注意：target 中的 EL 表达式中的变量对应<jsp:useBean>中的 ID 属性值。

2. 流程控制(catch 、if、choose、when、otherwise)

(1) <c:catch>：捕捉由嵌套在它里面的标签所抛出来的异常，与<%try{}catch{}%>类似，它的语法格式为<c:catch [var="varName"]>…</c:catch>。下面我们来看一个程序示例，学习该标签的使用方法。

【例 8.8】JSTL catch 示例。

```
<%@ page language= "java" pageEncoding= "gbk"%>
<%@ taglib prefix="c" uri="http://java.sun.com/jsp/jstl/core"%>
<html>
    <body>
      <c:catch var="error">
          <%
              int x[] = new int[10];
              x[10] = 1;
          %>
      </c:catch>
      <c:out value="${error}" />
      <hr>
      异常 exception.getMessage=<c:out value="${error.message}" />
      <hr>
```

```
        异常 exception.getCause=<c:out value="${error.cause}" />
        <hr/>
    </body>
</html>
```

运行结果如图 8.7 所示。很显然，该程序将发生数组越界异常，“error”相当于 exception 对象，里面存放了发生异常时的信息，可通过 message 和 cause 输出具体信息。

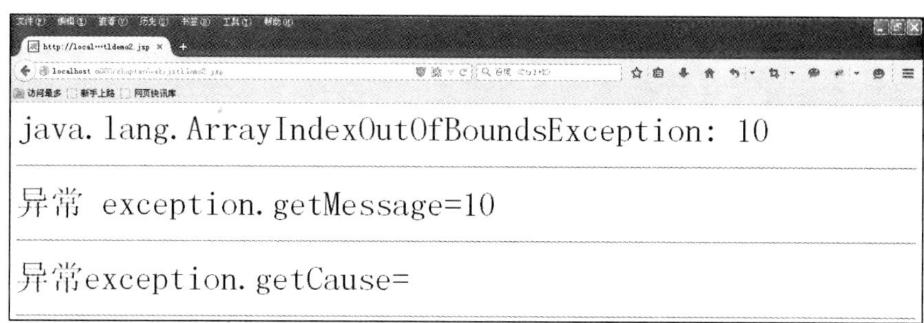

图 8.7　例 8.8 运行结果

(2) <c:if>：做条件判断，与 JSP 中的<%if(boolean){}%>类似。下面我们来看一个程序示例，学习这个标签的使用方法。

【例 8.9】JSTL 判断示例。

```
<%@ page language="java"  pageEncoding="gbk"%>
<%@ taglib prefix="c" uri="http://java.sun.com/jsp/jstl/core"%>
<html>
<body>
    <c:set var="score" value="56"/>  <!--为 score 变量赋值-->
    <c:if test="${score>=90}">  <!--判断 score 所属范围-->
      成绩优秀
    </c:if>
    <c:out value="test"/>
    <c:if test="${score>=80 && score<90}">
      成绩良好
    </c:if>
    <c:if test="${score>=60 && score<80}">
      成绩及格
    </c:if>
    <c:if test="${score<60}">
      成绩不及格
    </c:if>
    <hr/>
   </body>
</html>
```

程序首先为 score 属性变量赋值，然后通过<c:if>标签分别就不同的几种范围进行了比较和判断，最后输出某一个范围相应标签体内的文本内容。运行结果如图 8.8 所示。注意，test 在这里是标签的属性，而“＝”号右边的是 EL 表达式所输出的值，所以<c:out value="test"/>输出结果还是 test。

图 8.8　例 8.9 运行结果

(3) <c:choose>、<c:when>、<c:otherwise>：这三个标签用于多分支的条件判断，功能与 JSP 中的<% switch(n){}%>类似。下面我们通过例 8.10 来学习它的使用方法。

【例 8.10】JSTL 多分支判断示例。

```
<%@ page language="java"  pageEncoding="gbk"%>
<%@ taglib prefix="c" uri="http://java.sun.com/jsp/jstl/core"%>
<html>
<body>
     <c:set var="n" value="56" />
     <c:if test="${n<60}">
       <c:set var="color" value="red"/>
     </c:if>
    <font color="${color }">
     <c:choose>
        <c:when test="${n>=90 }">
                   您的成绩优秀!
        </c:when>
        <c:when test="${n>=80 }">
                   您的成绩良好!
        </c:when>
        <c:when test="${n>=60 }">
                   您的成绩及格!
        </c:when>
        <c:otherwise>
                    注意：您的成绩不及格!
        </c:otherwise>
      </c:choose>
     </font>
    </body>
</html>
```

运行结果如图 8.9 所示。程序先给变量 n 赋值，然后对小于 60 分的情况设置字体颜色为红色，最后分别对每个分支进行匹配判断。如果各个分支都不匹配，则输出<c:otherwise>

中的值。

图 8.9　例 8.10 页面运行结果

3. 迭代操作(forEach)

<c:forEach>是最常用的标签，它能够完成绝大多数的迭代任务，与 JSP 中的 for(int i=j;i<k;i++)类似，更与 Java 中的增强型循环类似，用于集合的迭代遍历。其语法格式为

```
<c:forEach [var="varName"]
          items="collection"  [varStatus="varStatusName"]
      [begin="begin"] [end="end"] [step="step"]>
      Body 内容
 </c:forEach>
```

其中，items 属性名为要遍历的集合，var 为集合中的元素，begin 和 end 为循环的初值和终值，step 为每次递增的幅度、迭代的次数。

varStatus 属性的值有三个：

(1) current:当前这次迭代的集合中的项，即对象本身，需重写 toString()方法。

(2) index:当前这次迭代从 0 开始的迭代索引。

(3) count:当前这次迭代从 1 开始的迭代计数。

下面我们通过例 8.11 学习<c:forEach>标签的使用方法和各种属性的用法。程序分两部分，第一部分先体会循环输出某一个范围的变量值的方法，第二部分再学习如何运用该标签遍历集合中的对象元素内容。

【例 8.11】JSTL 迭代输出示例。

```
<%@ page language="java" import="java.util.*,bean.User" pageEncoding="gbk"%>
<%@ taglib prefix="c" uri="http://java.sun.com/jsp/jstl/core"%>
<html>
  <body>
   固定次数的循环
   <c:forEach var="count" begin="50" end="60" step="2">
      <c:out value="${count}"/>
   </c:forEach>  <!--输出 50 到 60 之间的偶数-->
   <hr/>
   <%
      ArrayList<User> users=new ArrayList<User>();
      for(int i=1;i<4;i++){
         User user=new User();
         user.setUname("s"+i);
         user.setUpwd("p"+i);
```

```
        users.add(user);
      }
      pageContext.setAttribute("userlist",users);
  %>
  遍历集合中内容
 <table border="1">
  <c:forEach var="user" items="${userlist}" varStatus="vast" >
      <tr>
         <td><c:out value="${vast.index}"></c:out></td>
         <td><c:out value="${vast.current}"></c:out></td>
         <td><c:out value="${vast.count}"></c:out></td>
         <td><c:out value="${user.uname}"/></td>
         <td><c:out value="${user.upwd}"/></td>
      </tr>
  </c:forEach>
  </table>
 </body>
</html>
```

程序运行过程如下：

(1) 程序用该标签循环输出了从 50～60 之间的所有偶数，输出运用的是 EL 表示式输出的方法。

(2) 程序创建了一个 ArrayList，又分别创建了三个 User 对象并放入这个 ArrayList 中，再将这个集合放入 page 作用域的属性变量 userlist 中。

(3) 通过运行<c:forEach>标签将这个集合中的对象元素形成一个表格输出。运行结果如图 8.10 所示。其中，userlist 中存放的是 User 的列表，它作为遍历的集合。集合中的每一个元素用 User 变量表示，利用 vast 变量对每次迭代的状态信息进行输出。

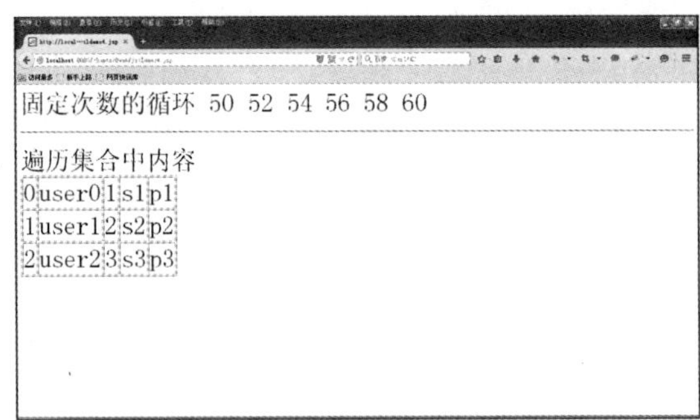

图 8.10　例 8.11 运行结果

4. URL 标签的使用

(1) <c:import>：导入一个 URL 的资源，相当于 JSP 中的<jsp:include page="path" >标签，同样也可以把参数传递到被导入的页面。例如：

```
<c:import url="http://127.0.0.1:8080/myweb/ footer.jsp"/>
```

这段代码表示导入 URL 属性值所表示的页面到本页面。

(2) <c:redirect>：把客户的请求发送到另一个资源，相当于 JSP 中 的 response.sendRedirect ("other.jsp")。例如：

```
<c:redirect url="/index.html" context="/examples/jsp" />
```

这段代码表示重定向到/examples/jsp/index.html 页面中。

(3) c:url>：定义一个变量，其值为一个 URL 值，通过这个值可以把程序带到一个新的页面。例如：

```
<c:url var="loginurl" value="login.jsp" scope="page">
      <c:param name="uid" value="chen"/>
</c:url>
<a href="${loginurl}">带参数的 URL</a>
```

单击“带参数的 URL”超链接，页面将跳转到 login.jsp 页面，同时传递参数 uid，值为 chen。

8.3　实战——客户信息系统客户页面编辑

本节介绍一个综合的示例，运用 JSTL 标签将一个数据库中的表里面的数据输出到网页中。我们运用的依然是前文一直使用的客户信息系统中的客户表。下面按步骤进行说明。

第 1 步：创建数据库中的表。

代码如下：

```
create Table customers(
  customerid varchar(20),
  name varchar(20),
  phone varchar(20)
);
```

第 2 步：编写一个类映射数据库中的表。

代码如下：

```
package bean;
public class Customer {
    private String cusid,cusname,cusphone;
        public String getCusid() {
          return cusid;
        }
        public void setCusid(String cusid) {
          this.cusid = cusid;
    }
    public String getCusname() {
        return cusname;
    }
```

```
    public void setCusname(String cusname) {
        this.cusname = cusname;
    }
    public String getCusphone() {
        return cusphone;
    }
    public void setCusphone(String cusphone) {
        this.cusphone = cusphone;
    }
    }
```

第 3 步：编写一个操作类 DAO，实现数据库表记录添加、删除、修改以及查询等操作。代码如下：

```
package dao;
import java.sql.*;
import java.util.*;
import bean.Customer;

public class CustomerDao1{
    String driver = "com.mysql.jdbc.Driver";
    String url = "jdbc:mysql://127.0.0.1:3306/mydb";
    public boolean addCustomer(Customer cus){
        boolean flag=false;
        try{
                Class.forName(driver);
            Connection con=DriverManager.getConnection(url,"root","admin");
            String sql="insert into customers values(?,?,?)";
            PreparedStatement cmd=con.prepareStatement(sql);
            cmd.setString(1, cus.getCusid());
            cmd.setString(2, new String(cus.getCusname().getBytes("gb2312"),
            "iso-8859-1"));
            cmd.setString(3, new String(cus.getCusphone().getBytes("gb2312"),
            "iso-8859-1"));
            cmd.executeUpdate();
            con.close();
        }catch(Exception ex){
            flag = true;
        }
        return flag;
    }
    public List<Customer> queryallCustomers(){
    ArrayList<Customer> list=new ArrayList<Customer>();
        try{
                Class.forName(driver);
                Connection con=DriverManager.getConnection(url,"root",
```

```
            "admin");
            Statement cmd=con.createStatement();
            ResultSet rs=cmd.executeQuery("select * from customers");
            while(rs.next()){
                Customer c=new Customer();
                c.setCusid(rs.getString(1));
                c.setCusname(rs.getString(2));
                c.setCusphone(rs.getString(3));
                list.add(c);
            }
            con.close();
        }catch(Exception ex){
    }
        return list;
 }
    public boolean deleteCustomerByCid(String cid){
     try{
            Class.forName(driver);
            Connection con=DriverManager.getConnection(url,"root",
            "admin");
            String sql="delete from customers where customerID=?";
            PreparedStatement cmd=con.prepareStatement(sql);
            cmd.setString(1, cid);
            int i = cmd.executeUpdate();
            con.close();
            if(i==0)return false;
            else return true;
        }catch(Exception ex){
            return false;
        }
}
public boolean updateCustomer(Customer cus){
    try{
            Class.forName(driver);
            Connection con=DriverManager.getConnection(url,"root","admin");
            Statement cmd=con.createStatement();
            ResultSet rs=cmd.executeQuery("
                    select * from customers where customerID='"+cus.
                    getCusid()+"'");
            if(rs.next()){
            String sql="update customers set name=?,phone=? where
            customerID=?";
            PreparedStatement pcmd=con.prepareStatement(sql);
            pcmd.setString(1, cus.getCusname());
            pcmd.setString(2, cus.getCusphone());
```

```
                pcmd.setString(3, cus.getCusid());
                pcmd.executeUpdate();
                con.close();
                return true;
                }
                else
                    return false;
            }catch(Exception ex){
                return false;
            }
        }
}
```

第 4 步：编写 JSP 客户端，调用该 DAO 类。在 JSP 文件中使用 JSTL 标签显示顾客信息。代码如下：

```
<%@ page language="java" import="java.util.*,bean.Customer,dao.CustomerDao1"
 pageEncoding="gbk"%>
<!--声明 JSTL 标签库-->
<%@ taglib prefix="c" uri="http://java.sun.com/jsp/jstl/core"%>
<%
       CustomerDao1 dao=new CustomerDao1();
       ArrayList<Customer> clist=(ArrayList<Customer>)dao.queryallCustomers();
       pageContext.setAttribute("cuslist", clist);
      %>
 <table border="2">
   <tr> <td>顾客编号</td><td>顾客姓名</td><td>顾客电话</td></tr>
<!--声使用 JSTL 中的遍历标签对 cuslist 进行遍历，将 cuslist 中的每一项赋值给 cus-->
   <c:forEach var="cusl" items="${cuslist}"  varStatus="item">
     <tr>
       <td>${cusl.cusid}</td>
       <td>${cusl.cusname}</td>
       <td>${cusl.cusphone}</td>
       <td><a href="cus?id=${cusl.cusid}&pageid=2">删除</a></td>
       <td><a href="crud.jsp?cid=${cusl.cusid}">编辑</a></td>
     </tr>
   </c:forEach>
  </table>
 </body>
</html>
```

运行结果如图 8.11 所示。其中，程序把从数据库中获取的数据暂时存储到 pageContext 对象的 cuslist 属性中，然后通过<c:forEach var="cusl" items="${cuslist}" varStatus="item">遍历 cuslist 中的数据。其中删除链接对应的 cus 为一个 Servlet，完成记录实时删除功能，而编辑链接对应当前页面的另外一段代码，完成实时编辑给数据项的功能。另外一段代码此示例没有给出，留给读者作为思考，自己动手实验。

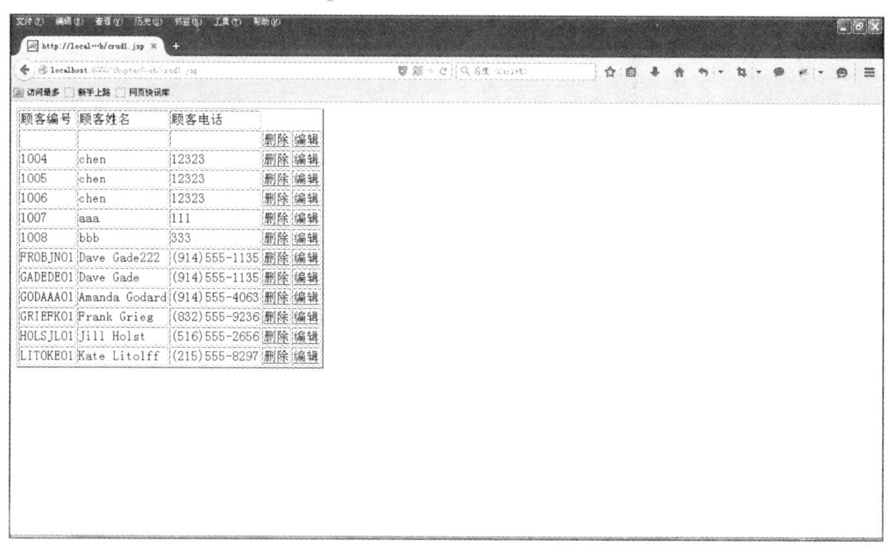

顾客编号	顾客姓名	顾客电话		
			删除	编辑
1004	chen	12323	删除	编辑
1005	chen	12323	删除	编辑
1006	chen	12323	删除	编辑
1007	aaa	111	删除	编辑
1008	bbb	333	删除	编辑
FROBJN01	Dave Gade222	(914)555-1135	删除	编辑
GADEDE01	Dave Gade	(914)555-1135	删除	编辑
GODAAA01	Amanda Godard	(914)555-4063	删除	编辑
GRIEFK01	Frank Grieg	(832)555-9236	删除	编辑
HOLSJL01	Jill Holst	(516)555-2656	删除	编辑
LITOKE01	Kate Litolff	(215)555-8297	删除	编辑

图 8.11　客户信息系统 EL 和 JSTL 示例

本章小结

本章主要介绍 EL 表达式以及 JSTL 标签库的使用，主要讨论的是如何运用 EL 表达式与 JSTL 标签库简化 JSP 编程，减少在 JSP 中的脚本代码。本章难度较小，但 EL 表达式与 JSTL 标签库很实用，在 Web 程序中已得到广泛的使用。如果有兴趣建议读者查阅自定义标签方面的知识。

习　　题

【参考图文】

一、选择题

1．编程时禁用 EL 表达式的方式是(　　)。

　A．使用\　　　　B．使用/* */　　　　C．使用<!-- -->

2．以下不是 EL 表达式特点的是(　　)。

　A．访问 JavaBean 属性

　B．访问 JSP 作用域

　C．任何浏览器都支持

3．以下不是存取数据运算符的是(　　)。

　A．.　　　　B．[]　　　　C．( )

4．EL 表达式在对隐含对象进行查找时最先查找的是(　　)。

　A．session　　　　B. page　　　　C. application

5．EL 表达式中运算符优先级别最高的是(　　)。

　A. ( )　　　　B．[]　　　　C. !

二、填空题

1．param 对象用于获取请求参数的值，而如果一个参数名对应多个值时，则需要使用________对象获取请求参数的值。

2．所谓的 Cookie 是一个文本文件，它是以________的方法将用户会话信息记录在这个文本文件内，并将其暂时存放在客户端浏览器中。

3．EL 表达式中条件运算符的基本语法格式为________。

4．要获取 session 范围内的 User 变量的值，可以用的 EL 表达式是________。

5．禁用 EL 表达式的三种方法是________、________、________。

三、上机实践

1．把用户填写的表单数据存放在 JavaBean 中。项目有两个页面，在其中一个提交的处理页面中通过 EL 表达式读取 JavaBean 中的数据，并将其显示在另一个网页页面中。表单数据内容可以自己设计定制。

2．编写JSP页面，使用JSTL显示顾客信息。界面设计参考(全部使用JSTL标签)如图 8.12 所示。

ALKAJM01	Jim Alkan	(832) 555-5617	删除	编辑
ARENDE01	Dave Arensky	(604) 555-5461	删除	编辑
AUBEJL01	Jill Auber	(832) 555-8480	删除	编辑
BAZZJL01	Jill	(213) 555-7252	删除	确认
BELLJR01	Jennifer Bellini	(215) 555-4485	删除	编辑
BENDJN01	John Benda	(313) 555-0963	删除	编辑
BOYCDA01	Donna Boyce	(215) 555-3444	删除	编辑
CHERFK01	Frank Cherubini	(718) 555-2303	删除	编辑
CHOPED01	Ed Chopin	(516) 555-4544	删除	编辑
CRAMHH01	Hugh Cramer	(203) 555-8205	删除	编辑
CROFJL01	Jill Croft	(213) 555-8917	删除	编辑
ERKEMY01	Molly Erkel	(604) 555-9825	删除	编辑
FIELKE01	Kate Field	(718) 555-9283	删除	编辑
FROBJN01	John Froberger	(212) 555-0743	删除	编辑
GADEDE01	Dave Gade	(914) 555-1135	删除	编辑

图 8.12　界面设计参考

第 9 章 Hibernate 编程技术

学习目标

- 学习 Hibernate 架构与入门
- 掌握 Hibernate 常见操作
- 了解 Hibernate 多表操作

【参考图文】

9.1 Hibernate 架构与入门

9.1.1 O/R Mapping

目前主流的数据库都是关系型数据库，编程技术都是面向对象的程序设计方法，如何使用对象去描述关系数据库中的表，以及如何使用对象之间的关系描述数据库表之间的关联，其方法就是对象关系映射(Object Relational Mapping，ORM)技术。简单地说，ORM 通过使用描述对象和数据库之间映射的元数据，将 Java 程序中的对象自动持久化到关系数据库中。

对象-关系映射是随着面向对象的软件开发方法发展而产生的。面向对象的开发方法是当今企业级应用开发环境中的主流开发方法，关系数据库是企业级应用环境中永久存放数据的主流数据存储系统。对象和关系数据是业务实体的两种表现形式，业务实体在内存中表现为对象，在数据库中表现为关系数据。内存中的对象之间存在关联和继承关系，而在数据库中，关系数据无法直接表达多对多关联和继承关系。因此，对象-关系映射(ORM)系统一般以中间件的形式存在，主要实现程序对象到关系数据库数据的映射。

Hibernate 是一个开放源码的、非常优秀、成熟的 O/R Mapping 框架。它提供了强大、高性能的 Java 对象和关系数据的持久化和查询功能。开发人员可以使用面向对象的设计进行持久层开发。简单地说，Hibernate 只是一个将持久化类与数据库表相映射的工具，每个持久化类实例均对应于数据库表中的一条数据行。用户可以使用面向对象的方法操作此持久化类实例，完成对数据库表数据的插入、删除、修改、读取等操作。

利用 Hibernate 操作数据库，我们通过应用程序经过 Hibernate 持久层来访问数据库，其实 Hibernate 完成了以前 JDBC 的功能，不过 Hibernate 使用面向对象的方法操作数据库。

先回顾一下利用 JDBC 技术的数据库访问的分层设计实现：

(1) 创建数据库表结构。

(2) 编写一个 JavaBean 类，映射创建的数据库中的表。

(3) 编写数据库访问类 DAO 类，主要是增删改和查询等功能的封装。

(4) 编写应用客户端调用 DAO 类。

该实现过程也使用了 OR 映射思想，但 OR 映射仅仅是初步的，且还存在以下一些问题：

(1)在表中主键列和其他列地位上应该不是一样的，但映射类没有体现。

(2)如果表与表之间有联系，如一对多、多对多等，数据库通过主键外键建立关联，那么映射类该如何反映这些关联关系呢？

Hibernate 很好地解决了这些问题，这也是我们学习 Hibernate 的关键所在。

9.1.2 Hibernate 架构

Hibernate 是一个开放源代码的对象关系映射框架，对 JDBC 进行了非常轻量级的对象封装，使得 Java 编程人员可以使用对象编程思想来操纵数据库。Hibernate 可以应用于任何使用 JDBC 的场合，既可以在 Java 的客户端程序使用，也可以在 Servlet/JSP 的 Web 应用中使用。

图 9.1 显示的是 Hibernate 体系结构。

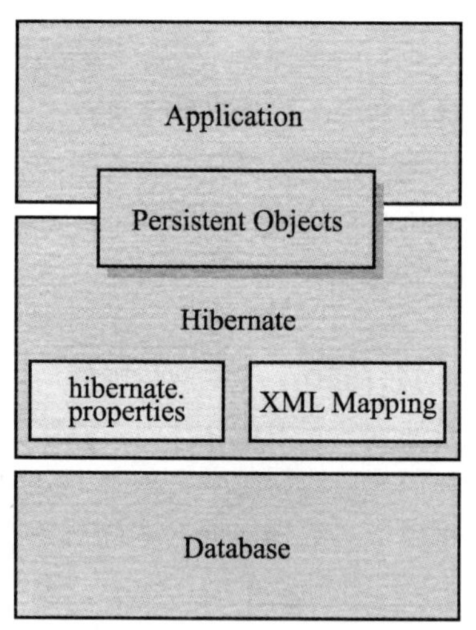

图 9.1　Hibernate 体系结构

图 9.1 中的 Application 表示用户定义的非 JavaBean 组件的一些 Java 类，是 Java 应用程序；Persistent Objects 表示开发人员建立的持久化对象；XML Mapping 表示关系型数据库的表到持久化对象之间的映射关系。运行时 Hibernate 需要读取数据服务器信息，如数据库服务器地址、数据库名、用户名以及密码等。这些信息写在配置文件中。由图 9.1 可以看出，Hibernate 使用数据库和配置信息来为应用程序提供持久化服务。

9.1.3　Hibernate 的工作原理

Hibernate 的工作原理如图 9.2 所示。

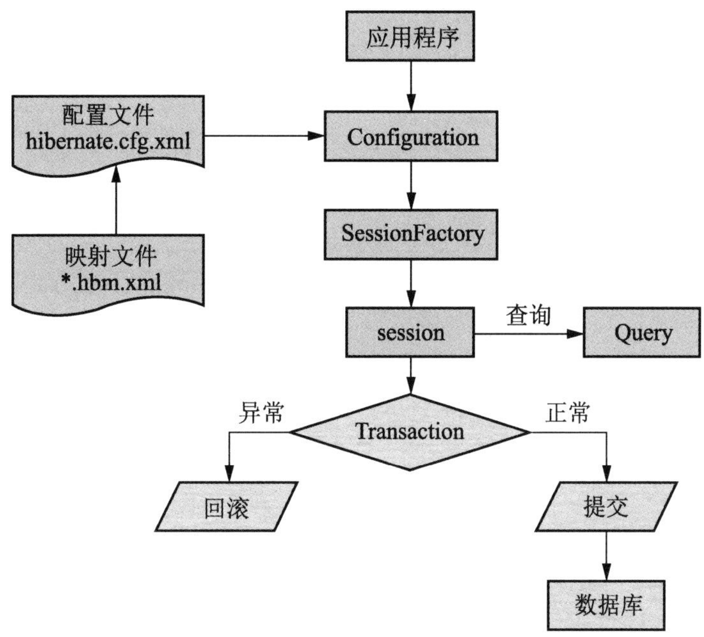

图 9.2　Hibernate 的工作原理

首先，Configuration 读取 Hibernate 的配置文件和映射文件中的信息，即加载配置文件和映射文件，并通过 Hibernate 配置文件生成一个多线程的 SessionFactory 对象。然后，多线程 SessionFactory 对象生成一个线程 Session 对象。Session 对象生成 Query 对象或者 Transaction 对象，可通过 Session 对象的 get()、load()、delete()和 saveOrUpdate()等方法对 PO 进行加载、保存、更新、删除等操作。查询时，可通过 Session 对象生成一个 Query 对象，然后利用 Query 对象执行查询操作。如果没有异常，Transaction 对象将提交查询数据到数据库中。

下面我们通过一个示例具体阐述 Hibernate 的工作原理和步骤。

【例 9.1】 Hibernate 示例(客户信息系统)。

第 1 步：先建一个 Java 工程，导入使用 Hibernate 最小必要包。用户可以到网站下载 Hibernate 最新的包。如果访问数据库，则需要导入数据库驱动包。例如，访问 MySQL，则导入 MySQL 的驱动包。最小必要包功能简单描述见表 9-1。

表 9-1　Hibernate 最小包功能描述

包	作用	说明
jta.jar	标准的 JTAAPI	必要
commons-logging.jar	日志功能	必要
commons-collections.jar	集合类	必要

续表

包	作用	说明
antlr.jar	实现了语言识别功能	必要
dom4j.jar	XML 配置和映射解释器	必要
hibernate3.jar	核心库	必要
asm.jar	ASM 字节码库	如果使用“cglib”，则必要
asm-attrs.jar	CGLIB 字节码解释器	如果使用“cglib”，则必要
ehcache.jar	EHCache 缓存	如果没有其他的缓存，则它是必要的
cglib.jar		如果使用“cglib”，则必要

第 2 步：在 src 创建配置文件 hibernate.cfg.xml，放置在 src 目录中。

代码如下：

```
<?xml version='1.0' encoding='UTF-8'?>
<!DOCTYPE hibernate-configuration PUBLIC
        "-//Hibernate/Hibernate Configuration DTD 3.0//EN"
        "http://hibernate.sourceforge.net/hibernate-configuration-3.0.dtd">
<hibernate-configuration>
<session-factory>
      <!--设置访问 MySQL 数据库的驱动描述符-->
     <property name="connection.driver_class">
      com.mysql.jdbc.Driver
     </property>
<!--设置访问数据库的 URL-->
      <property name="connection.url">
        jdbc:mysql://127.0.0.1:3306/support
      </property>
       <!--指定登录数据库用户账号-->
       <property name="connection.username">root</property>
       <!--指定登录数据库用户密码-->
       <property name="connection.password">1234</property>
       <!--设置访问 MySQL 数据库的方言，用以提高数据访问性能-->
       <property name="dialect">
        org.hibernate.dialect.MySQLDialect
       </property>
        <!--指出映射文件位置-->
       <mapping resource="bean/Customer.hbm.xml" />
    </session-factory>
</hibernate-configuration>
```

第 3 步：编写一个会话工厂类。通过会话工厂类产生一个会话 Session 对象。Session 对象是 Hibernate 的核心。任何对数据库的操作都是在会话中进行的。通常会话工厂类不用用户自己编写，可以直接用系统定义好的会话工厂类。但为了更好地理解其原理，这里我们自定义编写一个会话工厂类。其代码如下：

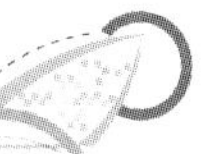

```
public class HibernateSessionFactory {

    private static String configfile = "/hibernate.cfg.xml";
    /* ThreadLocal 是一个本地线程*/
    private static final ThreadLocal<Session> threadLocal = new ThreadLocal
    <Session>();
    private static Configuration config = new Configuration();
    private static org.hibernate.SessionFactory sessionFactory;
    /* 读取配置文件，创建一个会话工厂，这段代码为静态块，编译后已经运行*/
    static {
        try {
            config.configure(configfile);
            sessionFactory = config.buildSessionFactory();
        } catch (Exception e) {
            e.printStackTrace();
        }
    }

    /*通过会话工厂打开会话，就可以访问数据库了*/
    public static Session getSession() throws HibernateException {
        Session session = (Session) threadLocal.get();
        if (session == null || !session.isOpen()) {
            if (sessionFactory == null) {
                rebuildSessionFactory();
            }
            session = (sessionFactory != null) ? sessionFactory.openSession()
                    : null;
            threadLocal.set(session);
        }
        return session;
    }

    /*重新创建一个会话工厂*/
    public static void rebuildSessionFactory() {
        try {
            config.configure(configfile);
            sessionFactory = config.buildSessionFactory();
        } catch (Exception e) {
        }
    }

    /*关闭与数据库的会话*/
    public static void closeSession() throws HibernateException {
        Session session = (Session) threadLocal.get();
        threadLocal.set(null);
```

```
        if (session != null) {
            session.close();
        }
    }
}
```

程序中的 Session 指应用程序访问数据库的一个动态的过程，即一个与数据库会话的过程。本例中将 Session 放入一个 ThreadLocal 中。ThreadLocal 本质上就是用一个以 Thread 实例为 Key 来实现保存信息的一个类。它提供了一个 get()方法来获取保存的值，但是与一般保存信息的类不同，由于其实现机制的原因，对于一个 ThreadLocal 线程来说，无论何时调用 get()方法，无论是静态方法还是实例调用，即便是其他线程改变了其值，get()方法都会返回同一个值。HibernateSessionFactory 类包含了管理与数据库之间会话 session 的主要方法。

其中，读取配置文件 Hibernate.cfg.xml 的代码如下：

```
private static String configfile = "/hibernate.cfg.xml";
static {
try {
        config.configure(configfile);    //读取配置文件
        sessionFactory = config.buildSessionFactory(); //产生一个会话工厂
    } catch (Exception e) {}
}
```

public static Session getSession(){…}：表示通过会话工厂产生一个会话函数。

public static void closeSession(){…}：是关闭会话函数。

第 4 步：编写 POJO 持久化类以及映射文件，其代码如下：

假设要访问 MySQL 中的 mydb 数据库的表 Customers，则需要为 Customers 表生成类及映射 XML 文件。其表结构为

```
create table customers(
  customerID char(8) primary key,
  name char(40) default NULL,
  phone char(16) default NULL
);
```

编写映射(持久化)类：映射类是将数据库中的表映射成为 Java 中的一个类，以后对表的操作就转换为对该类对象的操作。其代码如下：

```
public class Customer  {
     private String customerId;
     private String name;
     private String phone;
    public Customer() {
    }
    public Customer(String customerId) {
        this.customerId = customerId;
```

```
    }
    public Customer(String customerId, String name, String phone) {
        this.customerId = customerId;
        this.name = name;
        this.phone = phone;
    }
    public String getCustomerId() {
        return this.customerId;
    }
    public void setCustomerId(String customerId) {
        this.customerId = customerId;
    }
    public String getName() {
       return this.name;
    }
    public void setName(String name) {
        this.name = name;
    }
    public String getPhone() {
        return this.phone;
    }
    public void setPhone(String phone) {
        this.phone = phone;
    }
   }
```

每个持久化类对应一个数据库表，这样就可以通过对这些对象的操作来实现对数据库的操作。持久化类的编写要注意以下三个规则：

(1) 持久化类必须有一个不带参数的构造函数，这是因为在 Hibernate 中需要调用持久化类的 Constructor.newInstance()方法。

(2) 有一个识别属性，用于映射数据库表的主键。属性的名称无特殊要求，可以与主键相同或不同，但属性类型必须是原始类型，如 int、long 等。

(3) 将属性设为私有，并对每个属性声明 public 的 get()、set()方法。

编写映射配置文件 Customer.hbm.xml。该映射文件描述了数据库表和映射类中的映射关系，如表名与类名映射、列名与属性名映射、数据库列类型与属性类型映射、表中主键与类 ID 属性映射，还可以定义类的直接关系等。其代码如下：

```
<?xml version="1.0" encoding="utf-8"?>
<!DOCTYPE hibernate-mapping PUBLIC "-//Hibernate/Hibernate Mapping DTD
3.0//EN"
"http://hibernate.sourceforge.net/hibernate-mapping-3.0.dtd">

<hibernate-mapping>
    <class name="bean.Customer" table="customers" catalog="mydb">
        <id name="customerId" type="java.lang.String">
```

```
            <column name="customerID" length="8" />
            <generator class="assigned"></generator>
         </id>
         <property name="name" type="java.lang.String">
            <column name="name" length="40" />
         </property>
         <property name="phone" type="java.lang.String">
            <column name="phone" length="16" />
         </property>
      </class>
   </hibernate-mapping>
```

注意：映射类与映射文件在同一个包中。

第 5 步：编写测试文件。

代码如下：

```
        /*由会话工厂类创建一个会话 Session 对象
        Session session=HibernateSessionFactory.getSession();
          /*由会话 Session 对象创建一个查询 Query 对象*/
        Query query=session.createQuery("from Customer");
        List list=query.list();
        for(int i=0;i<list.size();i++){
               Customer cus=(Customer)list.get(i);
                System.out.printf("%-10s%-20s%-20s\n",
                         cus.getCustomerId(),cus.getName(),cus.getPhone());
    }
```

程序通过 Query 对象的方法 list 得到存储着查询结果的对象 list，然后通过遍历该 list 对象输出结果，其运行结果如图 9.3 所示。

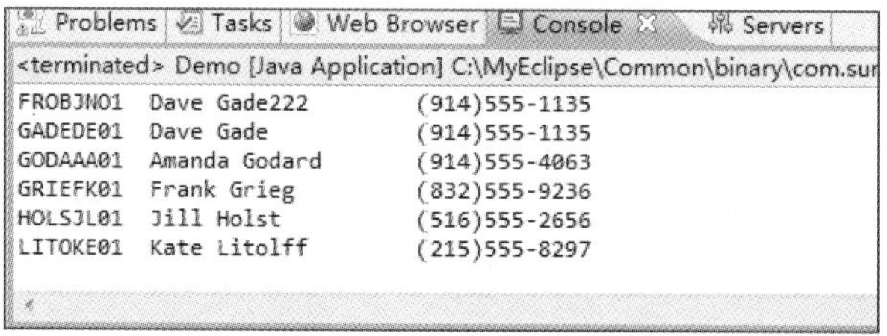

图 9.3 第五步运行结果

在 Web 程序中使用 Hibernate，要注意的是一般在某个 JavaBean 中使用 Hibernate 访问数据库，然后在 JSP 页面中调用该 JavaBean，或者在 Servlet 中调用 JavaBean，将取得的数据以集合形式保存到 Session 中，页面上可以使用 JSTL 输出该集合中的内容。

第 6 步：编写 DAO 类。

代码如下：

```
   public class CustomerDao {
      public List queryAllCustomers(){
         Session session=HibernateSessionFactory.getSession();
         /*由会话 Session 对象创建一个查询 Query 对象*/
```

```
        Query query=session.createQuery("from bean.Customer");
        List list=query.list();
        return list;
    }
}
```

第 7 步：编写一个 JSP 页面，显示表中的数据。

代码如下：

```
<%@ page language="java" import="bean.*,dao.*,java.util.*" pageEncoding=
"utf-8"%>
<%@taglib prefix="c" uri="http://java.sun.com/jsp/jstl/core"%>
<!DOCTYPE HTML PUBLIC "-//W3C//DTD HTML 4.01 Transitional//EN">
<html>
   <head>
   </head>
   <body>
      <%
       CustomerDao dao=new CustomerDao();
       session.setAttribute("cuslist",dao.queryAllCustomers());
      %>
      <table>
      <tr bgcolor="gray"> <td>顾客编号</td><td>顾客姓名</td><td>顾客电话
</td></tr>
          <c:forEach items="${cuslist}" var="cus">
          <tr>
            <td>${cus.customerId}</td>
            <td>${cus.name}</td>
            <td>${cus.phone}</td>
          </tr>
          </c:forEach>
      </table>
   </body>
</html>
```

部署后运行结果如图 9.4 所示。

http://localhost:8080/chapter9web/showcustomers.jsp

顾客编号	顾客姓名	顾客电话
1004	chen	12323
1005	chen	12323
1006	chen	12323
1007	aaa	111
1008	bbb	333
FROBJNO1	Dave Gade222	(914)555-1135
GADEDE01	Dave Gade	(914)555-1135
GODAAA01	Amanda Godard	(914)555-4063
GRIEFK01	Frank Grieg	(832)555-9236
HOLSJL01	Jill Holst	(516)555-2656
LITOKE01	Kate Litolff	(215)555-8297

图 9.4　showcustomers.jsp 运行结果

9.1.4 Hibernate 核心接口

1. Configuration 接口

Configuration 接口负责管理 Hibernate 的配置信息。为了能够连上数据库，必须配置一些属性，这些属性包括数据库 URL、数据库用户、数据库用户密码、数据库 JDBC 驱动类、数据库 dialect(用于对特定数据库提供支持，其中包含了针对特定数据库特性的实现)。其语法格式为

```
    /*创建一个配置对象，读取配置文件*/
    Configuration config = new Configuration();
config.configure("/hibernate.cfg.xml");
```

2. SessionFactory 接口

应用程序从 SessionFactory(会话工厂)里获得 Session(会话)实例。这里用到了一个设计模式，即工厂模式，用户程序从工厂类 SessionFactory 中取得 Session 的实例。SessionFactory 不是轻量级的，其占的资源比较多，所以它应该能在整个应用中共享。一个项目通常只需要一个 SessionFactory，但是当项目要操作多个数据库时，必须为每个数据库指定一个 SessionFactory。

会话工厂缓存了生成的 SQL 语句和 Hibernate 在运行时使用的映射元数据，也保存了在一个工作单元中读入的数据并且可能在以后的工作单元中被重用的(只有类和集合映射指定了使用这种二级缓存时才会如此)Session 类。其语法格式为

```
/*通过配置对象产生一个会话工厂*/
    SessionFactory factory=config.buildSessionFactory();
```

3. Session 接口

Session 接口是 Hibernate 使用最多的接口。Session 不是线程安全的，它代表与数据库之间的一次操作。Session 是持久层操作的基础，相当于 JDBC 中的 Connection。然而在 Hibernate 中，实例化的 Session 是一个轻量级的类，创建和销毁它都不会占用很多资源。Session 通过 SessionFactory 打开，在所有的工作完成后，需要关闭。但如果在程序中不断地创建以及销毁 Session 对象，则会给系统带来不良影响。所以有时需要考虑 Session 的管理，合理地创建合理地销毁。其语法格式为

```
/*通过工厂产生一个会话*/
Session session=factory.openSession();
```

4. Query 类

Query 类可以很方便地对数据库及持久对象进行查询，它可以有两种表达方式：查询语句使用 HQL(Hibernate Query Lanaguage，是一种非常强大的查询语言，类似于 SQL)或者本地数据库的 SQL 语句编写。其语法格式为

```
/*通过会话产生一个查询对象*/
        Query query = session.createQuery("from Dept");
```

```
/*通过查询对象查询数据库，返回集合*/
List list = query.list();
for (int i = 0; i < list.size(); i++) {
    Dept dept = (Dept) list.get(i);
    System.out.println(dept.getDname());
}
```

5. Transaction 接口

当向数据库中增加数据或修改数据时，需要使用事务处理，此时需要 Transaction 接口。Transaction 接口是对实际事务实现的一个抽象，该接口可以实现 JDBC 的事务、JTA 中的 UserTransaction，甚至可以是 CORBA 事务等跨容器的事务。之所以这样设计，是因为能让开发者使用一个统一事务的操作界面，使得自己的项目可以在不同的环境和容器之间方便地移植。

下面通过一个示例，理解各个接口在 Hibernate 编程中的具体运用。

【例 9.2】各个接口在 Hibernate 接口中的应用示例。

```
/*创建一个配置对象，读取配置文件*/
String configfile="/hibernate.cfg.xml";
Configuration config=new Configuration();
config.configure(configfile);
/*通过配置对象产生一个会话工厂类*/
SessionFactory sessionfactory=config.buildSessionFactory();
/*通过会话工厂类产生一个会话实例*/
Session session=sessionfactory.openSession();
/*通过会话产生一个查询对象 Query*/
Query query=session.createQuery("from bean.Customer");
/*进行查询，返回一个集合 List*/
List<Customer> cuslist=query.list();
for(Customer cus:cuslist){
   System.out.println(cus.getCustomerId()+
      " "+cus.getName()+" "+cus.getPhone());
}
```

注意：session.createQuery("from bean.Customer")语句括号中的不是 SQL 语句，而是称为 HQL (Hibernate Query Language)的语句。其中 HQL 语句中的 bean.Customers 是类名而不是数据库表的名称，HQL 语句中设计类或属性名时严格区分大小写。

9.2　Hibernate 常见操作

9.2.1　利用 Hibernate 增删改记录

当利用 Hibernate 修改数据库时，需要使用事务处理，一个事务提交时才真正将修改过的记录更新到数据库中。下面给出增删改操作的关键代码流程，关键部分都用注释给出。

1. 增加记录

```
Session session=HibernateSessionFactory.getSession();
/*定义事务开始*/
Transaction tran=session.beginTransaction();
Dept dept=new Dept("9",new String("通信".getBytes("gb2312"),"iso-8859-1"));
//其中，“9”是系号
session.save(dept);
/*提交事务，真正保存到数据库中*/
tran.commit();
```

2. 删除记录

```
public static void main(String[] args) {
        Session session=HibernateSessionFactory.getSession();
       /*首先通过 ID 查找待删除记录*/
        Dept dept=(Dept)session.get(Dept.class, "4");// “4”为系号
        Transaction tran=session.beginTransaction();
        session.delete(dept);
        /*提交事务，真正删除到数据库中*/
        tran.commit();
    }
```

3. 修改记录

```
public class Demo {
    public static void main(String[] args) {
        Session session=HibernateSessionFactory.getSession();
       Transaction tran=session.beginTransaction();
        /*首先通过 ID，即系号查找待修改记录*/
        dept=(Dept)session.get(Dept.class,"1");
        dept.setDeptname("Eng"); //修改系名
        session.saveOrUpdate(dept);
        /*提交事务，真正修改到数据库中*/
        tran.commit();
    }
}
```

9.2.2 Hibernate 主键 ID 生成方式

数据库中表有主键，主键的唯一性决定了数据库表中记录的唯一。缓存在 Session 中的数据，即实例都有一个唯一的 ID，ID 映射了数据库中的主键。ID 生成方式有以下几种。

1. assigned

主键由外部程序负责生成，无须 Hibernate 参与，即当增加一个实体时，由程序设定该实体的 ID 值(手工分配值)。下面以一个示例说明。

(1) 表结构仍为前文中 customers 表。

(2) 编写映射文件。其代码如下：

```
<class name="bean.Customer" table="customers" catalog="support">
        <id name="customerId" type="java.lang.String">
            <column name="customerID" length="8" />
            <generator class="assigned"></generator>
        </id>
        ……
</class>
```

(3) 增加实体代码。其代码如下：

```
 Session session = HibernateSessionFactory.getSession();
Customer cus = new Customer();
 cus.setCustomerId("1001");              //此处由程序设定其值，即手工分配值
 cus.setName("zhangsan");
 cus.setPhone("010-343434");
 session.beginTransaction();             //开始一个默认事务
session.save(cus);                       //保存实体
 session.getTransaction().commit();      //提交事务
```

2. identity

在 DB2、SQL Server、MySQL 等数据库产品中表中主键列可以设定是自动增长列，则增加一条记录时主键的值可以不赋值，用数据库提供的主键生成机制。下面以一个示例说明。

(1) 表结构代码如下：

```
 create table test1 (
   tid int not null  primary key auto_increment,
name char(40)
);
```

(2) 映射文件代码如下：

```
    <class name="bean.Test1" table="test1" catalog="support">
        <id name="tid" type="java.lang.Integer">
            <column name="tid" />
            <generator class="identity"></generator>
        </id>
        <property name="name" type="java.lang.String">
            <column name="name" length="40" />
        </property>
</class>
```

(3) 增加实体。此处的 ID 不需要在程序中给出。当增加到数据库中时，数据库自动分配值。其代码如下：

```
     Session session = HibernateSessionFactory.getSession();
```

```
    Test1 test1 = new Test1();
    test1.setName("chen");
    session.beginTransaction();              //开始一个默认事务
    session.save(test1);                     //保存实体
    session.getTransaction().commit();       //提交事务
```

3. increment

主键按数值顺序递增。此方式的实现机制为在当前应用实例中维持一个变量，以保存着当前的最大值，之后每次需要生成主键时将此值加 1 作为主键。这种方式可能产生的问题是：如果当前有多个实例访问同一个数据库，那么由于各个实例各自维护主键状态，不同实例可能生成同样的主键，从而造成主键重复异常。因此，如果同一数据库有多个实例访问，此方式必须避免使用。下面以一个示例说明。

(1) 表结构代码如下：

```
create table test2 (
tid int not null  primary key ,
name char(40)
);
```

(2) 映射文件代码如下：

```
<class name="bean.Test2" table="test2" catalog="support">
       <id name="tid" type="java.lang.Integer">
          <column name="tid" />
          <generator class="increment"></generator>
       </id>
       <property name="name" type="java.lang.String">
          <column name="name" length="40" />
       </property>
   </class>
```

(3) 增加实体。此处的 ID 值不需要手工赋值，在实体增加到数据库之前，由 Hibernate 首先查找当前数据库中 ID 对应列的最大值，该最大值加 1 作为当前实体的 ID 值。其代码如下：

```
    Session session = HibernateSessionFactory.getSession();
    Test2 test2 = new Test2();
    test2.setName("chen");
    session.beginTransaction();           //开始一个默认事务
    session.save(test2);                  //保存实体
    session.getTransaction().commit(); //提交事务
```

4. sequence

采用数据库提供的 sequence 机制生成主键，如 Oracle 中的 Sequence。下面以一个示例说明。

表结构如下：

```
create table test4 (
```

```
  sid   int  primary key,
  sname  varchar(20)  default null
) ;
```

在 Oracle 中创建序列，如下所示：

```
create sequence hibernate_sequence;
```

当需要保存实例时，Hibernate 自动查询 Oracle 中序列"hibernate_sequence"的下一个值，即 select hibernate_sequence.nextval from dual;，该值作为主键值。可以改变默认的序列名称。

```
<id name="sid" type="java.lang.Integer">
      <column name="sid" />
      <generator class="sequence"></generator>
</id>
```

5. native

由 Hibernate 根据底层数据库自行判断采用 identity、hilo、sequence 其中一种作为主键生成方式。

6. uuid.hex

由 Hibernate 为 ID 列赋值，依据当前客户端机器的 IP、JVM 启动时间、当前时间、一个计数器生成串，以该串为 ID 值。下面以一个示例说明。

(1) 表结构代码如下：

```
create table test3 (
  tid varchar(50)  not null  primary key,
  name char(40)
);
```

(2) 映射文件代码如下：

```
   <class name="bean.Test3" table="test3" catalog="support">
      <id name="tid" type="java.lang.String">
         <column name="tid" length="50" />
         <generator class="uuid.hex"></generator>
      </id>
      <property name="name" type="java.lang.String">
         <column name="name" length="40" />
      </property>
   </class>
```

(3) 增加实体代码如下：

```
    Session session = HibernateSessionFactory.getSession();
    Test3 test3 = new Test3();
    test3.setName("chen");
    session.beginTransaction();              //开始一个默认事务
    session.save(test3);                     //保存实体
    session.getTransaction().commit();       //提交事务
```

查询数据库表的结果如图 9.5 所示。

【参考图文】

```
mysql> select * from test3;
+----------------------------------+------+
| tid                              | name |
+----------------------------------+------+
| 4028d5814688ddf1014688ddf24f0001 | chen |
| ff8080813cce699d013cce699ff90001 | zhou |
| ff8080813cce69f5013cce69f6660001 | zhou |
| ff8080813e9cbd24013e9cbd25e40001 | zhou |
| ff8080814dff7c4b014dff7c4c390001 | chen |
+----------------------------------+------+
5 rows in set (0.05 sec)
```

图 9.5　数据库表中记录

9.2.3　Hibernate 查询方式

Hibernate 配备了一种非常强大的查询语言，即 HQL，其语法结构与 SQL 非常相似，HQL 被设计为完全面向对象的查询。

HQL 对关键字的大小写并不区分，但是对查询的对象区分大小写，因为它是面向对象的查询，所以查询的是一个对象，而不是数据库的表。在 SQL 中如果要加条件的话就是列，而在 HQL 里面条件就是对象的属性，而且还要给对象起别名。下面我们分别介绍 HQL 查询的几种情况。

1. Hibernate 查询 HQL 语句

限制查询结果记录数与起始记录的代码如下：

```
Session session=HibernateSessionFactory.getSession();
Query query=session.createQuery("from Customer");
query.setFirstResult(2);    //设置查询记录开始位置，索引从 0 开始
query.setMaxResults(2);     //设置查询返回的最大记录个数
List list=query.list();
for(int i=0;i<list.size();i++){
   Customer cus=(Customer)list.get(i);
   System.out.printf("%-10s%-20s%-20s\n",cus.getCustomerId(),
   cus.getName(),cus.getPhone());
 }
```

Query 对象通过 list()方法获得查询得到的数据记录并存放在 List 数据结构中，List 即第 3 章介绍的集合框架，然后用 List 遍历方法访问数据记录中的数据。

注意条件查询为

```
Session session=HibernateSessionFactory.getSession();
Query query=session.createQuery("from Customer cus where cus.name='chen'");
List list=query.list();
```

注意：cus 为 Customer 对象别名，name 不是数据表中的字段，而是 cus 对象的属性 name。

2. 取表中部分列

(1) 单一属性查询，结果返回一个集合，但是集合中存储的不是表的实例，而是对象。

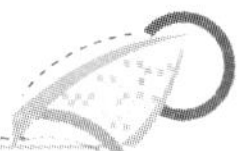

例如：

```
List cnames =session.createQuery("select name from Customer").list();
for (int i=0;i< cnames.size();i++) {
  String name =(String)cnames.get(i); System.out.println(name);
}
```

(2) 多个属性的查询，使用对象数组。

```
List students =session.createQuery("select sno,sname from Student").list();
 for (int i = 0; i < students.size(); i++) {
   Object[] obj = (Object[])students.get(i);
   System.out.println(obj[0] + ", " + obj[1]);
 }
```

结果中，obj[0]中存储的是 sno 属性对应的数据，obj[1]对应的是 sname 属性对应的数据。

注意：查询多个属性，其集合元素是对象数组，数组元素的类型与实体类的属性的类型相关。

(3) 多个属性的查询，使用 List 集合装部分列。

```
Query query = session.createQuery("select new list(cus.name,cus.phone)
from Customer cus");
List list = query.list();
for (int i = 0; i < list.size(); i++) {
        List temp = (List) list.get(i); System.out.println(temp.get(0) + " "+
        temp.get(1));
 //其中的 0 和 1 是索引
}
```

注意：这种方法查询得到的结果集合中存储的是表的实例，所以 temp.get(0)对应 cus.name，temp.get(1)对应 cus.phone。

(4) 使用 Map 集合装部分列。

```
Query query = session .createQuery("select new map(cus.name,cus.phone)
from Customer cus");
List list = query.list();
for (int i = 0; i < list.size(); i++) {
   Map temp = (Map) list.get(i);
   System.out.println(temp.get("1")); //"1"是 key
}
```

注意：这种方法查询得到的结果集合中存储的也是表的实例，但是是通过 Map 的形式存储的，其中的 Key 为数据记录中的键码。所以 temp.get(1)代表键码为“1”的数据记录，输出后得到键码为“1”的客户姓名和电话。

3. 内连接

例如：

```
    List students = session.createQuery(
              "select s.sna me,d.deptname from Student s join s.dept d ").
              list();
```

```
for (Iterator iter = students.iterator(); iter.hasNext();) {
    Object[] obj = (Object[]) iter.next();
    System.out.println(obj[0] + ", " +obj[1]);
}
```

其中，s.dept 表示 Student 对象中肯定有一个 Dept 类型的对象属性 dept，通过 dept 属性实现与 Student 对象的连接，其中 d 为 s.dept 的别名。

4. 外连接

(1) 左外连接。例如：

```
List students = session.createQuery(
     "select d.deptname, s.sname from Dept d left join d.students s ").list();
```

(2) 右外连接。例如：

```
List students = session .createQuery(
     "select d.deptname, s.sname from Dept d right join d.students s ").list();
```

最后，对外连接查询得到的结果进行遍历：

```
for (Iterator iter = students.iterator(); iter.hasNext();) {
      Object[] obj = (Object[]) iter.next();
      System.out.println(obj[0] + ", " +obj[1]);
}
```

以上两种连接的 d.students 代表 Dept 对象中肯定有一个 Student 集合类型的属性 students，通过 Student 属性建立左外连接和右外连接。

5. 带参数的查询

(1) "?" 作为参数，如" from Customer cus where cus.name=?"。例如：

```
Query query = session.createQuery("from Customer cus where cus.name=?");
query.setParameter(0, "Jill Holst");
List list = query.list();
for (int i = 0; i < list.size(); i++) {
  Customer cus = (Customer) list.get(i);
  System.out.printf("%-10s%-20s%-20s\n", cus.getCustomerId(), cus
              .getName(), cus.getPhone());
}
```

(2) 参数名称":name"，如" from Customer cus where cus.name=:name"。例如：

```
Query query1 =session.createQuery("from Customer cus where
cus.name=:name ");
query1.setParameter("name", "Jill Holst");
List list1 =query1.list();
for(int i=0;i<list1.size();i++){
   Customer cus=(Customer)list1.get(i);
   System.out.printf("%-10s%-20s%-20s\n",
```

```
        cus. getCustomerId(),cus.getName(),cus.getPhone());
    }
```

即该方式都是通过 query.setParameter 方法赋值，其中第一个参数既可以是形参在 HQL 语句中的位置，也可以是参数名称。注意，这里的位置序号从 0 开始，而对应的 JDBC 则是从 1 开始。

(3) 条件查询，使用“？”的方式传递参数。例如：

```
Query query = session.createQuery(
        "SELECT s.id, s.name FROM Student s WHERE s.name LIKE ?");
query.setParameter(0, "%陈%"); //传递参数，参数的索引是从 0 开始的
```

我们还可以使用":参数"名称的方式传递参数，如：

```
Query query = session.createQuery(
     "SELECT s.id, s.name FROM Student s WHERE s.name LIKE :myname");
query.setParameter("myname", "张三");//传递参数
```

因为 setParameter()方法返回 Query 接口，所以还可以用省略的方式来查询，如：

```
List students = session.createQuery("SELECT s.id, s.name FROM Student s
                WHERE s.name LIKE :myname and s.id = :myid").
                 setParameter("myname", "%陈%").setParameter("myid",
                 15).list();
```

6. 嵌入原生 SQL 测试

例如：

```
SQLQuery sqlQuery = session.createSQLQuery("select * from student");
List students = sqlQuery.list();
for (Iterator iter =students.iterator();iter.hasNext();) {
    Object[] obj =(Object[])iter.next(); System.out.println(obj[0] +
    ", " + obj[1]);
}
```

注意：这里的查询语句不再是 HQL 语句，而是原生 SQL 语句；得到的查询结果对象不再是 Query，而是 SQLQuery。

9.3 Hibernate 多表操作

9.3.1 表之间关系

关系型数据库具有三种常用关系：一对一关系、一对多关系和多对多关系。

1. 一对一关系

one-to-one，是指两个表之间的记录是一一对应的关系。例如，人员表 Person 与身份证表 ID，一个人拥有一个身份证号，一个身份证也只属于某个人。可以在两个表中选一张

表创建外键引用另外一张表。这种关系用的比较少。

2. 一对多关系

one-to-many，是指 A 表中的一条记录，可以与 B 表中的多条记录相对应。例如，部门表中的“部门编号”与职工表中的“部门编号”就是一对多的关系，一个部门有多个职工。这时应该在多的这方，即职工表中创建一个外键指向部门表。

3. 多对多关系

many-to-many，是指 A 表中的一条记录，可以与 B 表中的多条记录相对应；同时，B 表中的一条记录，也可以与 A 表中的多条记录相对应。一般地，建立多对多关系时，需要一个中间表，通过中间表同时与两个表 A、B 之间产生一对多的关系，从而实现 A 与 B 之间的多对多关系。例如，订单表与产品表就是多对多的关系，一份订单中有多种产品，一种产品会同时出现在多种订单上，中间表就是订单明细表。

建立了一对多关系的表之间，一方中的表称为主表，多方中的表称为子表；两表中相关联的字段，在主表中称为主键，在子表中称为外键。

9.3.2 一对多关系操作

以院系表与学生表为例，在 Hibernate 映射中，在院系表中添加一个集合属性，集合属性存放该院系下的学生。学生表中将院系编号字段映射成一个院系类对象。这样通过院系类对象的属性集合找到该院系下的所有学生。通过学生对象的院系属性也可以很快定位到院系的其他信息，而不仅是院系编号。

【例 9.3】 one to many 示例。

第 1 步：创建院系表以及学生表。

代码如下：

```
create table dept(
  deptid char(4) primary key,
  deptname char(30)
 );
create table student(
    sno char(4) primary key,
    sname char(20),
    deptid char(4)
);
```

定义一个外键，代码如下：

```
   Alter table student add (constraint fk_stu_deptid foreign key(deptid)
references dept(deptid));
```

外键也可以不定义，可通过 Hibernate 直接维护外键关系。

第 2 步：分别创建两个 JavaBean，对应上面两个表。首先是 Dept 类，对应 dept 表。为了进行一对多关系映射，在 Dept 类中增加一个 Student 的集合对象定义，以表示对应学

生的“多”的关系。其代码如下：

```
public class Dept {
    private String deptid;
    private String deptname;
    private Set<Student> students;

    public Dept(){

    }
    public Dept(String deptid,String deptname){
        this.deptid = deptid;
        this.deptname = deptname;
    }
    public Dept(String deptid,String deptname,Set<Student> students){
        this.deptid = deptid;
        this.deptname = deptname;
        this.students = students;
    }
    public String getDeptid() {
        return deptid;
    }

    public void setDeptid(String deptid) {
        this.deptid = deptid;
    }

    public String getDeptname() {
        return deptname;
    }

    public void setDeptname(String deptname) {
        this.deptname = deptname;
    }

    public Set<Student> getStudents() {
        return students;
    }

    public void setStudents(Set<Student> students) {
        this.students = students;
    }

}
```

然后是 Student 类的定义，这里增加了一个 Dept 对象，用以表示其对应的 Dept 类的

“一”关系。其代码如下：

```
public class Student {
    private String sno;
    private String sname;
    private String deptid;
    private Dept dept;

    public String getSno() {
        return sno;
    }
    public void setSno(String sno) {
        this.sno = sno;
    }
    public String getSname() {
        return sname;
    }
    public void setSname(String sname) {
        this.sname = sname;
    }
    public String getDeptid() {
        return deptid;
    }
    public void setDeptid(String deptid) {
        this.deptid = deptid;
    }
    public Dept getDept() {
        return dept;
    }
    public void setDept(Dept dept) {
        this.dept = dept;
    }
}
```

第 3 步：创建上面两个类的映射文件，这是关键。

首先创建 Dept.hbm.xml 映射文件，代码如下：

```
<hibernate-mapping>
    <class name="bean.Dept" table="dept" catalog="mydb">
        <id name="deptid" type="java.lang.String">
            <column name="deptid" length="4" />
            <generator class="assigned"></generator>
        </id>
        <property name="deptname" type="java.lang.String">
            <column name="deptname" length="30" />
        </property>
       <set name="students"  inverse="true" cascade="delete">
```

```
        <key>
            <column name="deptid" length="4"/>
        </key>
        <one-to-many class="bean.Student" />
    </set>
  </class>
</hibernate-mapping>
```

该段代码增加了对应于 Dept 类中的 Set<Student>类型的 students 对象的映射属性<set>，其对应的映射主键是 deptid。

然后创建 Student.hbm.xml 映射文件，代码如下：

```
<hibernate-mapping>
    <class name="bean.Student" table="student" catalog="mydb">
        <id name="sno" type="java.lang.String">
            <column name="sno" length="4" />
            <generator class="assigned"></generator>
        </id>
        <property name="sname" type="java.lang.String">
            <column name="sname" length="20" />
        </property>
        <many-to-one name="dept" class="bean.Dept" fetch="select">
            <column name="deptid" length="4"></column>
        </many-to-one>
    </class>
</hibernate-mapping>
```

该段代码增加了表示两者多对一关系的<many-to-one>标签属性，对应代表“一”关系的 Dept 类，其对应的表字段为 deptid。

第 4 步：编写测试类。

代码如下：

```
        String configfile = "/hibernate.cfg.xml";
        Configuration config = new Configuration();
        config.configure(configfile);
        /*通过配置对象产生一个会话工厂类*/
        SessionFactory sessionfactory = config.buildSessionFactory();
        /*通过会话工厂类产生一个会话实例*/
        Session session = sessionfactory.openSession();
        Query q = session.createQuery("from bean.Dept");
        List l = q.list();
        for (int i = 0; i < l.size(); i++) {
            Dept dept = (Dept) l.get(i);
            System.out.println(dept.getDeptid());
            Set stu = dept.getStudents();
            Iterator it = stu.iterator();
```

```
        while (it.hasNext()) {
            Student st = (Student) it.next();
            System.out.println(st.getSno() + " " + st.getSname() + " "
                    + st.getDept().getDeptid());
```

从程序中我们可以看出，根据多对一关系，利用 Set stu= dept.getStudents();语句，通过院系实例查询到该院系学生信息，即程序在获取院系信息的同时又获取了该院系下所有学生的信息。

9.3.3 级联操作与延迟加载

1. cascade 级联操作

所谓 cascade，如果有两个表，在更新一方的时候，可以根据对象之间的关联关系，去对被关联方进行相应的更新。例如，院系表和学生表之间是一对多关系，使用 cascade，如删除院系表中的一条院系记录时，该院系下的所有学生记录也自动删除，这种现象称为级联删除。当创建一个新的院系实例，该院系实例集合属性中保存有学生。当该院系实例持久化时，会自动将集合学生添加到数据库的学生表中去，这称为级联增加。cascade 的值如下：

(1) all：所有情况下均进行关联操作。

(2) none：所有情况下均不进行关联操作，这是默认值。

(3) save-update：在执行 save/update/saveOrUpdate 时进行关联操作。

(4) delete：在执行 delete 时进行关联操作。

下面给出一个级联示例。这个示例表明的是删除院系表 dept 的同时将该院系下所有学生 student 删除。可以在院系类映射文件中进行如下定义：

```
<!--表示级联删除-->
<set name="students" inverse="false" cascade="delete">
      <key>
         <column name="deptid" length="4" />
      </key>
       <one-to-many class="bean.Student" />
</set>
```

执行删除院系操作代码，如下所示：

```
Dept dept=(Dept)session.get(Dept.class,"4");
Transaction tran=session.beginTransaction();
session.delete(dept);
tran.commit();
```

此时不但删除了系号为 4 的系记录，同时也将 Student 表中的系号为 4 的学生记录一并删除，这就是级联删除操作。

当然，还可以定义级联增加、修改等。例如：

```
<set name="students" inverse="false" cascade="none|all|delete| save-update">
```

```
        <key>
            <column name="deptid" length="4" />
        </key>
        <one-to-many class="bean.Student" />
</set>
```

“|”是四者选一的意思，下面我们先设置 cascade="save-update"，然后编写测试类如下：

```
    session.getTransaction().begin();
    Dept dept=new Dept();
    dept.setDeptid("MA");
    dept.setDeptname("Math");
    /*创建学生实例*/
    Student s1=new Student();
    s1.setSno("8001");
    Student s2=new Student();
    s2.setSno("8002");
    /*创建一个学生集合，将上面两个学生添加到该集合中*/
    Set set=new HashSet();
    set.add(s1); set.add(s2);
    /*将该集合设置为院系集合属性*/
    dept.setStudents(set);
    /*持久化院系实例*/
    session.save(dept);
    session.getTransaction().commit();
```

该程序中并没有直接将学生类的对象添加到数据库中，只是将学生对象添加到院系集合属性中，但由于设置了级联增加 save，因此向数据库中添加院系记录时系统自行将学生对象添加到学生表中去，这就是级联增加操作。

2. inverse 属性

inverse 属性比较复杂，我们举例解释该属性。一个学校有一个校长，学校里有很多学生。假设学生表中有一个字段是校长编号(多方)，如果增加一个学生，那么学生记录中校长编号字段如何填呢？显然学生自己填(即由学生方维护)要容易一些，因为学生记住校长很容易，但要让校长填写学生的校长编号字段(即由校长方维护)则比较难，因为校长很难记住如此多的学生。

下面以院系(Dept)和学生(Student)为例进行讲解。

【例 9.4】无 inverse 属性示例。

首先给出 Dept.hbm.xml 和 Student.hbm.xml 配置文件信息。

Dept.hbm.xml 代码如下(省略部分)：

```
<class name="bean.Dept" table="dept" catalog="mydb">
        <id name="deptid" type="java.lang.String">
            <column name="deptid" length="4" />
            <generator class="assigned"></generator>
```

```
        </id>
        <property name="deptname" type="java.lang.String">
           <column name="deptname" length="30" />
        </property>
       <set name="students"  cascade="all">
          <key>
             <column name="deptid" length="4"/>
          </key>
          <one-to-many class="bean.Student" />
       </set>
    </class>
```

Student.hbm.xml 代码如下(省略部分):

```
    <class name="bean.Student" table="student" catalog="mydb">
        <id name="sno" type="java.lang.String">
           <column name="sno" length="4" />
           <generator class="assigned"></generator>
        </id>
        <property name="sname" type="java.lang.String">
           <column name="sname" length="20" />
        </property>
        <many-to-one name="dept" class="bean.Dept" fetch="select">
            <column name="deptid" length="4"></column>
        </many-to-one>
      </class>
```

上面的代码中没有出现过 inverse 关键字，证明维护关系由院系表和学生表一起来维护。例如，现在有新的学生要进入某一个院系(院系号 d001)，可以编写如下的代码来完成该功能：

```
Transaction tran1 = session.beginTransaction();
Query query =session.createQuery("from Student");
List list = query.list();
Dept dep = (Dept) session.get(Dept.class, "d001");
for (int i = 0; i <list.size(); i++) {
  Student stu = (Student) list.get(i);
  if (stu.getDept() == null) {
    dep.getStudents().add(stu);
  }
}
tran1.commit();
```

这段代码通过院系来添加学生信息，即添加学生信息可以由院系维护。

【例 9.5】 inverse="true"示例。

本例只给出 Dept.hbm.xml 配置文件，其中添加了 inverse 属性，学生映射文件未变。其代码如下(省略部分):

```
    <class name="bean.Dept" table="dept" catalog="mydb">
       <set name="students"  inverse="true" cascade="all">
         <key>
            <column name="deptid" length="4"/>
         </key>
         <one-to-many class="bean.Student" />
       </set>
</class>
```

按照上面的配置信息，如果还是想完成新的学生要进入某一个院系(院系号 d001)功能，代码编写如下：

```
Transaction tran2 = session.beginTransaction();
Query query = session.createQuery("from Student");
List list = query.list();
Dept team = (Dept) session.get(Dept.class, "d001");
for (int i = 0; i <list.size(); i++) {
   Student stu = (Student) list.get(i);
   if(stu.getDept() == null) {
   stu.setDept(team);  //学生自己维护系信息
   }
}
tran2.commit();
```

这段代码通过学生来添加院系信息，即添加学生信息可以由学生自己维护。

这里再补充说明一下 cascade 与 inverse。如果一个新职工要到某个部门入职，新职工要填一个入职表，入职表中有一项为部门编号。如果职工自己填写部门编号，则说明职工自己维护这个字段，部门类的映射 XML 文件中就可以将 inverse 属性值设为 true，即由部分的反方(即职工方)维护。如果 inverse 为 false 的话，即部门表不要求反方(即职工方)维护部门编号字段，只需职工将填写表格交到部门，由部门自行填写部门编号。而级联 cascade 则是如果不直接将职工实例添加到数据库中，而只是将新进职工添加到部门实例的职工集合属性中，当增加部门时将部门实例中职工集合属性的职工也同时添加到数据库中的职工表中，这称为级联。

3. 延迟加载

(1) 属性的延迟加载。在 Hibernate 3 中引入了一种新的特性——属性的延迟加载，该特性为获取高性能查询提供了有力的工具。例如，Person 表有一个人员图片字段(对应 java.sql.Clob 类型)属于大数据对象，当加载该对象时，不得不每一次都要加载该字段，而不管我们是否真的需要它，而且大数据对象的读取本身会带来很大的性能开销。我们可以对实体类的映射文件进行如下配置：

```
<hibernate-mapping>
 <class name="bean.Person" table="person">
     ……
```

```
    <property name="pimage" type="java.sql.Clob" column="pimage" lazy="true"/>
  </class>
</hibernate-mapping>
```

通过对<property>元素的 lazy 属性设置 true 来开启属性的延迟加载。在 Hibernate 3 中为了实现属性的延迟加载，使用了类增强器来对实体类的 Class 文件进行强化处理，通过增强器的增强，将 CGLB 的回调机制逻辑加入实体类，这里可以看出，属性的延迟加载还是通过 CGLB 来实现的。CGLB 是 Apache 的一个开源工程，这个类库可以操纵 Java 类的字节码，根据字节码动态构造符合要求的类对象。根据上面的配置我们运行下面的代码：

```
String sql ="from Person p where p.name = '张三'";
Query query = session.createQuery(sql);  ①
List<Person> list = query.list();
for(int i = 0;i<list.size();i++){
    Person person = list.get(i);
    System.out.println(person.getName());
    System.out.println(person.getPimage());②
}
```

当执行到①处时，会生成类似如下的 SQL 语句：

```
Select id,age,name from person where name = "张三";
```

这时 Hibernate 会检索 Person 实体中所有非延迟加载属性对应的字段数据，当执行到②处时，会发起对 pimage 字段数据真正的读取操作。

(2)对方的延迟加载。当存在一对多时，如读取院系表 Dept，在不需要立即加载该院系下的学生时，可以设置延迟加载，即读取 Dept 不立即加载院系下的学生，只有通过院系对象 getStudents()函数时才真正读取该院系下的学生。可以在院系表中这样设置延迟加载：

```
<hibernate-mapping>
    <class name="bean.Dept" table="dept" catalog="mydb">
      ......
      <set name="students"  inverse="true" cascade="delete" lazy="true">
        <key>
          <column name="deptid" length="4"/>
        </key>
        <one-to-many class="bean.Student" />
      </set>
    </class>
</hibernate-mapping>
```

4. fetch 属性

fetch 属性指定 Hibernate 的抓取策略，该属性值只能是 join(使用外连接抓取)或 select(使用选择抓取)。

9.3.4　多对多关系操作

以运动员与场上角色为例，一个运动员可以在场上打多个角色，一个场上角色也可以由多个不同的运动员来打，所以他们之间是多对多的关系。我们一般建立三个表：运动员表、角色表以及运动员角色表。

【例 9.6】many to many 示例。

(1) 角色表、运动员表和关联表设计，代码如下：

```
CREATE TABLE  role (
   Rid char(4) NOT NULL,
   rname  char(20) DEFAULT NULL,
   PRIMARY KEY (rid)
 ) ;
CREATE TABLE  player (
  pid char(4) NOT NULL,
  pname char(20) DEFAULT NULL,
  PRIMARY KEY (pid)
) ;
CREATE TABLE  role_player (
  pid char(4) NOT NULL,
  rid char(4) NOT NULL,
  PRIMARY KEY (pid,rid)
) ;
```

关联表将角色表和运动员表的主键作为自己的主键。

(2) 角色类与映射文件设计，代码如下：

```
public class Role {
    private String rid;
    private String rname;
    private Set<Player> players;
    /*三个属性的getter()和setter()方法*/
    }
}
<class name="bean.Role" table="role" catalog="mydb">
        <id name="rid" type="java.lang.String">
            <column name="rid" length="4" />
            <generator class="assigned"></generator>
        </id>
        <property name="rname" type="java.lang.String">
            <column name="rname" length="20" />
        </property>
        <set name="players"  table="role_player" cascade="save-update">
          <key>
             <column name="rid" length="4"/>
          </key>
```

```
            <many-to-many class="bean.Player" column="pid" />
        </set>
    </class>
```

这里的 name="players" 表示 Role 类中有一个属性是 players (是 Set 集合)，table=" role_player" 表示中间关联表，表名为 role_player 。column="rid" 表示中间表 role_player 的字段，Role 类的 ID 与中间表 role_player 的字段 rid 对应。 column="pid" 表示中间表 role_player 的字段，class=" bean.Player " 表示中间表 role_player 的字段 pid 与 Player 类的 ID 对应。

(3) 运动员类与映射文件设计，代码如下：

```
public class Player {
    private String pid;
    private String pname;
    private Set<Role> roles;
  /*三个属性的 getter()和 setter()方法*/
}
<class name="bean.Player" table="player" catalog="mydb">
        <id name="pid" type="java.lang.String">
            <column name="pid" length="4" />
            <generator class="assigned"></generator>
        </id>
        <property name="pname" type="java.lang.String">
            <column name="pname" length="20" />
        </property>
        <set name="roles"  table="role_player" cascade="save-update">
          <key>
             <column name="pid" length="4"/>
          </key>
          <many-to-many class="bean.Role" column="rid" />
        </set>
    </class>
```

这里的 name="roles" 表示 Player 类中有一个属性是 roles (是 Set 集合), table=" role_player" 表示中间关联表，表名为 role_player 。column="pid" 表示中间表 role_player 的字段，Player 类的 ID 与中间表 role_player 的字段 pid 对应。column="rid" 表示中间表 role_player 的字段，class=" bean.Role " 表示中间表 role_player 的字段 rid 与 Role 类的 ID 对应。

(4) 编写测试类，代码如下：

```
public static void main(String[] args) {
        Configuration conf  = new Configuration();
        conf.configure();
        SessionFactory fac = conf.buildSessionFactory();
        Session ses = fac.openSession();
        Transaction tran = ses.beginTransaction();
        Player p1 = new Player();
```

```
        p1.setPid("1");
        p1.setPname("姚明");
        Player p2 = new Player();
        p2.setPid("2");
        p2.setPname("詹姆斯");
        Player p3 = new Player();
        p3.setPid("3");
        p3.setPname("科比");
        Role r1 = new Role();
        r1.setRid("1");
        r1.setRname("中锋");
        Set<Player> ps1 = new HashSet<Player>();
        ps1.add(p1);
        ps1.add(p2);
        r1.setPlayers(ps1);
        Role r2 = new Role();
        r2.setRid("2");
        r2.setRname("后卫");
        Set<Player> ps2 = new HashSet<Player>();
        ps2.add(p2);
        ps2.add(p3);
        r2.setPlayers(ps2);
        ses.save(r1);
        ses.save(r2);
        tran.commit();
        ses.close();
    }
```

这里首先创建三个运动员，即姚明、詹姆斯和科比；然后创建两个场上角色，一个是中锋，一个是后卫，然后将姚明和詹姆斯加入中锋角色中，再将詹姆斯和科比加入后卫角色中；最后程序将角色对象分别保存到数据库中。由于多对多关系关联，在保存角色对象的同时又将三名运动员的信息保存到数据库中。

运行结果如图 9.6 所示。

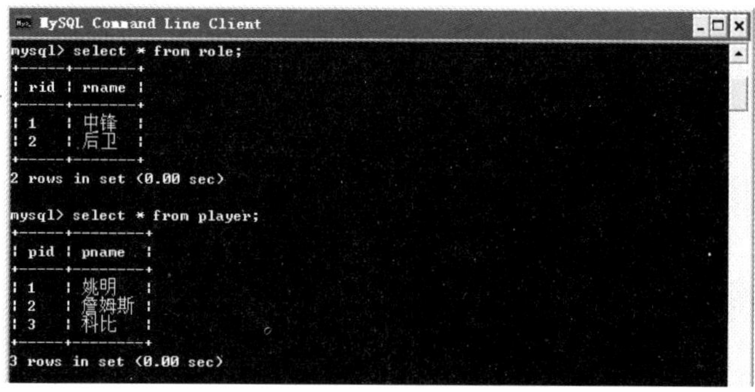

图 9.6　例 9.6 运行结果

【参考图文】

本 章 小 结

本章介绍了开源框架 Hibernate 的基础知识。Hibernate 使用面向对象的思想处理关系型数据库，所以在 Hibernate SQL 语句中都是类名以及属性名，如果涉及属性名，则一定要在类名后加上类的别名。Hibernate 需要访问数据库，访问数据库需要知道数据库基本信息 URL、driver 等，所以 Hibernate 需要一个配置文件 hibermate.cfg.xml。

Hibernate 需要 HibernateSessionFactory 工厂类打开与数据库之间的会话 Session，所有对数据库的操作都是在 Session 中进行的。另外由于需要体现面向对象思想，所以要创建映射类(即 POJO)以及映射文件(即 Mapping XML)，POJO 类映射数据表，而映射文件描述了映射的详细信息。

【参考图文】

习　　题

一、选择题

1．在 Hibernate 配置文件中，配置数据库驱动使用的是(　　)属性。

A．connection.driver_class　　B．connection.url

C．dialect　　D．show_sql

2．在 Hibernate 配置文件中，配置连接数据库驱动的用户名使用的是(　　)属性。

A．connection_driver_class　　B. connection.username

C．dialect　　D.connection.password

3．在 Hibernate 配置文件中，配置 Hibernate 方言使用的是(　　)属性。

A．connection.driver_class　　B．connection.url

C．dialect　　D．show_sql

4．要实现多对一关联映射，可以使用元素(　　)。

A．<many-to-one>　　B．<property>

C．<class>　　D．<many-to-many>

5. 要设置延迟检索策略，可以将 lazy 属性设置为(　　)。

A．false　　B．true　　C．yes　　D．no

二、填空题

1．Hibernate 配置文件中的<mapping resource/> 用来对________进行配置。

2．映射 Java 基本类型为 String 的属性，Hibernate 的映射类型为________。

3．要实现查询数据，可使用 session 的________。

4．Hibernate 映射文件中的<class>元素用来对________进行映射。

5．在 HQL 语法中，要实现排序查询，可以使用子句________。

三、上机实践

1．编写 Java Project，使用 Hibernate 编程读取 employees 职工表中的内容。

2．编写一个 Web project，使用 Hibernate 对顾客表 customers 进行 JSP 页面显示、分页显示、删除、增加、修改等操作，封装在 CustomerDao.java 类中。

注意：Web project 使用 Hibernate 与在 Java Project 下使用完全相同。

第 10 章 Struts 2 编程技术

学习目标

- MVC 模式
- Struts 2 概述
- 深入理解 Struts 2 的配置文件
- Action 访问 Servlet API
- Struts 2 校验框架
- Struts 2 拦截器
- Struts 2 转换器
- Struts 2 国际化
- Struts 2 上传下载
- Struts 2 标签使用

【参考图文】

10.1 MVC 模式

10.1.1 MVC 模式框架

MVC(Model-View-Controller)，把一个 Java 应用的输入、输出、处理流程按照 Model、View、Controller 的方式进行分离，即一个应用被分成三个层——模型层、视图层、控制层。MVC 模式框架如图 10.1 所示。

视图(View)：代表用户交互界面，对于 Web 应用来说，可以概括为 HTML、JSP 界面。一个应用可能有很多不同的视图，MVC 设计模式对于视图的处理仅限于视图上数据的采集和处理，以及用户的请求，并不包括在视图上的业务流程的处理。业务流程交给模型(Model)处理。例如，一个订单的视图只接受来自模型的数据并显示给用户，以及将用户界面的输入数据和请求传递给控制和模型。

模型(Model)：就是业务流程/状态的处理以及业务规则的制定。业务流程的处理过程对其他层来说是黑箱操作，模型接受视图请求的数据，并返回最终的处理结果。业务模型的设计可以说是 MVC 最主要的核心。做具体业务时我们将应用的模型按一定的规则抽取出来，抽取的层次很重要，这也是判断开发人员是否优秀的依据。业务模型还有一个很重

要的模型，即数据模型。数据模型主要指实体对象的数据保存(持续化)。例如，将一张订单保存到数据库，从数据库获取订单。我们可以将这个模型单独列出，所有与订单相关的数据库的操作(查询、删除、增加、修改订单)只限制在该模型中。

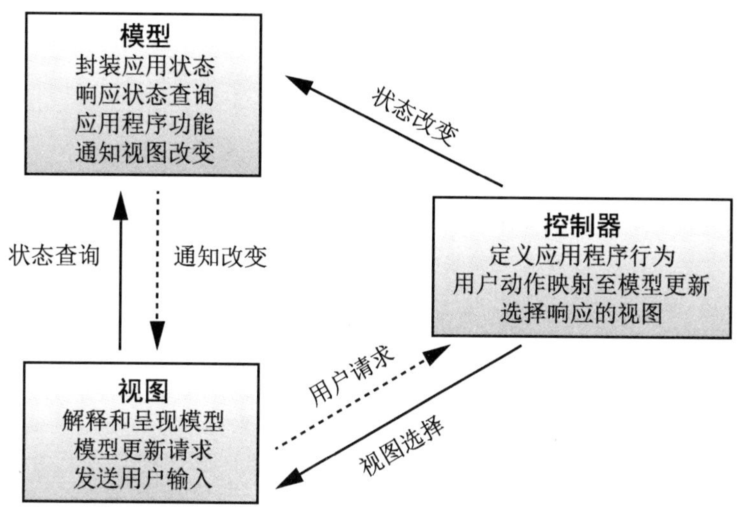

图 10.1　MVC 模式框架

控制(Controller)：可以理解为从用户接收请求，将模型与视图匹配在一起，共同完成用户的请求。划分控制层的作用也很明显，它清楚地告诉你，它就是一个分发器，选择什么样的模型，选择什么样的视图，可以完成什么样的用户请求。控制层并不做任何的数据处理。例如，用户单击一个链接，控制层接受请求后，并不处理业务信息，它只把用户的信息传递给模型，告诉模型做什么，选择符合要求的视图返回给用户。因此，一个模型可能对应多个视图，一个视图可能对应多个模型。

我们举例说明 MVC 架构。如果我们进行用户注册，View 就是 HTML 注册界面，该界面有一个表单供用户输入注册信息。单击“提交”按钮，这些注册信息被提交给一个 Servlet。该 Servlet 就是控制层，接收用户的输入，但 Servlet 并不将用户信息保存到数据库中。保存用户信息属于业务逻辑。该业务逻辑可以通过 JavaBean 实现，该 JavaBean 就是 Model 层。MVC 运行流程如图 10.2 所示。

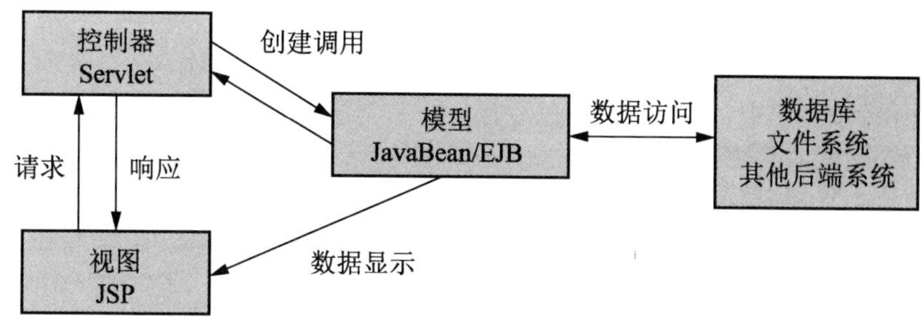

图 10.2　MVC 运行流程

10.1.2 MVC 分层架构

1. 基于纯 JSP 一层架构

基于纯 JSP 一层架构模式的代码(脚本)都在网页中编写，但会导致页面代码冗余臃肿，所以不推荐这种做法。

【例 10.1】JSP 一层架构示例，验证用户名与密码是否正确。

```
<%@ page language="java"  import="java.util.*" pageEncoding="gb2312"%>
<html>
  <body>
   <form action="Ex10_1.jsp" method="get">
      user<input type=text name="user"><br>
      pwd<input type=text name="pwd"><br/>
      <input type=submit value="提交"/>
    </form>
   <%
    String user=request.getParameter("user");
    String pwd=request.getParameter("pwd");
    /*以下是业务层代码*/
    if(user!=null&& pwd!=null){
       if(user.equals("admin")&&pwd.equals("123"))
           out.println("validate success!");
       else
          out.println("validate failure!");
     }
   %>
  </body>
</html>
```

2. 基于 JSP 和 Servlet 两层架构

这种方法在前面章节已经介绍过，它将控制层与业务逻辑层的代码给 Servlet。其比纯 JSP 模式有所改进，但会导致 Servlet 层代码臃肿。

【例 10.2】两层架构示例。

第 1 步：定义 JSP。

代码如下：

```
<%@ page language="java"  import="java.util.*" pageEncoding="gb2312"%>
<html>
 <body>
  <form action="validate" method="post">
     user<input type=text name="user"><br>
     pwd<input type=text name="pwd"><br/>
     <input type=submit value="提交"/>
   </form>
```

```
</body>
</html>
```

第 2 步：定义 Servlet。

代码如下：

```
public class validateservlet extends HttpServlet {
    public void doGet(HttpServletRequest request, HttpServletResponse
    response)
            throws ServletException, IOException {
        response.setContentType("text/html");
        PrintWriter out = response.getWriter();
        /*以下是控制层代码*/
        String user = request.getParameter("user");
        String pwd = request.getParameter("pwd");
        /*以下是业务层代码*/
        if(user!=null&&pwd!=null){
            if(user.equals("admin")&&pwd.equals("123"))
                out.println("validate success!");
            else
                out.println("validate failure!");
        }
    }
    public void doPost(HttpServletRequest request, HttpServletResponse
    response)
            throws ServletException, IOException {
        doGet(request,response);
    }
}
```

当然，还要配置 web.xml，使 JSP 能够调用 Servlet。

3. 基于 JSP、Servlet 及 JavaBean 三层架构

JSP 实现用户界面层 View，Servlet 实现控制层 Control，JavaBean 实现业务逻辑层 Model。

【例 10.3】三层架构示例。

第 1 步：创建 JSP，编写界面供用户输入。其代码与例 10.2(1)相同。

第 2 步：创建 JavaBean，实现业务逻辑，即验证用户名与密码是否合法。

代码如下：

```
public class UserDao {
    public boolean validate(String user, String pwd) {
        if (user.equals("admin") && pwd.equals("123"))
            return true;
        else
            return false;
```

```
    }
}
```

第 3 步：定义 Servlet。接收从 JSP 页面用户的输入，调用 JavaBean。

代码如下：

```
public class validateservlet extends HttpServlet {
   public void doGet(HttpServletRequest request, HttpServletResponse
   response)
           throws ServletException, IOException {
       response.setContentType("text/html");
       PrintWriter out = response.getWriter();
       /*以下是控制层代码*/
       String user = request.getParameter("user");
       String pwd = request.getParameter("pwd");
       /*以下是业务层代码*/
       /*调用 JavaBean 实现业务逻辑，这里是验证用户合法性。
        * 可以在 JavaBean 中访问数据库
        */
       UserDao dao = new UserDao();
       if(dao.validate(user,pwd))
           out.println("validate success");
       else
           out.println("validate failure");
   }
   public void doPost(HttpServletRequest request, HttpServletResponse response)
           throws ServletException, IOException {
       doGet(request,response);
   }
}
```

最后，还要配置 web.xml 文件，使 JSP 能够调用 Servlet。

这种架构采用了较佳的 MVC 模式，但增加了编写复杂度。Struts 是 Apache 基金会 Jakarta 项目组的一个 Open Source (开源)项目，它采用 MVC 模式，能够很好地帮助 Java 开发者利用 J2EE 开发 Web 应用。和其他的 Java 架构一样，Struts 也是面向对象设计，将 MVC 模式“分离显示逻辑和业务逻辑”的能力发挥得淋漓尽致。

10.2 Struts 2 概述

Struts 2 是 Struts 的下一代产品。Struts2 对 Struts1 和 WebWork 的技术进行了整合，推出了全新的 Struts 2 框架。Struts 2 的体系结构与 Struts 1 的体系结构差别巨大。Struts 2 以 WebWork 为核心，采用拦截器的机制来处理用户的请求，这样的设计也使得业务逻辑控制器能够与 Servlet API 完全脱离开。Struts1 采用 Servlet 的机制来处理用户的请求。

Struts 2 框架中有很多新的特性。Struts 2 的所有类都基于接口，核心接口独立于 HTTP。

Struts 2 配置文件中的大多数配置元素都会有默认值，所以不需要设定值，除非需要不同的值，这有助于减少在 XML 文件中需要进行的配置。

10.2.1　Struts 2 体系结构

Struts 2 实现了 MVC 的各项特性，是一个非常典型的 MVC 框架。与 Struts 2 紧密相关的两个概念如下：

(1) Action：Action 是由开发人员编写的类，负责 Web 应用程序中实现页面跳转的具体逻辑。

(2) Interceptor：拦截器(Interceptor)是动态拦截 Action 时调用的对象。

Struts 2 使用多个拦截器来处理用户的请求，实现用户的业务逻辑代码与 Servlet API 分离，如图 10.3 所示。

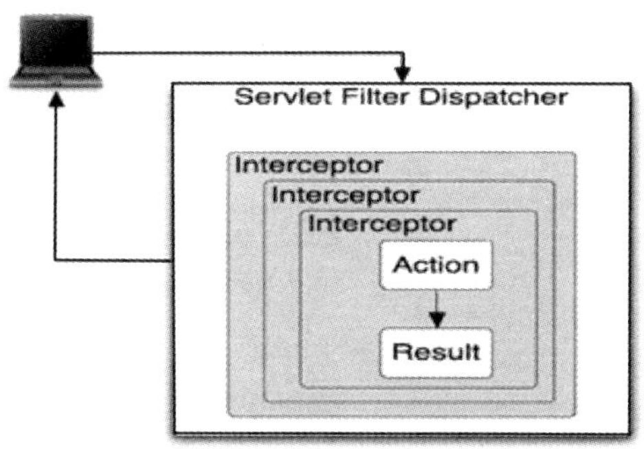

图 10.3　Struts 2 拦截器

Struts 2 为拦截器提供了全面支持，拦截器可在 Action 类执行前后执行。

拦截器经配置后，可以把工作流程或者验证等常见功能派发到请求上。所有请求通过一组拦截器传送，之后再发送到 Action 类。Action 类被执行后，请求按照相反顺序再次通过拦截器传送。

Struts 2 框架主要由三部分组成：核心控制器(Struts Prepare and Execute Filter)、业务控制器和用户定义的业务逻辑组件 (注意，以前核心控制器使用 Filter Dispatcher)。

1. 核心控制器

Filter Dispatcher 是早期 struts 2 的过滤器，可以对客户端 URL 请求进行过滤，即将 request 请求转发给对应的 Action 去处理。作为核心控制器，该过滤器将负责处理用户所有以.action 结尾的请求。从 Strnts 2.1.3 版本以后官方推荐使用 Struts Prepare and Execute Filter。

2. 业务控制器

业务控制器组件就是用户实现的 Action 类实例。Action 类通常包含一个 execute()方法，返回一个字符串作为逻辑视图名。在创建了 Action 类之后我们还需要在 struts.xml 文件中配置此 Action 的相关信息。

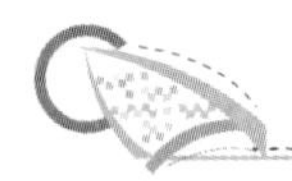

3. 业务逻辑组件

业务逻辑组件通常是指用户自己针对系统功能开发的功能模块组件。其被业务控制器组件调用，用来处理业务逻辑。Struts 2 体系结构如图 10.4 所示。

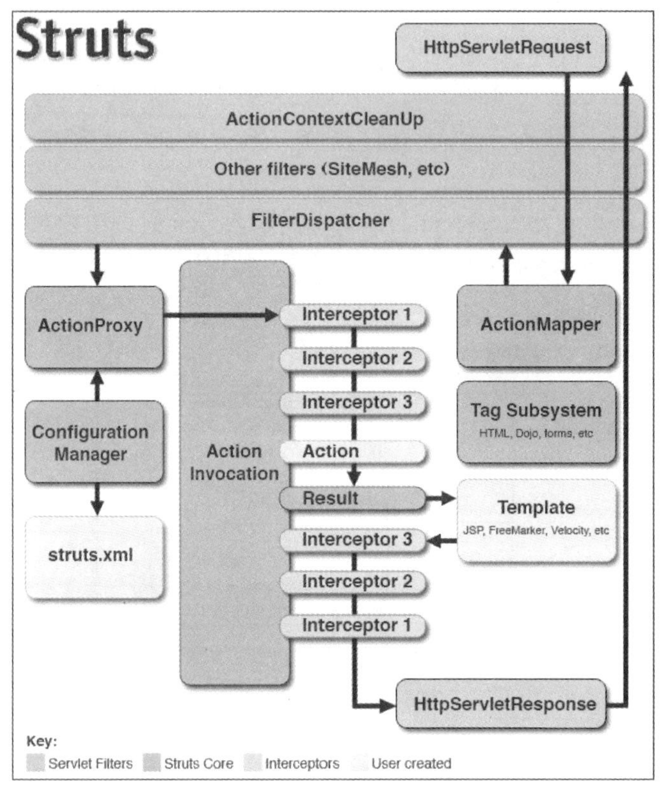

图 10.4 Struts 2 体系结构

10.2.2 Struts 2 框架的处理流程

Struts 2 框架的处理流程如下：

(1) 客户端浏览器发送一个请求。

(2) Web 服务器，如 Tomcat 收到该请求，读取配置文件，将该请求导向 Struts 2 的核心控制器 Struts Prepare and Execute Filter，Struts Prepare and Execute Filter 根据请求决定调用合适 Action。

(3) Struts Prepare and Execute Filter 在调用 Action 之前被 Struts 2 的拦截器拦截，拦截器自动对请求应用通用功能，如数据转换、校验等。

(4) 调用 Action 的 execute()方法，该方法根据请求的参数执行一定的操作。

(5) 依据 Action 的 execute()方法处理结果，导向不同的 URL。例如，在 execute()中验证用户，验证成功可以导向成功的页面，否则重新登录。

上述流程如图 10.5 所示。

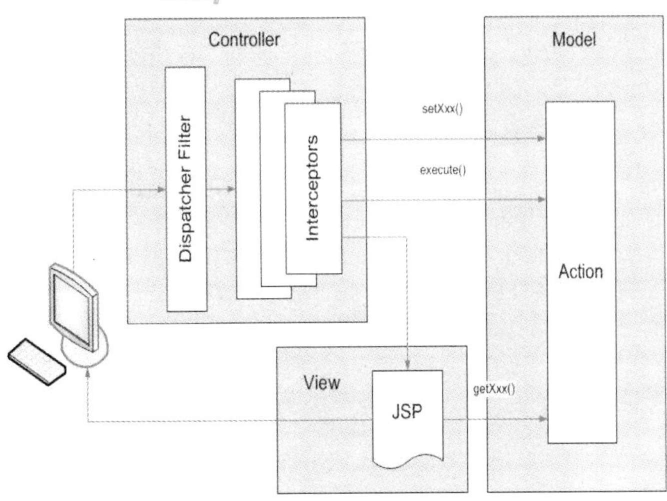

图 10.5　Struts 2 框架的处理流程

10.2.3　Struts 2 入门

到 Apache 网站中下载 Struts 2 的类库文件，网址为 http://struts.apache.org。

【例 10.4】Struts 2 入门示例。

第 1 步：新建一个 Web 工程，向工程中导入 Struts 核心包。Struts 核心包包括 commons-logging-1.0.4.jar、freemarker-2.3.8.jar、ognl-2.6.11.jar、Struts2-core-2.0.11.jar、xwork-2.0.4.jar。

提示：可以将包复制到 WEB-INF\lib 目录中，MyEclipse 可直接将包导入工程。

第 2 步：编写一个登录页面 login.jsp，注意使用 Struts 2 的标签。

代码如下：

```
<%@ page language="java" pageEncoding="utf-8"%>
<!DOCTYPE HTML PUBLIC "-//W3C//DTD HTML 4.01 Transitional//EN">
<!-- struts 2 标签库调用声明 -->
<%@taglib prefix="s" uri="/struts-tags"%>
<html>
<head>
   <title>登录页面</title>
</head>
<body>
   <!-- form 标签库定义，以及调用哪个 Action 声明 -->
<s:form action="Login" >
    <table width="60%" height="76" border="0">
        <!-- 各标签定义 -->
<s:textfield name="username" label="用户名" />
        <s:password name="password" label="密　码" />
<s:submit value="登录" align="center"/>
   </table>
</s:form>
```

```
</body>
</html>
```

第 3 步：编写一个登录成功后导向的页面。

代码如下：

```
<%@ page language="java" pageEncoding="gb2312"%>
<!DOCTYPE HTML PUBLIC "-//W3C//DTD HTML 4.01 Transitional//EN">
<!-- struts2 标签库调用声明 -->
<%@taglib prefix="s" uri="/struts-tags"%>
<html>
<head>
    <title>登录页面</title>
</head>
<body>
    login success
</body>
</html>
```

第 4 步：在 src 目录中添加一个配置文件 struts.xml，在 Web 服务器启动时读取该文件。

代码如下：

```
<?xml version="1.0" encoding="gb2312"?>
<!DOCTYPE struts PUBLIC
"-//Apache Software Foundation//DTD Struts Configuration 2.0//EN"
"http://struts.apache.org/dtds/struts-2.0.dtd">
<struts>
      <!-- Action 所在包定义 -->
    <package name="chapter10web" extends="struts-default">
       <!-- 通过 Action 类处理才导航的的 Action 定义 -->
       <action name="Login" class="com.action.LoginAction">
          <result name="input">/login1.jsp</result>
          <result name="success">/success.jsp</result>
       </action>
    </package>
</struts>
```

第 5 步：改写网站配置文件 web.xml，添加 Struts 2 过滤器。有了过滤器后，Web 服务器即可将 Struts 2 的控制器请求交给 struts 组件进行处理。

代码如下：

```
<?xml version="1.0" encoding="UTF-8"?>
<web-app version="2.5"
    xmlns="http://java.sun.com/xml/ns/javaee"
    xmlns:xsi="http://www.w3.org/2001/XMLSchema-instance"
    xsi:schemaLocation="http://java.sun.com/xml/ns/javaee
    http://java.sun.com/xml/ns/javaee/web-app_2_5.xsd">
    <filter>
```

```
        <filter-name>struts2</filter-name>
        <filter-class>
            org.apache.struts2.dispatcher.ng.filter.
            StrutsPrepareAndExecuteFilter
          </filter-class>
    </filter>
    <filter-mapping>
        <filter-name>struts2</filter-name>
        <url-pattern>/*</url-pattern>
    </filter-mapping>
</web-app>
```

第 6 步：建立控制器类 LoginAction，页面输入后导向该 Action，文件名为 LoginAction.java。在 Struts2 中，控制器类和普通类没有太大的区别。Action 如果继承 ActionSupport 类，可以使用该父类中的一些功能，如用户验证等。

代码如下：

```
public class LoginAction extends ActionSupport {
    // Action 类公用私有变量，用来做页面导航标志
    private static String FORWARD = null;
    private String username;
    private String password;
    public String getUsername() {
        return username;
    }
    public void setUsername(String username) {
        this.username = username;
    }
    public String getPassword() {
        return password;
    }
    public void setPassword(String password) {
        this.password = password;
    }
    public void validate() {
        if (getUsername() == null || getUsername().trim().equals("")) {
    // 返回错误信息键值,user.required包含具体内容见messageResource.properties
            addFieldError("username", getText("user.required"));
        }
        if (getPassword() == null || getPassword().trim().equals("")) {
            addFieldError("password", getText("pass.required"));
        }
    }
    public String execute() throws Exception {
      try {
            // 判断输入值是否是空对象或没有输入
```

```
            if (username.equals("admin") && password.equals("1234")) {
                // 根据标志内容导航到操作成功页面
                FORWARD = "success";
            } else {
                // 根据标志内容导航到操作失败页面
                FORWARD = "input";
            }
        } catch (Exception ex) {
            ex.printStackTrace();
        }
        return FORWARD;
    }
}
```

execute()方法为继承过来的方法，为控制器的核心方法，负责处理用户的请求操作。该程序中，username、password 为外部传入数据，它们为该 Action 定义的属性，通过相应的 getter()方法从 JSP 页面上获得输入的值。execute()方法的返回类型为字符串，根据返回值的结果可以到 struts.xml 配置文件中查找转向路径。

第 7 步：在 src 目录创建一个属性文件。属性文件中描述了资源文件名，文件名为 struts.properties，内容为 struts.custom.i18n.resources=messageResource。

第 8 步：在 src 目录添加一个资源属性文件。该资源文件描述了页面验证错误、错误提示信息。这里是 unicode 编码，所以中文使用 unicode 编码。文件名为 messageResource.properties。

user.required=用户名必填

pass.required=密码必填

注意：*应该把上述“用户名必填”“密码必填”转为 unicode 编码，MyEclipse 可以自动转码。*

第 9 步：将项目部署到 Web 服务器中。

根据该示例再次讨论一下 Struts 的运行流程：

首先在客户端输入 url：http://localhost:8080/chapter10web/login.jsp，单击“提交”按钮后向服务器端发出请求，请求/Login.action，该 URL 被 Struts 过滤器拦截，过滤器根据 URL 中的路径名 login.action 读取配置文件，该 Action 对应 Action 类是 LoginAction，则 Struts 2 控制器创建一个 LoginAction 实例，调用该实例的 setUsername()以及 setPassword()函数，实际参数值来源于客户端页面用户输入的 username、password 两个变量。然后调用 LoginAction 中的 execute()函数，根据该函数返回值导向不同的页面。如果是 success，则导向成功页面 success.jsp；如果是 input，则导向输入页面 login.jsp。

下面深入详解这个示例的各个部分。

10.3 深入理解 Struts 2 的配置文件

Struts 2 的配置文件很重要，是 Struts 2 的根本，读懂配置文件就基本了解了 Struts 2 。

Struts 2 体系结构的各个部分都依赖于它的配置文件，且都是自动加载。常见的配置文件如下：

(1) web.xml：包含所有必须的框架组件的 Web 部署描述符。如要使用 Struts 2，则必须在该文件中定义 Struts 2 的核心控制器以及过滤规则。

(2) struts.xml：主要负责管理应用中的 Action 映射关系，以及 Action 包含的 Result 定义等。

(3) struts.properties：定义了 Struts 2 框架的全局属性。

Struts 2 默认的加载顺序如下：struts-default.xml、struts-plugin.xml、struts.xml、struts.properties、web.xml。即先加载 struts-default.xml 配置文件，这是系统定义好的配置文件，其给出了应用程序所有的基本默认配置。而 struts.xml 配置文件是由编程人员来编写配置的，其中往往继承了前者中的默认配置。struts.properties 配置文件通常配置系统用到的一些常量，还可以配置 Struts 2 的加载顺序，它定义的常量可以覆盖前面配置文件定义的相同常量。最后加载的是 web.xml 文件。

下面我们介绍 Struts 2 常用的配置。

1. package 包配置

Struts 2 框架配置文件中的包由多个 Action、多个拦截器、多个拦截器引用构成。包的作用和 Java 中的类包非常相似，它主要用于管理一组业务功能相关的 Action，在实际应用中，我们应该把一组业务功能相关的 Action 放在同一个包下。

Struts 2 使用 package 来配置一个 Action，在<package>元素下的<action>子元素中配置 Action。

package 的配置元素包括：

(1) name：package 的名字，用于其他 package 引用该 package 时唯一标识该 package 的关键字。

(2) extends：定义 package 的继承源。package 可以继承其他 package 中的 Action 定义以及拦截器定义。

(3) namespace：为解决命名冲突，package 可以设置一个命名空间，命名空间的作用为访问该包下的 Action 路径的一部分。

(4) abstract：当 abstract="true"时，表示该 package 为抽象包。抽象包中意味着该 package 不能定义 Action。

通常每个包都应该继承 struts-default 包，因为 Struts 2 很多核心功能都是由拦截器来实现的。例如，从请求中把请求参数传到 Action，文件上传和数据验证等都是通过拦截器实现的，struts-default 定义了这些拦截器和 Result 类型。可以这么说，当包继承了 struts-default 后才能使用 Struts 2 提供的核心功能，struts-default 包就是在 Struts2-core-2.xx.jar 文件中的 struts-default.xml 中定义的，即 Struts 2 默认配置文件。

下面给出一个通常的配置示例。

```
<struts>
    <!-- Struts 2 的 Action 必须放在一个指定的包空间下定义 -->
```

```
    <package name="default" extends="struts-default">
      <!-- 定义处理请求 URL 为 login.action 的 Action -->
        <action name="login" class=action.LoginAction">
          <!-- 定义处理结果字符串和 URL 之间的映射关系 -->
            <result name="success">/success.jsp</result>
            <result name="input">/login.jsp</result>
        </action>
    </package>
</struts>
```

该示例中配置了一个名为 default 的包，该包定义了一个 Action。

2. namespace 命名空间配置

考虑到同一个 Web 应用中需要同名的 Action，Struts 2 以命名空间的方式来管理 Action，同一个命名空间不能有同名的 Action。

Struts 2 通过为包指定 namespace 属性为包下面的所有 Action 指定共同的命名空间。把上文的配置示例改为如下形式：

```
    <package name="admin" extends="struts-default" namespace="/admin">
        <!--  通过 Action 类处理才导航的的 Action 定义 -->
         <action name="Login" class="com.action.LoginAction" >
            <result name="input">/login.jsp</result>
            <result name="success">/success.jsp</result>
            <result name="error">/login.jsp</result>
        </action>
    </package>
```

该示例配置了包 admin，配置 admin 包时指定了该包的命名空间为/ admin。

对于包 default：没有指定 namespace 属性。如果某个包没有指定 namespace 属性，即该包使用默认的命名空间，默认的命名空间总是""。

对于包 admin：指定了命名空间/admin，则该包下所有的 Action 处理的 URL 应该是“命名空间/action 名”。例如，名为 com.action.LoginAction 的 Action，它处理的 URL 为：http://localhost:8080/chapter10web/admin/Login.action。

3. include 包含配置

在 Struts 2 中可以将一个配置文件分解成多个配置文件，此时我们必须在 struts.xml 中包含其他配置文件。例如：

```
<struts>
    <include file="struts-default.xml"/>
    <include file="struts-student.xml"/>
    <include file="struts-admin.xml"/>
    <include file="struts-user.xml"/>
   ......
</struts>
```

4. Action 配置

Action 是 Struts 2 的核心，开发人员需要根据业务逻辑实现特定的 Action 代码，并在 struts.xml 中配置 Action。

(1) Action 的配置元素包括：①Action 的 name，即用户请求所指向的 URL；②Action 所对应的 class 元素，对应 Action 类的全限定类名；③指定 result 逻辑名称和实际资源的定位关系。

(2) Action 映射。

Action 映射就是将一个请求 URL(即 Action 的名字)映射到一个 Action 类，当一个请求匹配某个 Action 的名字时，Struts 2 框架就使用这个映射来确定由该 Action 处理请求。Action 映射的简单配置见表 10-1。

表 10-1　Action 映射的简单配置

属　性	是否必须	说　明
name	是	Action 的名字，用于匹配 URL
class	否	Action 实现类的全限定类名
method	否	执行 Action 类时调用的方法
convert	否	应用于 Action 的类型转换的全限定类名

(3) Action 映射的配置形式。

①配置直接转发的请求。只定义 name 属性来表示要匹配的映射地址，并在子元素 <result>中配置要转发的页面。例如，对于 URL 类似为 http://localhost:8080/StrutsDemo/index.action 的请求，页面将跳转到 welcome.jsp，其形式如下：

```
<action name="index">
    <result>welcome.jsp</result>
</action>
```

②配置指定处理的 Action 类。可以使用 class 属性来指定要使用的 Action 类名。例如，定义了处理请求 URL 类路径为 UserAction，调用其 execute()方法。根据 execute()方法返回的值，决定页面的跳转。Action 配置可以添加多个<result>，这表示 Action 类可能会有多个返回结果，不同的返回结果跳转到不同的 JSP 页面，其形式如下：

```
<action name="user" class="edu.hdu.javaee.struts.UserAction" >
   <result name="success">/user.jsp</result>
   <result name="error">/error.jsp</result>
</action>
```

10.4　Action

10.4.1　Action 类文件

在 Struts 2 中，Action 不同于 struts1.x 中的 Action。在 Struts 2 中，Action 并不需要继

承任何控制器类型或实现相应接口，如 struts1.x 中的 Action 需要继承 Action 或者 DispatcherAction；同时 Struts 2 中的 Action 并不需要借助于 struts 1 中的 ActionForm 获取表单的数据，其直接通过与表单元素相同名称的数据成员(setter-getter()函数)获取页面表单数据。

虽然 Struts 2 中的 Action 原则上不用继承任何类，但是一般需要实现 Action 接口或者继承 ActionSupport 类，重写 execute()方法。如果继承 ActionSupport 类，我们可以在控制器中增加更多的功能，因为 ActionSupport 本身不但实现了 Action 接口，而且实现了其他的几个接口，让控制器的功能更加强大。例如，提供了 validate()方法，可以对 Action 中的数据进行校验；提供了 addFieldError()方法，可以存取 Action 级别或者字段级别的错误消息；提供了获取本地化信息文本的方法 getText()；提供了 getLocale()方法，用于获取本地信息。

从以上内容可以看到，继承 ActionSupport 可以完成更多的工作。

可以按照以下三种形式定义 Action 类。

(1) 基本形式：从 ActionSupport 类继承。例如：

```
public class LoginAction extends ActionSupport{
      private String username;
      private String password;
      /*getter/setter 代码略*/
      public void validate(){…}
      public String execute()throws Exception {….}
}
```

(2) 基本形式：从 Action 类继承。

实现 com.opensymphony.xwork2.Action 接口，该接口中定义了一些常量，如 SUCCESS，ERROR，以及一个 execute()方法。例如：

```
import com.opensymphony.xwork2.Action;
public class LoginAction implements Action {
     public String execute() {
        return SUCCESS;
      //SUCCESS 为常量，值为"success"，故也可以写为 return "success";
     }
}
```

(3) 普通 JavaBean。例如：

```
package com.bean;
public class LoginAction {
     private String username;
     private String password;
   /*getter/setter 代码略*/
    public String execute()throws Exception {…}
}
```

所以每个 Action 都有一个 execute()方法，以实现对用户请求的处理逻辑。Action 中的 execute()方法会返回一个 String 类型的处理结果，该 String 值用于决定页面需要跳转到哪个视图或者另一个 Action。

10.4.2 Action 动态处理函数

(1) Action 默认的 execute()函数。

一般客户端请求 URL 被 Struts 2 拦截后，根据 URL 指定 Action 名称，查找相应的 Action，默认调用 Action 类的 execute()函数。例如：

```
<package name="chapter10" extends="struts-default">
      <!-- 通过 Action 类处理才导航的 Action 定义 -->
  <action name="Login" class="com.action.LoginAction">
      <result name="input">/login.jsp</result>
      <result name="success">/success.jsp</result>
  </action>
</package>
```

(2) 如果不用调用默认 execute()方法，要求调用指定函数 fun()。

可以为同一个 Action 类配置不同的别名，并使用 method 属性指定 Action 调用的方法［而不是默认的 execute()方法］。Struts 2 根据 Action 元素的 method 属性查找对应请求的执行方法的过程如下：

(1) 首先查找与 method 属性值完全一致的方法。

(2) 如果没有找到完全一致的方法，则查找 doMethod()形式的方法。

(3) 如果仍然没有找到，则 Struts 2 抛出无法找到方法的异常。

其有两种形式：

第 1 种形式是修改配置文件，修改 Action 标记的 method 属性值。例如：

```
<action name="userLogin" class="com.action.LoginAction"  method="fun">
          <result name="input">/login.jsp</result>
     <result name="success">/success.jsp</result>
</action>
```

第 2 种形式是在页面 form 标记 Action 属性中指定调用处理方法名，如 Action 类编写如下：

```
public class LoginAction{
    public String fun1() throws Exception{
      ……
      }
     public String fun2() throws Exception{
     ……
     }
 }
```

然后，在页面 form 标记的 Action 属性中指定调用处理方法名，代码如下：

```
<form action="/login!fun1.action" method="post">
<form action="/login!fun2.action" method="post">
```

(3) 使用通配符映射方式。

配置文件 admin_* ：定义一系列请求 URL 是 admin_*.action 模式的逻辑 Action。例如：

```
<action name="admin_*"
      class="action.UserAction" method="{1}">
         <result name="input">/login.jsp</result>
      <result name="success">/success.jsp</result>
</action>
```

<action name="admin_*">定义一系列请求 URL 是 admin_*.action 模式的逻辑 Action。同时 method 属性值为一个表达式{1}，表示它的值是 name 属性值中第一个*的值。例如，用户请求 URL 为 admin_login.action 时，将调用 AdminAction 类的 login()方法；用户请求 URL 为 admin_regist.action 时，将调用到 AdminAction 类的 regist()方法。

10.4.3　Action 访问 Servlet API

在进行 Web 编程时，很多时候需要使用 Servlet 相关对象，如 HttpServletRequest、HttpServletResponse、HttpSession、ServletContext。我们可以将一些信息存放到 session 中，然后在需要的时候取出。Struts 2 中提供了一个 ActionContext 类(当前 Action 的上下文对象)，此类的 getContext()方法可以得到当前 Action 的上下文，也就是当前 Action 所处的容器环境，进而得到相关对象。下面是该类中提供的几个常用方法：

(1) public static ActionContext getContext() ：获得当前 Action 的 ActionContext 实例。

(2) public Object get(Object key) ：此方法类似于调用 HttpServletRequest 的 getAttribute (String name)方法。

(3) public void put(Object key, Object value) ：此方法类似于调用 HttpServletRequest 的 setAttribute(String name, Object o)方法。

(4) public Map getParameters() ：获取所有的请求参数，类似于调用 HttpServletRequest 对象的 getParameterMap()方法。

(5) public Map getSession() ：返回一个 Map 对象，该 Map 对象模拟了 HttpSession 实例。

(6) public void setSession(Map session) ：直接传入一个 Map 实例，将该 Map 实例里的 key-value 对转换成 session 的属性名——属性值对。

(7) public Map getApplication() ：返回一个 Map 对象，该对象模拟了该应用的 ServletContext 实例。

(8) public void setApplication(Map application) ：直接传入一个 Map 实例，将该 Map 实例里的 key-value 对转换成 application 的属性名——属性值对。

【例 10.5】在 Action 类中访问 web context 示例。

```
public class LoginAction extends ActionSupport {
   private String username;
   private String password;
```

```
    public String getUsername() {
        return username;
    }
    public void setUsername(String username) {
        this.username = username;
    }
    public String getPassword() {
        return password;
    }
    public void setPassword(String password) {
        this.password = password;
    }
public String fun3() throws Exception {
        if("admin".equals(this.username) &&"123".equals(this.password)){
            //获取 ActionContext 实例，通过它来访问 Servlet API
            ActionContext context = ActionContext.getContext();
            if(null != context.getSession().get("uName")){
             String msg = this.username + ": 你已经登录过了!";
             System.out.println(msg);
            }else{
            context.getSession().put("uName", this.username);
             }
            return  SUCCESS;
            }else{
             String msg = "登录失败，用户名或密码错";
             System.out.println(msg);
             return ERROR;
            }
        }
    }
}
```

通过 ActionContext.getContext()获取了 Action 上下文实例，通过它获取到了 session 对象，从而获取 session 对象中的存储对象。Struts 2 中通过 ActionContext 来访问 Servlet API，使 Action 彻底从 Servlet API 中分离出来，这种方法最大的好处就是可以脱离 Web 容器测试 Action。例如，对于例 10.5 的方法 fun3()，我们可以这样编写程序测试：

```
public class Demo {
    public static void main(String[] args) throws Exception {
        // TODO Auto-generated method stub
        LoginAction la = new LoginAction();
        la.setUsername("admin");
        la.setPassword("1234");
        la.fun3();
    }
}
```

10.5 Struts 2 校验框架

10.5.1 Struts 2 校验流程

输入校验几乎是任何一个系统都需要开发的功能模块，我们无法预料用户如何输入，但是必须全面考虑用户输入的各种情况，尤其需要注意那些非正常输入。Struts 2 提供了功能强大的输入校验机制，通过 Struts 2 内建的输入校验器，在应用程序中无须书写任何代码即可完成大部分的校验功能，并可以同时完成客户端和服务器端的校验。如果应用的输入校验规则特别，Struts 2 也允许通过重写 validate()方法来完成自定义校验。另外，Struts 2 的开放性还允许开发者提供自定义的校验器。

客户端的校验最基础的方法就是在页面写 JavaScript 代码手工校验，服务器端的校验最基础的方法就是在处理请求的 Servlet 的 service()方法中添加校验代码。

Struts 2 中可以通过重写 validate()方法来完成输入校验。如果我们重写了 validate()方法，则该方法会应用于此 Action 中的所有提供服务的业务方法。Struts 2 的输入校验流程如下：

(1) 类型转换器负责对字符串的请求参数执行类型转换，并将此值设置为 Action 的属性值。

(2) 在执行类型转换过程中可能出现异常，如果出现异常，则将异常信息保存到 ActionContext 中，conversionError 拦截器负责将其封装到 fieldError 里，然后执行第三步；如果转换过程没有异常信息，则直接进入第三步。

(3) 通过反射调用 validateXxx()方法，其中 Xxx 是即将处理用户请求的处理逻辑所对应的方法名。

(4) 调用 Action 类里的 validate()方法。

(5) 如果经过上面四步都没有出现 fieldError，将调用 Action 里处理用户请求的处理方法；如果出现了 fieldError，系统将转入 input 逻辑视图所指定的视图资源。类型转换流程如图 10.6 所示。

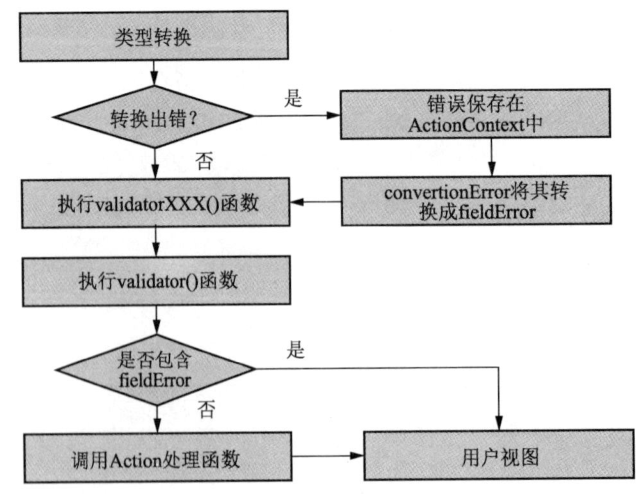

图 10.6 Struts 2 校验流程

【例 10.6】校验示例。

第 1 步：编写一个 Action 类，该 Action 接受页面提交过来的参数。

代码如下：

```
public class LoginValidateAction extends ActionSupport{
    // Action 类公用私有变量，用来做页面导航标志
    private static String FORWARD = null;
    private String username;
    private String password;
    public String getUsername() {
        return username;
    }
    public void setUsername(String username) {
        this.username = username;
    }
    public String getPassword() {
        return password;
    }
    public void setPassword(String password) {
        this.password = password;
    }
    public String execute() throws Exception {
        return SUCCESS;
    }
}
```

第 2 步：在该 Action 相同的目录下建一个 xml 文件，该文件的命名为 ActionName-validation.xml，其中 ActionName 为该 Action 的类名，如 LoginValidateAction-validation.xml。然后在 xml 配置文件中配置需要验证的字段。

代码如下：

```
<?xml version="1.0" encoding="UTF-8"?>
<!DOCTYPE validators PUBLIC
        "-//OpenSymphony Group//XWork Validator 1.0.3//EN"
        "http://www.opensymphony.com/xwork/xwork-validator-1.0.3.dtd">
<validators>
    <field name="username">
        <field-validator type="requiredstring">
            <message key="username.empty"/>
        </field-validator>
    </field>
    <field name="password">
        <field-validator type="requiredstring">
            <message key="密码不能为空"/>
        </field-validator>
        <field-validator type="stringlength">
```

```
        <param name="minLength">6</param>
        <param name="maxLength">16</param>
        <message key="username.size"></message>
        </field-validator>
    </field>
</validators>
```

其中，<validators>为根标签，<field>标签给出需验证的域，其要与 Action 的相应字段一致。type 为验证类型，其取值可以在 com/opensymphony/xwork2/validator/validators/default.xml 文件中找到。另外，这里的<message key="username.empty"/>和<message key="username.size"/>都是在 ApplicationMessages_en_US.properties 和 ApplicationMessages_zh_CN.properties 中定义的名值，是为了实现提示信息的国际化。在前者中其名值为

```
username.empty=username empty
username.size=size must between 6 and 12
```

在后者中其名值为

```
username.empty=\u7528\u6237\u540D\u4E3A\u7A7A(用户名为空)
username.size=\u957F\u5EA6\u57286\u523012\u4E4B\u95F4(长度在 6 到 12 之间)
```

这两个国际化文件的文件名前缀是在 struts.properties 中定义的，其名值为

```
struts.custom.i18n.resources=ApplicationMessages
```

第 3 步：在 struts.xml 文件中配置 Action，在 Action 配置中必须有 input 视图。

代码如下：

```
<action name="validate" class="com.action.LoginValidateAction">
     <result name="input">/loginvalidate.jsp</result>
      <result>/index.jsp</result>
</action>
```

第 4 步：添加一个 JSP 页面 loginvalidate.jsp，放入一个 Struts 标签<s:fielderror/>。

代码如下：

```
<%@ page language="java" import="java.util.*" pageEncoding="UTF-8"%>
<%@ taglib prefix="s" uri="/struts-tags" %>
<!DOCTYPE HTML PUBLIC "-//W3C//DTD HTML 4.01 Transitional//EN">
<html><body >
<form action="validate" method="post">
    <s:fielderror/><!--用来显示错误-->
    用户名:<input type="text" name="username"><br>
    密码:   <input type="text" name="password"><br>
    <input type="submit" value="提交">
   </form>
</body>
</html>
```

运行结果如图 10.7 所示。

图 10.7　loginvalidate.jsp 页面验证后运行结果

10.5.2　Struts 2 常见校验规则

【参考图文】

下面给出基础的 Struts 2 输入校验规则，代码如下：

```
<validators>
    <!--对必填校验-->
   <field name="requiredValidatorField">
      <field-validator type="required">
         <message>必填内容</message>
      </field-validator>
   </field>
    <!--必填字符串校验-->
   <field name="requiredStringValidatorField">
      <field-validator type="requiredstring">
         <param name="trim">true</param>
         <message>字符串必填校验</message>
      </field-validator>
   </field>
<!--对 int 类型的校验-->
<field name="integerValidatorField">
<field-validator type="int">
   <param name="min">1</param>
   <param name="max">10</param>
   <message key="validate.integerValidatorField" />
   </field-validator>
</field>
<!--对日期的校验-->
   <field name="dateValidatorField">
      <field-validator type="date">
      <param name="min">01/01/1990</param>
      <param name="max">01/01/2000</param>
      <message key="validate.dateValidatorField" />
      </field-validator>
   </field>
<!--对 E-mail 的校验-->
   <field name="emailValidatorField">
      <field-validator type="email">
      <message key="validate.emailValidatorField" />
      </field-validator>
```

```
    </field>
<!--对 URL 的校验-->
    <field name="urlValidatorField">
        <field-validator type="url">
        <message key="validate.urlValidatorField" />
        </field-validator>
    </field>
<!--对字符串长度的校验-->
    <field name="stringLengthValidatorField">
        <field-validator type="stringlength">
            <param name="maxLength">4</param>
            <param name="minLength">2</param>
            <param name="trim">true</param>
            <message key="validate.stringLengthValidatorField" />
        </field-validator>
    </field>
<!--对正则表达式的校验-->
    <field name="regexValidatorField">
        <field-validator type="regex">
        <param name="expression">.*\.txt</param>
        <message key="validate.regexValidatorField" />
        </field-validator>
    </field>
</validators>
```

10.5.3 Struts 2 中使用客户端输入校验

使用客户端输入校验可以减轻服务器的负担。Struts 2 对客户端的输入校验进行了封装，使得开发起来很容易。

【例 10.7】客户端校验示例。

第 1 步：编写 JSP 页面。

代码如下：

```
<%@ page language="java" pageEncoding="utf-8"%>
<!DOCTYPE HTML PUBLIC "-//W3C//DTD HTML 4.01 Transitional//EN">
<!-- struts2 标签库调用声明 -->
<%@taglib prefix="s" uri="/struts-tags"%>
<html>
<head>
    <title>注册页面</title>
</head>
<body>
    <s:form action="regist.action" validate="true" >
     <s:textfield name="username" label="用户名"/>
     <s:password  name="pass" label="密码"/>
```

```
        <s:textfield name="age" label="年龄"/>
        <s:submit  value="注册"/>
      </s:form>
   </body>
   </html>
```

这里要用 Struts 2 的标签，form 的 validate 属性要设置为 true，并且不要将 theme 属性指定为 simple (simple 表示 Struts 2 将把这个解析成普通的 HTML 标签) 。

第 2 步：编写校验配置文件(RegisterAction-validation.xml)。

这里的校验配置文件同之前的配置文件并没有不同，但是这里使用<message key="username.requried"/>无法从全局国际化资源中获取信息，只能使用<message>${getText("username.required")}</message>方式获取国际化资源。

第 3 步：部署并运行 JSP 页面。

验证运行结果如图 10.8 所示。

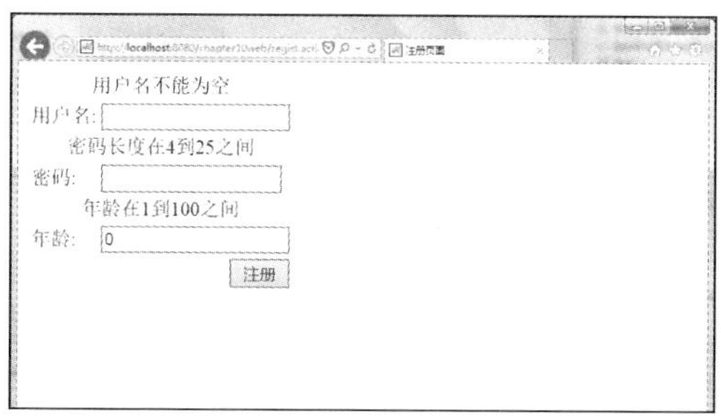

图 10.8　验证运行结果

部署运行后查看页面源代码，可以发现程序自动生成了在校验配置文件中对应的 JavaScript 代码。这是 Struts 2 自动生成的 JavaScript 代码。

注意： Struts 2 中并不是所有的服务器端校验都可以转换成客户端校验，客户端校验仅支持如下几种校验器：

① required validator：必填校验器。

② requiredstring validator：必填字符串校验器。

③ stringlength validator：字符串长度校验器。

④ regex validator：表达式校验器。

⑤ email validator：邮件校验器。

⑥ url validator：网址校验器。

⑦ int validator：整数校验器。

⑧ double validator：双精度数校验器。

当一个 Action 中有多个业务方法时，我们可能需要对其中的某个方法配置单独的校验规则，此时我们可以配置一个单独的校验文件，命名规则为<actionName>-<methodName>-validation.xml，可以看到这里多了一个方法名，这个方法名就是要校验的业务逻辑在 struts.xml 配置文件中配置的 name，这个文件也要同 Action 放在同一个目录下。

10.6 Struts 2 拦截器

10.6.1 拦截器的概念

拦截器(Interceptor)，在 AOP(Aspect-Oriented Programming，面向切面编程)中用于在某个方法或字段被访问之前进行拦截，然后在之前或之后加入某些操作。拦截是 AOP 的一种实现策略。

Struts 2 拦截器是动态拦截 Action 调用的对象。它提供了一种机制，使开发者可以定义一个特定的功能模块，这个模块可以在 Action 执行之前或者之后运行，也可以在一个 Action 执行之前阻止 Action 执行，同时也提供了一种可以提取 Action 中可重用的部分的方式。拦截器是 Struts 2 的核心组成部分，很多功能都是构建在拦截器基础之上的，如文件的上传和下载、国际化、转换器和数据校验等，Struts 2 利用内建的拦截器完成了框架内的大部分操作。

Struts 2 的拦截器和 Servlet 过滤器类似。在执行 Action 的 execute()方法之前，Struts 2 会首先执行在 struts.xml 中引用的拦截器，在执行完所有引用的拦截器的 intercept()方法后，会执行 Action 的 execute()方法。

Struts 2 拦截器类必须实现 Interceptor 接口或继承 AbstractInterceptor 类。

Struts 2 中有一个称为拦截器栈(Interceptor Stack)的概念，拦截器栈就是将拦截器按一定的顺序联结成一条链。在访问被拦截的方法或字段时，拦截器链中的拦截器就会按其之前定义的顺序依次被调用。

我们先通过 Java 代理实现一个拦截器，这可以通过实现 java.lang.reflect.InvocationHandler 接口提供一个拦截处理，然后通过 java.lang.reflect.Proxy 类得到一个代理对象，再通过这个代理对象来执行业务方法，在业务方法被调用的同时，执行处理器会被自动调用。

Java 动态代理只能对实现了接口的类生成代理，不能针对类。其实现主要是通过 java.lang.reflect.Proxy 类和 java.lang.reflect.InvocationHandler 接口。Proxy 类主要用来获取动态代理对象，InvocationHandler 接口用来约束调用者实现。

【例 10.8】 Java 拦截器示例。

第 1 步：建立一个拦截器的类 MyInterceptor，这里的 before()和 after()方法是以后拦截器会执行的方法。

代码如下：

```
package com.proxy;
public class MyInterceptor {
    public void before() {
        System.out.println("拦截器 MyInterceptor 方法调用:before()!");
    }
    public void after() {
        System.out.println("拦截器 MyInterceptor 方法调用:after()!");
    }
}
```

第 2 步：模拟一个业务组件接口 ModelInterface 和一个业务组件实现类 ModelImpl。代码如下：

```
package com.proxy;
public interface ModelInterface {
     public void myfunction();
}
package com.proxy;
public class ModelImpl implements ModelInterface {
    public void myfunction() {
        System.out.println("业务方法调用:myfunction()");
    }
}
```

第 3 步：创建一个动态代理类 DynamicProxy，这个类可实现 InvocationHandler 接口。InvocationHandler 是代理实例的调用处理程序实现的接口。每个代理实例都具有一个关联的调用处理程序。对代理实例调用方法时，将对方法调用进行编码并将其指派到它的调用处理程序的 invoke()方法。也就是说，调用一个功能，不直接调用原类而去调用它的代理，代理通过反射机制找到该功能的方法，然后代理自己去执行，所以 invoke()会自动执行。

代码如下：

```
public class DynamicProxy implements InvocationHandler {
    private Object model;//被代理对象
    private MyInterceptor inceptor = new MyInterceptor();//拦截器
    /*动态生成一个代理类对象,并绑定被代理类和代理处理器*/
    public Object bind(Object business) {
        this.model = business;
        return Proxy.newProxyInstance(
                //被代理类的 ClassLoader
                model.getClass().getClassLoader(),
                //要被代理的接口,本方法返回对象会自动声称实现了这些接口
                model.getClass().getInterfaces(),
                //代理处理器对象
                this);
    }
    /*
     * 代理要调用的方法,并在方法调用前后调用连接器的方法
     * proxy 为代理类对象、method 为被代理的接口方法、args 为被代理接口方法的参数
     */
    public Object invoke(Object proxy, Method method, Object[] args)
            throws Throwable {
        Object result = null;
        inceptor.before();
        result = method.invoke(model, args);
        inceptor.after();
        return result;
```

```
    }
}
```

动态代理类的原理实际上是使得当执行一个动态方法的时候，它可以把这个动态方法分配到这个动态类上来，这样就可以在执行这个方法的前后嵌入其他的一些方法。

第 4 步：编写一个类进行测试。

代码如下：

```
package com.proxy;
public class TestProxy {
    public static void main(String[] args) {
        //生成动态代理类实例
        DynamicProxy proxy = new DynamicProxy();
        //生成待测试的业务组件对象
        ModelInterface obj = new ModelImpl();
        //将业务组件对象和动态代理类实例绑定
        ModelInterface businessProxy = (ModelInterface) proxy.bind(obj);
        //用动态代理类调用方法
        businessProxy.myfunction();
    }
}
```

运行结果如图 10.9 所示。

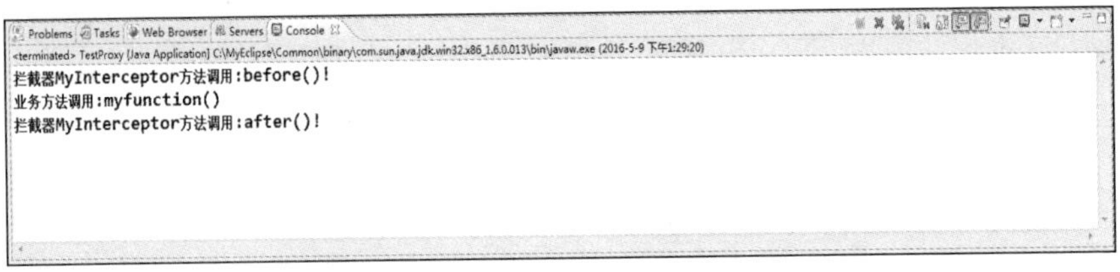

```
拦截器MyInterceptor方法调用:before()!
业务方法调用:myfunction()
拦截器MyInterceptor方法调用:after()!
```

图 10.9　Java 拦截器运行结果

10.6.2　Struts 2 拦截器入门

本节以建立 Struts 2 框架中的拦截器为例进行介绍。

【例 10.9】Struts 2 拦截器示例。

第 1 步：创建一个拦截器的触发页面。

代码如下：

```
<%@ page language="java" pageEncoding="UTF-8"%>
<%@ taglib prefix="s" uri="/struts-tags"%>
<html>
    <head></head>
    <body>
        <s:form action="test_interceptor">
            <s:textfield name="username" label="username"></s:textfield>
            <s:submit name="submit"></s:submit>
```

```
        </s:form>
    </body>
</html>
```

第 2 步：定义拦截器类。

代码如下：

```
public class MyInterceptor1 implements Interceptor {
    public void init() {//覆盖 Interceptor 接口中的 init ()函数
        System.out.println("拦截器已经被加载");
    }
    public void destroy() {//覆盖 Interceptor 接口中的 destroy()函数
        System.out.println("destroy");
    }
    /*覆盖 Interceptor 接口中的 intercept()函数*/
    public String intercept(ActionInvocation invocation) throws Exception {
        System.out.println("调用 intercept 方法");
        /* invocation.invoke()方法检查是否还有拦截器。有的话继续调用余下的拦截器，
          没有了则执行 action 的业务逻辑*/
        String result = invocation.invoke();
        return result;
    }
}
```

第 3 步：Struts 2 配置文件，配置拦截器的映射。

代码如下：

```
<package name="myinterceptor" extends="struts-default">
        <!-- 定义拦截器 -->
        <interceptors>
          <interceptor name="myInterceptor" class="com.interceptor.
          MyInterceptor1"/>
        </interceptors>
        <!-- 配置 Action -->
         <action name="test_interceptor" class="com.action.InterceptorTest">
            <result name="success">/interceptorsuccess.jsp</result>
            <result name="input">/test_interceptor.jsp</result>
            <!-- 将声明好的拦截器插入 Action 中 -->
            <interceptor-ref name="myInterceptor" />
            <interceptor-ref name="defaultStack" />
        </action>
    </package>
```

第 4 步：通过拦截器后进入 Action。

代码如下：

```
public class  InterceptorTest extends ActionSupport {
    private String username;
```

```
    public String getUsername() {
        return username;
    }
    public void setUsername(String username) {
        this.username = username;
    }
    public String execute() throws Exception {
         System.out.println("此时所有拦截器完毕，调用 Action 中的 execute()方法");
         return SUCCESS;
    }
}
```

第 5 步：通过 Action 处理后的视图页面。

代码如下：

```
<%@ page language="java"  pageEncoding="UTF-8"%>
<!DOCTYPE HTML PUBLIC "-//W3C//DTD HTML 4.01 Transitional//EN">
<html>
    <body>通过 Interceptor 处理后的视图页面</body>
</html>
```

拦截器控制台部分运行结果如图 10.10 所示。

```
信息: Jk running ID=0 time=0/47  config=null
2016-5-31 12:11:30 org.apache.catalina.startup.Catalina start
信息: Server startup in 31353 ms
调用intercept方法
此时所有拦截器完毕，调用action中的execute方法
```

图 10.10　拦截器控制台部分运行结果

10.6.3　在 Struts 2 中配置自定义的拦截器

在 Struts 2 中配置自定义的拦截器有两种方式：

(1) 扩展拦截器接口的自定义拦截器配置。例 10.9 实际上就是一个扩展拦截器接口的自定义拦截器配置实例。

(2) 继承抽象拦截器的自定义拦截器配置，代码如下：

```
public class MyInterceptor3 extends AbstractInterceptor {
   public String intercept(ActionInvocation arg) throws Exception {
        System.out.println("start invoking...");
        //执行 Action 或者下一个拦截器
        String result=arg.invoke();
        //提示 Action 执行完毕
        System.out.println("end invoking...");
        return result;
    }
}
```

拦截器映射配置如下：

```
<package name="myinterceptor" extends="struts-default">
      <!-- 定义拦截器 -->
      <interceptors>
          <interceptor name="myInterceptor3" class="com.zhou.
          MyInterceptor3"/>
      </interceptors>
      <!-- 配置 Action -->
     <action name="Login1" class="com.chen.LoginAction">
          <result name="success">/success.jsp</result>
          <result name="input">/Ex10_10_2.jsp</result>
          <!-- 引用自定义拦截器 -->
          <interceptor-ref name="myInterceptor3" />
          <!-- 引用默认拦截器 -->
          <interceptor-ref name="defaultStack" />
      </action>
  </package>
```

注意：struts.xml 配置文件中默认拦截器栈<default-interceptor-ref >定义。如果定义则所有 Action 都会执行默认拦截器栈的拦截器，并按照顺序从上到下执行。如果某个拦截器没有通过，则下面拦截器不会执行。如果没有定义默认拦截器栈，则默认拦截器栈不起作用。

10.7　Struts 2 转换器

10.7.1　在 Struts 2 中配置类型转换器

在 B/S 应用中，将字符串请求参数转换为相应的数据类型是 MVC 框架提供的基本功能。Struts 2 也提供了类型转换功能。

在 Struts 2 中分两种转换，一种是局部转换，另一种是全局类型转换。具体转换的实施需要一个转换类和一个自定义类。我们先来看局部类型转换。

对于 int、long、double、char、float 等基本类型，Struts 2 会自动完成类型转换。例如，age，年龄，在输入页面是 String 型的，到 Action 后会自动转换成 int 型。而如果是转换成其他类型的话，就需要自定义类型转换，这样就需要一个自定义类。要定义一个转换类，需要继承 ognl.DefaultTypeConverter 类 ，该类是类型转换的类。

【例 10.10】类型转换示例。

第 1 步： 编写转换类 PointConverter.java。

代码如下：

```
public class PointConverter extends DefaultTypeConverter {
    public Object convertValue(Map context, Object value, Class toType) {
    /*Map context 是页面上下文，Object value 是要进行类型转换的值。如果是从客户端到
自定义的类，那么 value 是个字符串。注意，value 是一个字符串的数组。因为在表单中可以有多个文
本域，而所有文本域可以是同一个名字，这时是考虑通用性而作为数组处理的。如果只有一个文本域，
```

```
则数组只有一个元素，下标为 0。Class toType 用来指定向哪一种类型转换，即是向类转换还是向客户端转换*/
            if (Point.class == toType) { //说明由客户端向类转换
                Point point = new Point();//实例化这个类
                String[] str = (String[]) value;
                String[] values = str[0].split(",");
                //下面部分代码就是进行转换处理
                point.setX(Integer.parseInt(values[0]));
                point.setY(Integer.parseInt(values[1]));
                return point;
            }
            if (String.class == toType) {//说明由类转换成 String
                Point point = (Point) value;//将类转成 String 的代码处理
                return point.toString();
            }
            return null;
        }
    }
```

第 2 步：编写 Point 类。

代码如下：

```
public class Point {
    private int x, y;
    public String toString() {
        return "(" + x + "," + y + ")";
    }
    public int getX() {
        return x;
    }
    public void setX(int x) {
        this.x = x;
    }
    public int getY() {
        return y;
    }
    public void setY(int y) {
        this.y = y;
    }
}
```

第 3 步： 编写 Action 类 TypeConverterAction.java。

代码如下：

```
public class TypeConverterAction extends ActionSupport {
    Point point;
    Date date1;
    public Date getDate1() {
        return date1;
```

```
    }
    public void setDate1(Date date1) {
        this.date1 = date1;
    }
    public Point getPoint() {
        return point;
    }
    public void setPoint(Point point) {
        this.point = point;
    }
    public String execute() throws Exception {
        System.out.println(point.toString());
        System.out.println(date1.toString());
        return SUCCESS;
    }
}
```

第 4 步：编写转换属性文件 TypeConverterAction-conversion.properties。内容为 point=com.converter.PointConverter

自定义类、转换类、Action 都创建好之后，要创建一个属性文件，放置在与 Action 同一包下。该属性文件名为 action 文件名-conversion.properties。文件中的内容如下：point=转换类名，即 point=com.PointConverter。

注意： point 是 Action 的一个属性，转换类指明所使用哪个转换类对此属性进行转换。

第 5 步：编写 JSP 页面。

代码如下：

```
<%@ page language="java" pageEncoding="UTF-8"%>
<%@ taglib prefix="s" uri="/struts-tags"%>
<html>
<body>
        <s:form action="converter">
            <s:textfield name="point" label="point"></s:textfield>
            <s:submit name="submit"></s:submit>
        </s:form>
    </body>
</html>
```

运行结果如图 10.11 所示。

```
tomcat6Server [Remote Java Application] C:\Program Files\Java\jdk1.6.0_23\bin\javaw.exe (2016-6-17 上午12:16:03)
信息: Deploying web application directory ROOT
2016-6-17 0:16:19 org.apache.coyote.http11.Http11Protocol start
信息: Starting Coyote HTTP/1.1 on http-8080
2016-6-17 0:16:19 org.apache.jk.common.ChannelSocket init
信息: JK: ajp13 listening on /0.0.0.0:8009
2016-6-17 0:16:19 org.apache.jk.server.JkMain start
信息: Jk running ID=0 time=0/30  config=null
2016-6-17 0:16:19 org.apache.catalina.startup.Catalina start
信息: Server startup in 13781 ms
(12,34)
```

图 10.11　例 10.10 运行结果

由以上示例可以得出类型转换的流程：

(1) 用户进行请求，根据请求名在 struts.xml 中寻找 Action。

(2) 在 Action 中，根据请求域中的名字寻找对应的 set()方法。找到后在赋值之前会检查该属性有没有自定义的类型转换。若没有，则按照默认进行转换；如果某个属性已经定义好了类型转换，则会去检查在 Action 同一目录下的 action 文件名-conversion.properties 文件。

(3) 从文件中找到要转换的属性及其转换类。

(4) 进入转换类中，在此类中判断转换的方向。我们是先从用户请求开始的，所以此时先进入从字符串到类的转换，返回转换后的对象，流程返回 Action。

(5) 将返回的对象赋值给 Action 中的属性，执行 Action 中的 execute()方法。

(6) 执行完 execute()方法，根据 struts.xml 的配置转向页面。

(7) 在 JSP 中显示内容时，根据页面中的属性名调用相应的 get()方法，以便输出。

(8) 在调用 get()方法之前，会检查有没有此属性的自定义类型转换。如果有，则再次跳转到转换类当中。

(9) 在转换类中再次判断转换方向，进入由类到字符串的转换，完成转换后返回字符串。

(10) 将返回的值直接带出到要展示的页面当中去显示。

我们知道，Struts 2 有两种类型的转换器，一是局部类型转换器，仅对某个 Action 的属性起作用，需提供属性文件，文件名为 Action 文件名-conversion.properties，内容为属性名=类型转换器类，如 date=com.DateConverter，存放位置与 ActionName 类相同路径；第二种是全局类型转换器，对所有 Action 的特定类型的属性都会生效，需提供属性文件，文件名为 xwork-conversion.properties，内容如 java.util.Date= com.DateConverter，存放位置为 WEB-INF/classes/目录下。

10.7.2 类型转换器应用示例

由于 Struts 2 对日期转换显示时，会显示日期和时间，现在项目只需要显示日期，所以采用自定义的类型转换器实现日期显示。

第 1 步：编写类型转换类。

代码如下：

```
public class DateConverter extends DefaultTypeConverter {
    private static String DATE_TIME_FOMART_IE = "yyyy-MM-dd";
    private static String DATE_TIME_FOMART_FF = "yy/MM/dd";
    @Override
    public Object convertValue(Map context, Object o, Class toClass) {
        // TODO Auto-generated method stub
        if (Date.class == toClass) { //说明由客户端向类转换
            Date date = null;
            String dateString = null;
            String[] values = (String[]) o;
            if (values != null && values.length > 0) {
```

```
                dateString = values[0];
                if (dateString != null) {
                    //匹配 IE 浏览器
                    SimpleDateFormat format = new SimpleDateFormat(
                            DATE_TIME_FOMART_IE);
                    try {
                        date = format.parse(dateString);
                    } catch (ParseException e) {
                        date = null;
                    }
                    //匹配 Firefox 浏览器
                    if (date == null) {
                        format = new SimpleDateFormat(DATE_TIME_FOMART_FF);
                        try {
                            date = format.parse(dateString);
                        } catch (ParseException e) {
                            date = null;
                        }
                    }
                }
            }
            return date;
        }
        if (String.class == toClass) {//说明由类转换成 String
            Date date = (Date) o;//将类转成 String 的代码处理
        SimpleDateFormat format = new SimpleDateFormat(DATE_TIME_FOMART_IE);
            String dateTimeString = format.format(date);
            return dateTimeString;
        }
        return null;
    }
}
```

第 2 步：编写 xwork-conversion.properties 配置文件。

其内容设置如下：

```
    java.util.Date=com.converter.DateConverter
```

第 3 步：仍然沿用例 10.10 第 3 步的 Action 类 TypeConverterAction.java。

第 4 步：编写 input.jsp 页面。

代码如下：

```
<%@ page language="java" pageEncoding="UTF-8"%>
<%@ taglib prefix="s" uri="/struts-tags"%>
<html>
    <head></head>
    <body>
```

```
        <s:form action="converter" >
            <s:textfield name="date1" label="date" ></s:textfield>
            <s:submit name="submit"></s:submit>
        </s:form>
    </body>
</html>
```

初始运行界面如图 10.12 所示。

图 10.12　input.jsp 初始运行界面

第 5 步：在 struts.xml 中配置 Action。

代码如下：

```
        <action name="converter" class="com.action.TypeConverterAction">
            <result name="success">/result.jsp</result>
            <result name="input">/test_converter.jsp</result>
        </action>
```

第 6 步：编写 result.jsp 文件。

代码如下：

```
<%@ taglib prefix="s" uri="/struts-tags"%>
<html>
  <head>
  </head>
  <body>
    <s:property value="point"/>
<s:property value="date1"/>
  </body>
</html>
```

运行结果如图 10.13 所示。

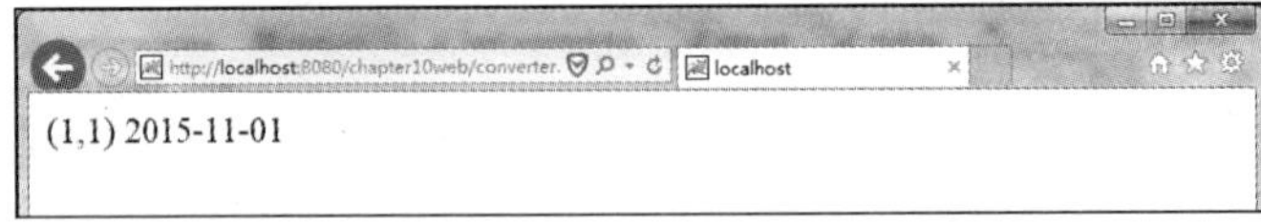

图 10.13　result.jsp 页面运行结果

这里显示的(1,1)是初始运行结果，后面的日期就是本例所要的结果，其中的时间并没有输出，这就是拦截器起的作用。<s:property>是 Struts 2 标签，用来输出数据，10.10 节会专门介绍。这里可以看出，通过拦截器可以直接输出对象类型，对象类型转换成字符串已经由拦截器完成。

10.8　Struts 2 国际化

所谓国际化，是 Web 系统在不同国家或地区被访问，其中的一些主要信息，如注册信息中字段、错误信息提示等显示结果应该与该地区或国家语言相同，这样用户可以很好理解网页。Web 系统国际化通过两步来完成：第一，通过将文字内容以特定的方式存放在特定的文件中；第二，在运行时根据当前的语言环境决定从哪个文件中读取文字内容。

【参考图文】

Java 中国际化的概念是将不同国家的语言描述的相同的东西放在各自对应的属性文件中，如果将该文件称为 message，那么对应语言的文件分别为

(1) 中文中国：message_zh_CN.properties。

(2) 日文日本：message_ja_JP.properties。

(3) 英文美国：message_en_US.properties。

特殊的格式使用替换 ASCII 的方式，Java 中提供了一个 native2ascii.exe 工具(在 ${JAVA_HOME}|bin 目录下)，该工具专门用来把某种特定的文字内容转变为特殊的格式。例如，message_zh_CN.properties 中的内容为“welcome=欢迎”，经过命令“native2ascii message_zh_CN.properties”的执行后输出“welcome=\u6b22\u8fce”。这里\u6b22 等的数字是对应汉字的 unicode 表示。然后即可把该内容作为 Message_zh_CN.properties 的内容。

Struts 2 的国际化分三种情况：前台页面的国际化、Action 类中的国际化、配置文件的国际化。首先指定全局的国际化资源文件，它在配置文件 struts.xml 中引入：

```
<constant name="struts.custom.i18n.resources" value = "message"></constant>
```

或在 struts.properties 文件中指定一行 struts.custom.i18n.resources=message。

可以根据常见语系与国家或地区命名多个资源文件名，当网页在某个国家或地区被访问，则系统自动读取相应的资源文件。资源文件命名规则为“XXX_语系_地区.properties”。

1. JSP 页面上的国际化

代码如下：

```
<s:i18n name="message">
 < !-- key="hello"依据读取资源文件中的 hello 关键字对应的内容,{0}表示第一个参
数输出位置, 即${username}在这里输出-->
 <s:text key="hello">
   <s:param>${username}</s:param>
 </s:text>
</s:i18n>
```

中英文资源如下：

message_en_US.properties 文件配置：

```
hello=hello world,{0}
```

message_zh_CN.properties 文件配置：

```
hello=你好,{0}
```

2. 表单元素的 Label 国际化

未国际化:

```
<s:textfield name="username" label="username"></s:textfield>
<s:textfield name="password" label="password"></s:textfield>
```

国际化后:

```
<s:textfield name="username" key="uname"></s:textfield>
<s:textfield name="password" key="pword"></s:textfield>
```

中英文资源如下：

message_en_US.properties 文件配置：

```
uname=username
pword=password
```

message_zh_CN.properties 文件配置：

```
uname=用户名
pword=密码
```

3. Action 中的国际化

未国际化:

```
this.addFieldError("username", "the username error!");
this.addFieldError("password", "the password error!");
```

国际化后:

```
this.addFieldError("username", "username.error");
this.addFieldError("password", "password.error");
```

中英文资源如下：

message_en_US.properties 文件配置:

```
username.error = the username error !
password.error = the password error!
```

message_zh_CN.properties 文件配置:

```
username.error=用户名错误!
username.error=密码错误!
```

4. 配置文件中的国际化

以输入校验的 LoginAction-validation.xml 为例：

```
<field name="username">
    <field-validator type="requiredstring">
      <param name="trim">true</param>
      <message key="username.empty"></message>
    </field-validator>
```

```
    <field-validator type="stringlength">
      <param name="minLength">6</param>
      <param name="maxLength">12</param>
      <message key="username.size"></message>
    </field-validator>
</field>
```

其中，username.empty 与 username.size 对应资源文件的 key。

中英文资源如下：

message_en_US.properties 文件配置：

```
username.empty = the username should not be empty!
Username.size = the size of username should be between 6 and 12!
```

message_zh_CN.properties 文件配置：

```
username.empty = 用户名不能为空!
Username.size = 用户名长度在 6 到 12!
```

10.9　Struts 2 上传下载

在 Java 领域中，有两个常用的文件上传下载项目：一个是 Apache 组织 Jakarta 的 Common-FileUpload 组件(http://commons.apache.org/fileupload)，另一个是 Oreilly 组织的 COS 框架(http://www.servlets.com/cos/)。利用这两个框架都能很方便地实现文件的上传下载。

10.9.1　上传文件

上传文件主要通过读写二进制流进行操作。Form 表单元素的 enctype 属性指定的是表单数据的编码方式，即 multipart/form-data。这种编码方式的表单会以二进制流的方式处理表单数据，会把文件域指定文件的内容也封装到请求参数里。

Struts 2 并未提供自己的请求解析器，即 Struts 2 不会自己去处理 multipart/form-data 的请求，它需要调用其他请求解析器，将 HTTP 请求中的表单域解析出来。但 Struts 2 在原有的上传解析器基础上做了进一步封装，更进一步简化了文件上传。

Struts 2 默认使用 Jakarta 的 Common-FileUpload 框架来上传文件，因此，要在 Web 应用中增加两个 Jar 文件：commons- fileupload-1.2.jar 和 commons-io-1.3.1.jar。

【例 10.11】文件上传示例。

第 1 步：创建带上传表单域的页面。

代码如下：

```
<%@ page language="java" contentType="text/html; charset=UTF-8"%>
<html>
<head>
   <title>Struts2 File Upload</title>
```

```
    </head>
    <body>
        <form action="fileUpload " method="POST" enctype="multipart/form-data">
            文件标题: <input type="text" name="title" size="50"/><br/>
            选择文件: <input type="file" name="upload" size="50"/><br/>
           <input type="submit" value=" 上传 "/>
        </form>
    </body>
    </html>
```

此页面特殊之处是把表单的 enctype 属性设置为 multipart/form-data。

第 2 步：创建处理上传请求的 Action 类。

代码如下：

```
public class FileUploadAction extends ActionSupport {
    private static final int BUFFER_SIZE = 16 * 1024;
    private String title; //文件标题
    private File upload; //上传文件域对象
    private String uploadFileName; //上传文件名
    private String uploadContentType; //上传文件类型
    private String savePath; //保存文件的目录路径(通过依赖注入)

    private static void copy(File src, File dst) {
        InputStream in = null;
        OutputStream out = null;
        try {
            in = new BufferedInputStream(new FileInputStream(src), BUFFER_SIZE);
            out = new BufferedOutputStream(new FileOutputStream(dst),
                    BUFFER_SIZE);
            byte[] buffer = new byte[BUFFER_SIZE];
            int len = 0;
            while ((len = in.read(buffer)) > 0) {
                out.write(buffer, 0, len);
            }
            in.close();
            out.close();
        } catch (Exception e) {
            e.printStackTrace();
        }
    }

    public String execute() throws Exception {
        //根据服务器的文件保存地址和原文件名创建目录文件全路径
        String dstPath = ServletActionContext.getServletContext().getRealPath(
                this.getSavePath())+ "\\" + this.getUploadFileName();
```

```
        System.out.println(dstPath);
        System.out.println("上传的文件的类型: " + this.getUploadContentType());
        File dstFile = new File(dstPath);
        copy(this.upload, dstFile);
        return SUCCESS;
    }

    public String getTitle() {
        return title;
    }

    public void setTitle(String title) {
        this.title = title;
    }

    public File getUpload() {
        return upload;
    }

    public void setUpload(File upload) {
        this.upload = upload;
    }

    public String getUploadFileName() {
        return uploadFileName;
    }

    public void setUploadFileName(String uploadFileName) {
        this.uploadFileName = uploadFileName;
    }

    public String getUploadContentType() {
        return uploadContentType;
    }

    public void setUploadContentType(String uploadContentType) {
        this.uploadContentType = uploadContentType;
    }

    public String getSavePath() {
        return savePath;
    }

    public void setSavePath(String savePath) {
```

```
        this.savePath = savePath;
    }
}
```

上面这个 Action 类中，提供了 title 和 upload 两个属性分别对应页面的两个表单域属性，用来封装表单域的请求参数。

但值得注意的是，此 Action 中还有两个属性，即 uploadFileName 和 uploadContentType。这两个属性分别用于封装上传文件的文件名和文件类型，这是 Struts 2 设计的独到之处。Struts 2 的 Action 类直接通过 File 类型属性封装了上传文件的文件内容，但该 File 属性无法获取上传文件的文件名和文件类型，所以 Struts 2 直接将文件域中包含的上传文件名和文件类型的信息封装到 uploadFileName 和 uploadContentType 属性中，即 Struts 2 针对表单中名为 XXX 的文件域，在对应的 Action 类中使用三个属性来封装该文件域信息：

(1) 类型为 File 的 xxx 属性：用来封装页面文件域对应的文件内容。

(2) 类型为 String 的 xxxFileName 属性：用来封装该文件域对应的文件的文件名。

(3) 类型为 String 的 xxxContentType 属性：用来封装该文件域应用的文件的文件类型。

另外，在这个 Action 类中还有一个 savePath 属性，它的值是通过配置文件动态设置的，这也是 Struts 2 设计中的一个依赖注入特性的使用。

第 3 步：配置 struts.xml 文件。

代码如下：

```
<action name ="fileUpload" class ="com.action.FileUploadAction">
    <interceptor-ref name="fileUpload">
    <!-- 配置允许上传的文件类型，多个用","分隔 -->
    <param name="allowedTypes"> application/octet-stream,application/
    x-zip-compressed,
  image/bmp,image/png,image/gif,image/jpeg,image/jpg,image/x-png,
  image/pjpeg,text/plain
    </param>
    <!-- 配置允许上传的文件大小，单位字节 -->
    <param name="maximumSize">10240000</param>
    </interceptor-ref>
    <interceptor-ref name="defaultStack" />
    <!-- 动态设置 Action 中的 savePath 属性的值 -->
    <param name="savePath">/upload</param>
    <result name="input">/index.jsp</result>
    <result name ="success">/showupload.jsp</result>
</action>
```

该配置文件与以前配置唯一不同的是为 Action 配置了一个<param…/>元素，用来为该 Action 的 savePath 属性动态注入值。

第 4 步：运行调试。运行前要在根目录下创建一个名为 upload 的文件夹，用来存放上传后的文件。

Struts 2 提供了一个文件上传的拦截器，名为 fileUpload，通过配置该拦截器，可以轻

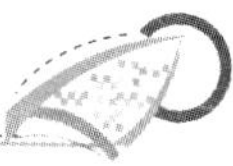

松地实现文件类型的过滤。在例 10.11 中，若要配置上传的文件只能是一些普通的图片文件格式，如 image/png、image/gif、image/jpeg、image/jpg 等，则可在 struts.xml 中进行过滤配置。

还要注意两个问题：

(1) 如果上传过程中出现错误，Struts 2 首先将错误信息放在 request 对象中，然后导向 input 指定的页面，而不是上传文件的页面。可以通过 String error = this.getFieldErrors().get("file").toString()；把错误信息读取出来，在 input 指定的页面显示错误信息。其中“file”指 Struts 2 file 标签里 name 的名字。

(2) Struts 2 默认文件上传最大为 2MB，即便设置了最大文件大小属性，当上传的文件大于 2MB 时也会出错。这时要设置另外一个常量 <constant name="struts.multipart.maxSize" value="10000000000"/>，要让 value 设置得比限定的上传最大值要大一些。

10.9.2　文件下载

下载文件是开发环节中不可缺少的一环，本节介绍在 Struts 2 中实现文件的下载功能。

【例 10.12】文件下载示例。

第 1 步：编写一个下载页面。

代码如下：

```
<%@ page contentType="text/html; charset=gb2312"%>
<%@taglib prefix="s" uri="/struts-tags"%>
<html>
  <a href="download.action">下载文件</a>
</html>
```

第 2 步：编写一个 Action 类。

代码如下：

```
public class DownloadAction extends ActionSupport{
    public InputStream getDownloadFile(){
        File file=new File("c:\\userlist.xls");
        FileInputStream fis=null;
        try{
            fis=new FileInputStream(file);
         }catch(FileNotFoundException e){
            e.printStackTrace();
        }
        return fis;
    }
    @Override
    public String execute() throws Exception {
        // TODO Auto-generated method stub
        return super.execute();
```

```
    }
  }
```

第 3 步：改写 struts.xml 配置文件。

代码如下：

```
<action name="download" class="com.action.DownloadAction">
          <result name="success" type="stream">
            <param name="contentType">application/vnd.ms-excel</param>
            <param name="contentDisposition">
              attachment;filename="AllUsers.xls"
            </param>
            <param name="inputName">downloadFile</param>
          </result>
        </action>
```

因为这里待下载的是一个 Excel 类型的文件，所以要配置以下设置属性：

(1) 参数 contentType 的路径指定为 application/vnd.ms-excel。

(2) 指定了以附件下载的方式，而不是在浏览器中打开的方式 attachment。

(3) 在下载提示框中指定的下载文件名为 AllUser.xls。

(4) 参数 inputName 指定为 downloadFile，该参数值对应在 Action 定义的下载使用的方法名。

10.10 Struts 2 标签

10.10.1 模板和主题

1. 模板

模板(Template)就是一些代码，在 Struts 2 中是由 FreeMarker 来编写的，标签使用这些代码能渲染生成相应的 HTML 代码。一个标签需要知道自己显示什么数据，以及最终生成什么样的 HTML 代码。

2. 主题

主题(Theme)就是一系列模板的集合。通常情况下，这一系列模板会有相同或者类似的风格，这样能保证功能或者视觉效果的一致性。

在 Struts 2 中，可以通过切换主题来切换标签的 HTML 风格。Struts 2 中的主题包括：

(1) simple：只生成最基本的 HTML 元素，没有任何附加功能。

(2) xhtml：在 simple 的基础上提供附加功能，提供布局功能，Label 显示名称，以及验证框架和国际化框架的集成。

(3) css_html: 在 xhtml 的基础上，添加对 CSS 的支持和控制。

(4) Ajax：继承自 xhtml，提供 Ajax 的支持。

其中，xhtml 为默认的主题。但是，xhtml 主题有一定的局限性，因为它使用表格进行

布局，只支持每一行放一个表单项，用其进行复杂的页面布局比较困难。

修改默认的主题的方法有两种，一种是在 struts.xml 中设置<constant name= "struts.ui.theme" value="simple" />，另一种是在 struts.properties 中设置 struts.ui.theme = simple。

Struts 2 标签分为两大类，即非 UI 标签和 UI 标签。UI 标签又分为表单 UI 和非表单 UI 两部分。

10.10.2　Struts 2 常用 UI 标签的使用

Struts 2 增加了几个经常在项目中用到的控件，如 datepicker、doubleselect、timepicker、optiontransferselect 等。其使用都比较简单，我们先介绍几个标签作为入门，标签的使用只需在需要时查找标签示例即可。最后通过一个综合示例说明其使用。

1. 单行文本框

Textfield 标签输出一个 HTML 单行文本输入控件，等价于 HTML，其语法格式为<input type="text">，其属性见表 10-2。

表 10-2　单行文本框标签属性

名称	必需	类型	描述
maxlength	否	Integer	文本输入控件可以输入字符的最大长度
readonly	否	Boolean	当该属性为 true 时，不能输入
size	否	Integer	指定可视尺寸
id	否	Object/String	用来标示元素的 id。在 UI 和表单中为 HTML 的 id 属性

以下是示例：

```
<s:form action = "login" method = "post">
   <s:textfield name = "userid" label ="用户名"></s:textfield>
</s:form>
```

2. 下拉列表

<s:select>标签输出一个下拉列表框，相当于 HTML 代码中的<select/>。其属性见表 10-3。

表 10-3　下拉列表标签属性

名称	必需	类型	描述
list	是	Collection Map、Enumeration、Iterator array	要迭代的集合，使用集合中的元素来设置各个选项，如果 list 的属性为 Map，则 Map 的 key 成为选项的 value，Map 的 value 会成为选项的内容
listKey	否	String	指定集合对象中的哪个属性作为选项的 value
listValue	否	String	指定集合对象中的哪个属性作为选项的内容
headerKey	否	String	设置当用户选择了 header 选项时，提交的 value，如果使用该属性，不能为该属性设置空值

以下是示例：

```
<s:form>
   <s:select label ="城市" name ="city" list="{'北京', '上海', '天津', '南京'}"
   />
</s:form>
<h3>使用 name 和 list 属性，list 属性的值是一个 Map</h3>
<s:form>
   <s:select label ="城市" name ="city" list=" #{1:'北京',2:'上海',3:'天津',4:'
   南京'}"/>
</s:form>
<h3>使用 headerKey 和 headerValue 属性设置 header 选项</h3>
<s:form>
  <s:select  label = "城市" name="city" list ="{'北京', '上海', '天津', '南京'}"
     headerKey ="-1" headerValue ="请选择您所在的城市"/>
</s:form>
<h3>使用 emptyOption 属性在 header 选项后添加一个空的选项</h3>
<s:form>
  <s:select  label ="城市" name="city" list ="{'北京', '上海', '天津', '南京'}"
     headerKey = "-1" headerValue ="请选择您所在的城市" emptyOption="true"/>
</s:form>
```

3. 复选框组

<s:checkboxlist>对应 Action 中的集合，其属性见表 10-4。

表 10-4 复选框组标签属性

名称	必需	类型	描述
list	是	Cellection Map、Enumeration、Iterator array	要迭代的集合，使用集合中的元素来设置各个选项，如果 list 的属性为 Map，则 Map 的 key 成为选项的 value，Map 的 value 会成为选项的内容
listKey	否	String	指定集合对象中的哪个属性作为选项的 value
listValue	否	String	指定集合对象中的哪个属性作为选项的内容

以下是示例：

```
<s:form>
  <s:checkboxlist name="interest" list="{'足球', '篮球', '排球', '游泳'}" label="
  兴趣爱好"/>
</s:form>
```

4. 日期控件

使用日期控件需要添加 struts2-dojo-plugin-2.1.8.1.jar。

以下是示例：

```
<%@ page language="java"  pageEncoding="utf-8"%>
```

```
<!DOCTYPE HTML PUBLIC "-//W3C//DTD HTML 4.01 Transitional//EN">
<!-- struts2 标签库调用声明 -->
<%@taglib prefix="s" uri="/struts-tags"%>
<%@taglib prefix="sd" uri="/struts-dojo-tags" %>
<html>
<head>
<s:head theme="xhtml"/>
<sd:head parseContent="true"/>
</head>
<body>
  <s:form method="post" theme="simple" >
      <sd:datetimepicker name="startDate" toggleType="explode"
          toggleDuration="400" displayFormat="yyyy-MM-dd" id="start"
          value="today" label="date">
      </sd:datetimepicker>
      <s:submit value="submit"></s:submit>
   </s:form>
</body>
</html>
```

运行结果如图 10.14 所示。

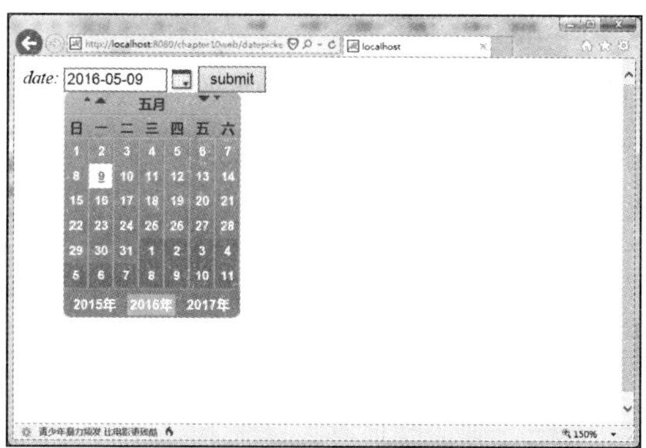

图 10.14　Struts 2 日期控件

注意，此时必须在前面加上以下标签代码：

```
<s:head theme="xhtml"/>
<sd:head parseContent="true"/>
```

同时，<s:form>标签的 theme 属性为 simple。

5. 综合示例

【例 10.13】综合示例。

```
<%@ page language="java" pageEncoding="UTF-8"%>
<%@ taglib prefix="s" uri="/struts-tags"%>
```

```
<html>
    <body>
    <center>
        <s:form action="userreg" method="post" theme="simple">
       <b>Textfield 标签--单行文本输入控件</b>
           <s:textfield name="uname" label="用户名" value="admin" size="20" />
           <br/><b>Textarea 标签--多行文本输入控件</b>
           <s:textarea name="note" label="备注" rows="4" cols="10" />
           <br/> <b>Radio 标签--单选按钮</b>
            <s:radio label="性别" name="sex" list="#{'male':'男','female':
            '女'}" />
           <br/> <b>checkboxlist--标签复选框</b>
             <s:checkboxlist name="hobby" label="爱好"list="{'体育','音乐',
             '读书'}"/>
           <br/>  <b>Select 标签--下拉列表框</b>
              <i>使用 name 和 list 属性，list 属性的值是一个列表:</i>
             <s:select label="最终学历" name="education" multiple="true"
                    list="{'初中','高中','本科','硕士','博士'}" size="3"/>
             <br/> <b>doubleselect 标签--关联 HTML 列表框，产生联动效果</b>
              <s:doubleselect label="请选择所在的省市"
                     name="province"  list="{'安徽省','上海市'}"
                     doubleName="city"
                     doubleList="top=='安徽省'?{'合肥市','马鞍山市','芜湖市'}:
                 {'杨浦区','浦东新区','静安区','闸北区'}" />
           <hr>
             <b>updownselect 标签--带有上下移动的按钮的列表框</b>
              <s:updownselect name="books" label="请选择您想选择的书籍"
                 labelposition="top" moveUpLabel="up" moveDownLabel="down"
                  selectAllLabel="all" list="#{1:'Java EE 编程技术',
                   2:'AOP 编程技术', 3:'C++',4:'开源编程技术'}"
                  listKey="key" listValue="value" size="2" />
             <br/> <b>optiontransferselect 标签</b>
              <s:optiontransferselect label="最喜欢的节日" name="likejr"
                    list="{'五一劳动节', '国庆节', '春节'}"
                    doubleName="cBook"
                    doubleList="{'元旦', '圣诞节', '万圣节'}" />
       </s:form>
       </center>
      </body>
</html>
```

运行结果如图 10.15 所示。这里要注意<s:form>的属性 theme 值需为 simple。

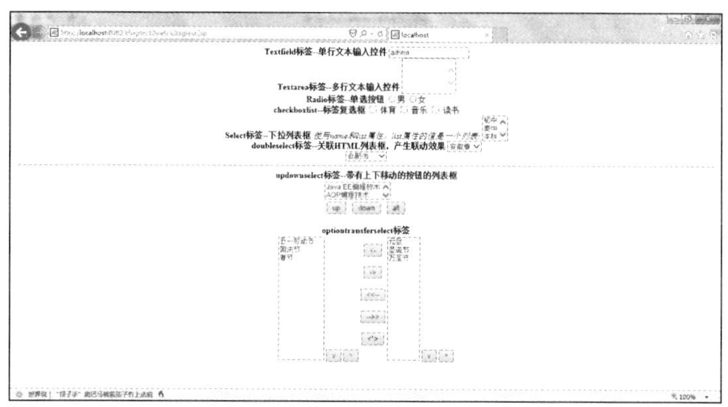

图 10.15　Struts 2 UI 标签综合示例

10.10.3　Struts 2 常用非 UI 标签的使用

1. 执行基本的条件流转(if、elseif 和 else)

在 Struts 2 if 标签里，可以直接使用 test="xxx==value"的方式进行值的比较，和 Java 的 if 语义一样，但是要注意这里的“==”和 Java 里的“==”是不一样的。Struts 2 if 标签会智能判断 XXX 的类型，无论是 int、double 还是 String 类型，都可以直接把 value 写成想要比较的值。请看如下代码：

```
<s:if test="strValue=='value'">String 比较</s:if>
<s:if test="intValue==3">int 比较</s:if>
<s:if test="doubleValue==1.23">double 比较</s:if>
```

2. 遍历集合标签

如果指定了 status，每次的迭代数据都有 IteratorStatus 的实例，它有以下几个方法：

(1) int getCount()：返回当前迭代了几个元素。

(2) int getIndex()：返回当前元素索引。

(3) boolean isEven()：判断当前的索引是否是偶数。

(4) boolean isFirst()：判断当前是否是第一个元素。

(5) boolean isLast()：判断是否到达最后一条记录。

(6) boolean isOdd()：判断当前元素索引是否是奇数。

请看以下示例：

```
<s:iterator value= "{'a', 'b', 'c', 'd'}" var = 'curchar' status =' statusvar'>
  <s:if test = "#statusvar.Even">
      现在的索引是奇数为: <s:property value ='#statusvar.index'/>
  </s:if>
  当前元素值: <s:property  />
</s:iterator>
```

运行结果为

```
当前元素值: a
```

```
现在的索引是奇数为: 1
当前元素值: b
当前元素值: c
现在的索引是奇数为: 3
当前元素值: d
```

其中，索引从 0 开始，序号从 1 开始。所以'a'元素索引为 0，序号为 1，因此其#statusvar.Even 值为奇数，所以不执行<s:if>标签里面的代码；而'b'索引为 1，序号为 2，所以#statusvar.Even 为偶数，输出索引为奇数 1。后面以此类推。

Struts 2 的<s:iterator>标签用于遍历集合或数组中所有元素，它有三个属性：value 为被迭代的集合，var 指定集合里面的元素，status 为迭代元素的状态。

下面再看一个示例。

【例 10.14】 Struts 2 迭代标记示例。

```
<%@ page language="java" import="java.util.*" pageEncoding="utf-8"%>
<%@ taglib prefix="s" uri="/struts-tags" %>
<!DOCTYPE HTML PUBLIC "-//W3C//DTD HTML 4.01 Transitional//EN">
<%
    List list = new ArrayList();
    list.add("Max");
    list.add("Scott");
    list.add("Jeffry");
    list.add("Joe");
    list.add("Kelvin");
    request.setAttribute("names", list);
%>
<html>
    <body>
        <h3>Names: </h3>
        <ol>
            <s:iterator value="#request.names" var="name" status="stuts">
                <s:if test="#stuts.odd == true">
                    <li><font color=gray>${name}</font></li>
                </s:if>
                <s:else>
                 <li><s:property /></li>
                </s:else>
            </s:iterator>
        </ol>
    </body>
</html>
```

运行结果如图 10.16 所示。

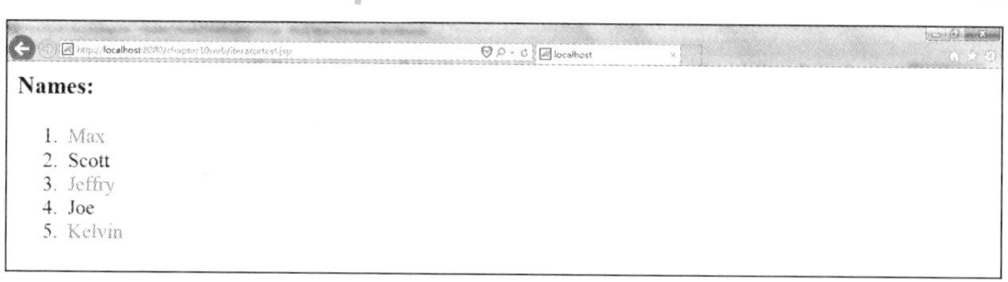

图 10.16 迭代标记运行结果

程序首先创建了一个 ArrayList，增加了五个字符串，然后将其存入 request 对象的属性 names 中。后面通过迭代标签的属性 value 中的值“#request.names”来访问这五个字符串元素。<s:if>标签通过判断 status 属性值 stuts 的属性 odd 是否为奇数，将索引为奇数的元素以红色字体显示，否则默认颜色显示。

3. 加载资源 i18n

【例 10.15】加载资源文件示例。

假设源代码目录已经建立文件 src\ApplicationMessage.zh_CN.propertie，内容为 Hello World=你好，世界！

```
<%@taglib prefix="s" uri="/struts-tags"%>
<html>
<head>
    <title>Internationization</title>
</head>
  <body>
     <h3>
         <s:i18n name="ApplicationMessages">
            <s:text name="HelloWorld"/>
         </s:i18n>
     </h3>
   </body>
</html>
```

当系统环境为中文时，显示结果为“你好，世界！”

本 章 小 结

本章介绍了第二个框架 Struts 2。Struts 2 实现了 View 以及 Controller 层。Struts 2 基于 MVC 架构，框架结构清晰。使用 Struts 2 进行开发，开发人员的关注点绝大部分是在如何实现业务逻辑上，开发过程清晰明了。

如何学习 Struts 2？首先要理解 Struts 2 的框架以及运行流程，读懂其配置文件。然后是理解 Struts 2 的校验框架以及拦截器。拦截器概念比较复杂，但其与 Filter 有些类似。最后才是 Struts 2 的常见技巧，如标签的使用等。

【参考图文】

习　　题

一、选择题

1．Action 中的默认方法是(　　)。

A．doPost()　　B．execute()　　C．doGet()　　D．Service()

2．Struts 2 配置文件 struts.xml 中，result 标记的默认类型是(　　)。

A．dispatcher　　B．redirect　　C．chain　　D．forward

3．Struts 2 中定义的 Action 类都要直接或者间接地实现(　　)接口。

A．Filter　　B．Servlet　　C．Action　　D．HttpServlet

4．在 JSP 中引入 struts 2 标签库的指令是(　　)。

A．page　　B．include　　C．taglib　　D．lib

5．Struts 2 配置文件 struts.xml 默认位置在(　　)路径下。

A．/WEB-INF/　　B．/WEB-INF/classes/

C．/WEB-INF/lib/　　D．/WEB-INF/src/

二、填空题

1．配置 Struts 2 提供的过滤器在________配置文件中进行配置。

2．在 struts.xml 中声明名称空间用到的属性是________。

3．在 Struts 2 中的零配置实现就是在 Action 类中使用________定义 Action 的资源。

4．在 struts.xml 中实现 Action 重定向，要配置的 type 属性是________。

5．在 Struts 2 中获取数据值，并将数据值直接输出到页面之中的标签是________。

三、上机实践题

1．完成一个用户登录，用户名以及密码为必填项。使用 Action 中的 validate ()函数进行验证。体会 Struts 2 基本流程。

2．接第 1 题，当用户输入的用户名不是 admin 或密码不是 12345 时要求用户重新登录，并给出错误提示。当用户填写正确时，导向一个成功页面，显示用户登录成功。

第 11 章

Spring 编程

学习目标

- ➢ 了解 Spring 开源框架
- ➢ 掌握 Spring IoC 控制反转
- ➢ 了解 Spring AOP 编程

【参考图文】

11.1 Spring 开源框架

Spring 在英语中含义是春天，对于 Java EE 开发者来说，Spring 框架出现确实带来了一股全新的春天的气息。早在 2002 年，Rod Johson 在其编著的 *expert one-to-one J2EE Design and Development* 书中，就对 Java EE 框架臃肿、低效、脱离现实的种种现状提出了很多质疑，并积极探索革新之道。由他主导编写了 Interface21 框架，从实际需求出发，着眼于轻便、灵巧，易于开发、测试和部署的轻量级开发框架。以 Interface21 框架为基础，并集成了其他许多开源成果，于 2004 年 3 月 24 日，发布了 1.0 正式版，命名为 Spring。

Spring 是为了解决企业应用程序开发复杂性而创建的，其最大特色就是将 Spring 分成了几个大的模块，使用者可以选择其中一个模块或多个模块为应用程序服务。Spring 的核心是一个轻量级容器，实现了 IoC(控制翻转)模式的容器，基于此核心容器所建立的应用程序可以达到程序组件的松散耦合(Loose Coupling)。这些特性都使得整个应用程序维护简化。 Spring 框架核心由图 11.1 所示的七个模块组成。

下面解释图 11.1 中的各个模块：

1. 核心容器

核心容器(Core)是 Spring 框架最基础的部分，它提供了依赖注入(Dependency Injection)特征来实现容器对 Bean 的管理。这里最基本的概念是 BeanFactory，它是任何 Spring 应用的核心。核心容器提供 Spring 框架的基本功能。核心容器的主要组件是 BeanFactory，它是工厂模式的实现。BeanFactory 使用控制反转 (IoC) 模式将应用程序的配置和依赖性规范与说明同实际的应用程序代码分开。

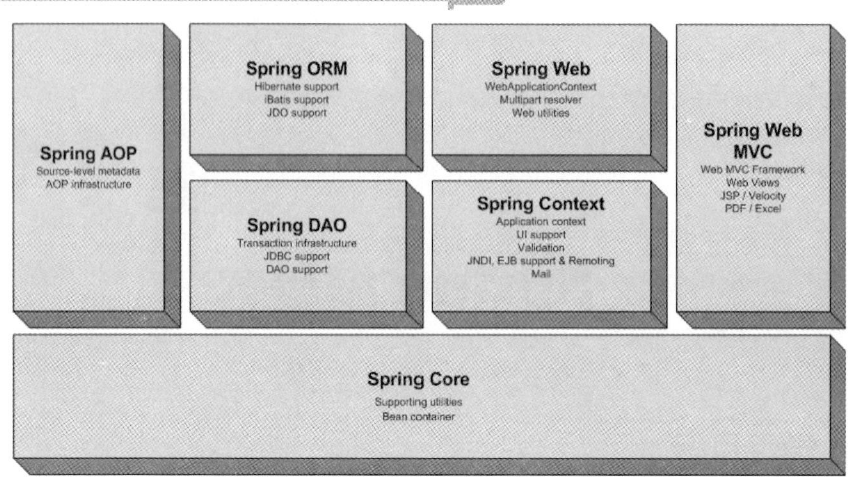

图 11.1　Spring 模块架构(来源于 Spring 官网)

2. AOP 模块

AOP 即面向切面编程技术，Spring 在其 AOP 模块中提供了对面向切面编程的丰富支持。AOP 允许通过分离应用的业务逻辑与系统级服务(如安全和事务管理)进行内聚性的开发。应用对象只实现它们应该做的——完成业务逻辑即可。它们并不负责其他的系统级关注点，如日志或事务支持。

Spring 的 AOP 模块也将元数据编程引入了 Spring。使用 Spring 的元数据支持，用户可以为源代码增加注释，指示 Spring 在何处以及如何应用切面函数。

3. 对象/关系映射(ORM)集成模块

我们已经学习了 Hibernate，这是成熟的 ORM 产品。Spring 并没有自己实现 ORM 框架，而是集成了几个流行的 ORM 产品，如 Hibernate、JDO 和 iBATIS 等。可以利用 Spring 对这些模块提供事务支持等。

4. JDBC 抽象和 DAO 模块

Spring 不仅是集成了 ORM 产品，而且提供了 JDBC 和 DAO 模块。该模块对现有的 JDBC 技术进行了优化。用户可以保持数据库访问代码干净简洁，并且可以防止因关闭数据库资源失败而引起的问题。

5. Spring 的 Web 上下文模块

Web 上下文模块建立于应用上下文模块之上，其提供了一个适合于 Web 应用的上下文。另外，该模块还提供了一些面向服务的支持，如实现文件上传的 multipart 请求；它也提供了 Spring 和其他 Web 框架的集成，如 Struts、WebWork。

6. 应用上下文(Context)模块

核心模块的 BeanFactory 使 Spring 成为一个容器，而上下文模块使其成为一个框架。Web 上下文模块建立于应用上下文模块之上，提供了一个适合于 Web 应用的上下文。另

外，该模块还提供了一些面向服务的支持。该模块扩展了 BeanFactory 的概念，增加了对国际化(il8n)消息、事件传播以及验证的支持。

另外，应用上下文模块提供了许多企业服务，如电子邮件、JNDI 访问、EJB 集成、远程以及时序调度(Scheduling)服务；也包括对模板框架，如 Velocity 和 FreeMarker 集成的支持。

7. Spring 的 MVC 框架

Spring 为构建 Web 应用提供了一个功能全面的 MVC 框架。虽然 Spring 可以很容易地与其他 MVC 框架集成，如 Struts 2，但 Spring 的 MVC 框架使用 IoC 对控制逻辑和业务对象提供了完全的分离。

Spring 的特点如下：

(1) 方便耦合，简化开发。通过 Spring 提供的 IoC 容器，将对象之间的依赖关系交由 Spring 进行控制，避免硬编码造成的过度程序耦合。

(2) AOP 编程的支持。通过 Spring 提供的 AOP 功能，方便进行面向切面的编程。

(3) 声明式事务的支持。Spring 可以帮助开发人员从单调烦闷的事务管理代码中解脱出来，通过声明式方式灵活地进行事务的管理，提高开发效率和质量。

(4) Spring 很好地集成了其他较成熟的开源产品，如 Struts、Hibernate 等。

(5) Spring 可以消除规定多样的定制属性文件的不同，用一致的配置操作贯穿整个应用和项目。

(6) Spring 可以更容易培养良好的编程习惯，利用接口代替类，针对接口编程，减小编程成本。

(7) Spring 提供了一致的数据访问框架，无论是 JDBC 或开源的 ORM 产品。

11.2　Spring 入门示例

本节通过一个示例来说明在项目中如何使用 Spring。建立好 Web 工程或 Java 工程后在 MyEclipse 中可以加入 Spring 的支持，导入 Spring 的核心包。如果是 Eclipse，则在 Spring 网站上下载 Spring 的核心包并加入工程中。

【例 11.1】Spring 入门示例 1。

第 1 步：编写一个普通的 Java 类(JavaBean)。

代码如下：

```
package com.chen;
public class Hello {
   public void sayHello(String name){
       System.out.println("Hello "+name);
   }
}
```

第 2 步：在 Spring 配置文件 applicationContext.xml 中将 JavaBean 由 Spring 容器来管理。

代码如下：

```
<?xml version="1.0" encoding="UTF-8"?>
<beans xmlns="http://www.springframework.org/schema/beans"
      xmlns:xsi="http://www.w3.org/2001/XMLSchema-instance"
      xsi:schemaLocation="http://www.springframework.org/schema/beans
      http://www.springframework.org/schema/beans/spring-beans-2.5.xsd "
>
     < !--在 Spring 中配置 Bean 的 id 以及所对应的类-->
     <bean  id="hello" class="com.chen.Hello"></bean>
     </beans>
```

第 3 步：使用 Spring 容器配置 Bean。

代码如下：

```
public class Test {
    public static void main(String[] args) {
      /*读取 Spring 配置文件，创建一个 Bean 工厂*/
      BeanFactory factory= new  ClassPathXmlApplicationContext(
                "applicationContext.xml");
      /*读取 Spring 容器一个称为 hello 的 Bean,Spring 容器自动创建对象实例*/
      Hello h=(Hello)factory.getBean("hello");
      h.sayHello("chen");
    }
}
```

【例 11.2】Spring 入门示例 2。

本例中使用了面向接口编程技术。

第 1 步：创建一个接口。

代码如下：

```
package com.dao;
public interface UserDao {
     public void save(String uname,String pwd);
}
```

第 2 步：创建一个实现类，将用户信息保存到 MySQL 数据库中。

代码如下：

```
package com.dao;
public class UserDaoMysqlImpl implements UserDao {
    public void save(String uname, String pwd) {
         System.out.println("---UserDaoMysqlImpl---");
     }
}
```

第 3 步：创建一个实现类，将用户信息保存到 Oracle 数据库中。

代码如下：

```
package com.dao;
public class UserDaoOracleImpl implements UserDao {
    public void save(String uname, String pwd) {
        System.out.println("---UserDaoOracleImpl---");
    }
}
```

第 4 步：创建一个管理类，将接口对象作为其属性。

代码如下：

```
package com.manager;
import  com.dao.*;
public class UserManager {
    private  UserDao dao; //将接口对象作为其属性
    public void save(String uname,String upwd){
         dao.save(uname, upwd);
    }
        public UserDao getDao() {
          return dao;
    }
    public void setDao(UserDao dao) {
        this.dao = dao;
    }
 }
```

第 5 步：在 Spring 配置文件 applicationContext.xml 中将 JavaBean 由 Spring 容器来管理。

代码如下：

```
<?xml version="1.0" encoding="UTF-8"?>
<beans
      xmlns="http://www.springframework.org/schema/beans"
      xmlns:xsi="http://www.w3.org/2001/XMLSchema-instance"
      xsi:schemaLocation="http://www.springframework.org/schema/beans
      http://www.springframework.org/schema/beans/spring-beans-2.5.xsd "
 >
  < !--配置 Bean，使 Bean 可以由 Spring 容器管理-->
  <bean id="oracleimpl" class="com.dao.UserDaoOracleImpl"></bean>
  <bean id="mysqlimpl" class="com.dao.UserDaoMysqlImpl"></bean>
  < !-- manager 的 dao 这个属性值依赖 Spring 来注入，可以在程序中无须代码改变，就可以
注入不同实例，本例中向 Oracle 保存数据就注入 oracleimpl ，如果之后再向 MySQL 中保存数据，
只需要修改注入实例，即注入 mysqlimpl 即可，代码并没有改变-->
  <bean id="manager" class="com.manager.UserManager">
    <property name="dao" ref="oracleimpl"></property>
  </bean>
</beans>
```

第 6 步：编写测试类。

代码如下：

```
public class Test {
    public static void main(String[] args) {
      /*读取 Spring 配置文件，创建一个 Bean 工厂*/
      BeanFactory factory=
              new ClassPathXmlApplicationContext("applicationContext.xml");
      /*读取 Spring 容器一个称为 hello 的 Bean，Spring 容器自动创建对象实例*/
      UserManager  manager=(UserManager)factory.getBean("manager");
      manager. save ("admin","1234");
      /*因为注入的是 oracleimpl，所以将信息保存到 Oracle 数据库中*/
    }
}
```

运行结果如图 11.2 所示。我们可以看到，程序调用了第 3 步的 save()方法，用到了 UserDaoOracleImpl 实现类。

```
log4j:WARN No appenders could be found for logger (org.sprir
log4j:WARN Please initialize the log4j system properly.
Hello chen
---UserDaoOracleImpl---
```

图 11.2　例 11.2 运行结果

11.3　Spring IoC 控制反转

IoC(Inversion of Control)中文译为控制反转，也可以称为 DI(Dependency Injection，依赖注入)。控制反转模式的基本概念是：不直接创建对象，但是描述创建它们的方式。在工程中使用该 Bean 时由 Spring 容器创建 Bean 的实例。在代码中不直接与对象和服务连接，但在配置文件中描述哪一个组件需要哪一项服务。

Spring 框架的控制反转有三种形式注入：接口注入、setter 注入和构造器注入。

(1) 接口注入常用来分离调用者和实现者。例如：

```
public class UserService {
  private UserDAO userDao;
  public void queryList() {
    Ojbect obj = Class.forName(
      Config.UserDAOImpl).newInstance();
    userDao = (UserDAO)obj;
    userDao.queryList() ;
   }
}
```

(2) setter 注入是指由外部容器通过 set()函数传入参数进行赋值。例如：

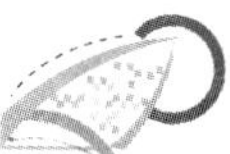

```
public class UserService {
    private UserDAO userDao;
    public void setUserDao(UserDAO dao) {
        this.userDao = dao;
    }
}
```

(3) 构造器注入是指依赖关系通过类构造函数建立，容器通过调用类的构造方法将其所需的依赖关系注入其中。例如：

```
public class UserService {
    private UserDAO userDao;
    public UserService (UserDAO dao) {
        this.userDao = dao;
    }
}
```

三种注入方式各有特点，具体选择哪种应该视实际情况而定。接口注入在灵活性、易用性上不如其他两种注入模式；setter 注入方式更加直观、明显，开发人员更容易理解、接受；构造器注入能够方便地控制依赖关系的注入顺序，更适用于依赖关系无须变化的 Bean，组件内部的依赖关系完全透明，更符合高内聚的原则。

11.3.1 Spring 依赖注入

Spring 依赖注入的目的是为其中 Bean 的属性赋值。下面介绍几个示例。

首先介绍通过 setter()方法注入的几个示例。

【例 11.3】一般属性赋值，即基本类型赋值示例。

第 1 步：编写 JavaBean。

代码如下：

```
package com;
public class User {
    private String uname,ubirth;
    private int id;
   ...//set(),get()函数
}
```

第 2 步：在配置文件中注入属性的初始值。

代码如下：

```
<bean  id="user" class="com.User">
   <property name="uname" value="chen"></property>
   <property name="ubirth" value="2000-12-12"></property>
   <property name="id" value="123"></property>
</bean>
```

【例 11.4】一般对象注入。

第 1 步：编写 JavaBean。

代码如下：

```
public class UserManager {
    private  User user;
    public void show(){
        System.out.println(user.getId() +","  + user.getUbirth());
    }
     public User getUser() {
         return user;
    }
    public void setUser(User user) {
        this.user = user;
    }
 }
```

第 2 步：在配置文件中注入对象及对象属性的初始值。

代码如下：

```
<bean  id="user" class="com.User">
   <property name="uname" value="chen"></property>
   <property name="ubirth" value="2000-12-12"></property>
   <property name="id" value="123"></property>
</bean>
<bean id="usermanager" class="com.UserManager">
   <property name="user"  ref="user"></property>
</bean>
```

然后，我们再看一个通过构造函数注入的示例。

【例 11.5】构造函数注入示例。

第 1 步：编写 JavaBean。

代码如下：

```
package com;
public class User {
     private String uname,ubirth;
     private int id;
     public User(String uname,String ubirth, int id){
       super();
       this.uname = uname;
       this.ubirth = ubirth;
       this.id = id;
     }
     public User(){
      }
 }
```

第 2 步：在配置文件中用 constructor-arg 注入构造函数参数值。

(1) 不指定 index 属性，按照书写顺序一次性给构造函数赋值。其代码如下：

```
<bean  id="user" class="com.User">
   <constructor-arg value="zhang san">
   </constructor-arg>
   <constructor-arg value="1990-12-12">
   </constructor-arg>
   <constructor-arg value="1001">
   </constructor-arg>
</bean>
<bean id="usermanager" class="com.UserManager">
  <property name="user"  ref="user"></property>
</bean>
```

(2) 通过 index 属性设置，指定参数的顺序。其代码如下：

```
<bean  id="user" class="com.User">
   <constructor-arg index = "0" value="zhang san">
   </constructor-arg>
   <constructor-arg index = "1" value="1990-12-12">
   </constructor-arg>
   <constructor-arg index = "2" value="1001">
   </constructor-arg>
</bean>
<bean id="usermanager" class="com.UserManager">
  <property name="user"  ref="user"></property>
</bean>
```

最后，我们再看集合与数组类型注入的示例。

【例 11.6】集合与数组类型注入示例。

第 1 步：编写 JavaBean。

代码如下：

```
public class Bean {
     private String arr[];
     private List list;
     private Map map;
     private Set set;
    public String[] getArr() {
       return arr;
    }
    public void setArr(String[] arr) {
       this.arr = arr;
    }
    public List getList() {
       return list;
```

```
    }
    public void setList(List list) {
        this.list = list;
    }
    public Map getMap() {
        return map;
    }
    public void setMap(Map map) {
        this.map = map;
    }
    public Set getSet() {
        return set;
    }
    public void setSet(Set set) {
        this.set = set;
    }
}
```

第 2 步：在配置文件中注入集合与数组类型属性初始值。

代码如下：

```
<bean id = "bean" class = "com.Bean.Bean">
    <!--数组属性注入值 -->
    <property name="arr">
        <value>c++,java,vb.net</value>
    </property>
    <!--list 集合属性注入值 -->
    <property name="list">
        <list>
        <value>chen</value>
        <value>zhang</value>
        <value>wang</value>
        </list>
    </property>
    <!--set 集合属性注入值 -->
    <property name="set">
        <set>
        <value>chen--set</value>
        <value>zhang--set</value>
        <value>wang--set</value>
        </set>
    </property>
    <!--map 集合属性注入值 -->
    <property name="map">
        <map>
        <entry key='key1' value="value1"></entry>
```

```
        <entry key='key2' value="value2"></entry>
        <entry key='key3' value="value3"></entry>
        </map>
    </property>
</bean>
```

第 3 步：编写测试函数代码。

代码如下：

```
public static void main(String[] args) {
      BeanFactory factory = new ClassPathXmlApplicationContext(
            "applicationContext.xml");
      Bean bean = (Bean)factory.getBean("bean");
      Set set = bean.getSet();
      Iterator it = set.iterator();
      while(it.hasNext()){
         String s = (String)it.next();
         System.out.println(s);
      }
      Map map = bean.getMap();
      Set set1 = map.keySet();
      Iterator it1 = set1.iterator();
      while(it1.hasNext()){
         String key = (String)it1.next();
         String value = (String)map.get(key);
         System.out.println("key="+key+" value="+value);
      }
   }
```

运行结果如图 11.3 所示。

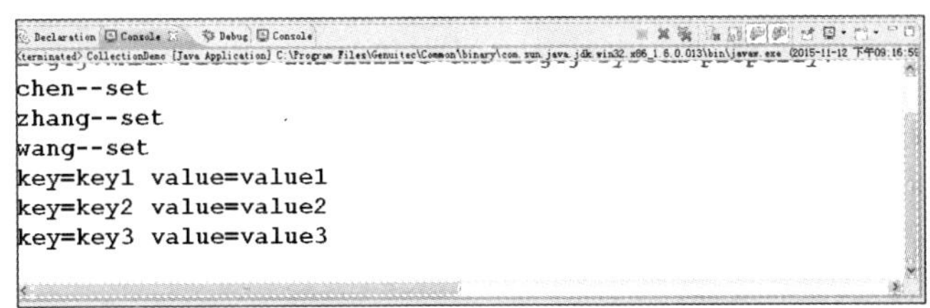

图 11.3　集合与数组类型注入示例运行结果

其中，BeanFactory 对象通过 getBean()方法创建相应的 Bean 对象，同时读取配置文件注入集合与数组类型属性初始值，再通过 getSet()方法和 getMap()方法得到 Set 和 Map 中的数据，最后通过迭代输出相应的数据元素。

BeanFactory 的职责包括实例化、定位、配置应用程序中的 Bean 对象及创建这些 Bean 对象间的依赖。BeanFactory 支持两个对象模型：

(1) 单例模型(singleton)：提供具有特定名称的 Bean 对象的共享实例，可以在查询时对其进行检索。

(2) 原型模型(prototype)：确保每次检索都会创建单独的 Bean 对象。

最常使用的 BeanFactory 实现是 XmlBeanFactory，可以使用下面的代码实例化：

```
InputStream is = new FileInputStream("beans.xml");
XmlBeanFactory factory = new XmlBeanFactory(is);
```

另外，ApplicationContext 接口提供了 BeanFactory 所有的功能并给予了适当扩展，与 BeanFactory 相比，ApplicationContext 增加了如下功能：

(1) 提供消息解析方法，包括国际化支持消息。

(2) 提供资源访问方法，如装载文件资源(如图片)。

(3) 可以向注册为监听器的 Bean 发送事件。

(4) 可以载入多个(有继承关系)上下文类，使每一个上下文类都专注于一个特定的层次，如应用的 Web 层。

ApplicationContext 的常用实现包括：

(1) ClassPathXmlApplicationContext：从类路径中的 XML 文件(配置文件)中装入上下文定义。

(2) FileSystemXmlApplicationContext：从文件系统中的 XML 文件(配置文件)中装入上下文定义。

(3) XmlWebApplicationContext：从 Web 应用目录 WEB-INF 中的 XML 文件(配置文件)中装入上下文定义。

11.3.2 Spring Bean 的作用域

Bean 的作用域是指 Bean 实例的有效范围，即 Bean 实例从诞生到消亡的时间周期，其可影响 Bean 的生命周期和创建方式。

在 Spring 2.0 之前 Bean 只有两种作用域，即 singleton(单例)、non-singleton(也称 prototype), Spring 2.0 以后，增加了 session、request、globlesession 三种专用于 Web 应用程序上下文的 Bean。因此，默认情况下 Spring 2.0 现在有五种类型的 Bean。每种作用域见表 11-1。

表 11-1 Spring Bean 的作用域

类型	适用情况	备注
singleton（单例）	无限制	在整个 Spring 容器中共享一个 Bean
prototype（原型）	无限制	每次请求 Bean，Spring 都会创建一个新的 Bean 对象返回
request（请求范围）	只能使用在 Web 环境中	对于每一个请求共享一个 Bean 实例
session（会话范围）	只能使用在 Web 环境中	对于每一个会话共享一个 Bean 实例
globle（全局会话）	只能使用在使用 portlet 的 Web 程序中	各种不同的 portlet 共享一个 Bean 实例

当然，Spring 2.0 对 Bean 的类型的设计进行了重构，并设计出灵活的 Bean 类型支持，理论上可以有无数多种类型的 Bean，用户可以根据自己的需要，增加新的 Bean 类型，满

足实际应用需求。

Bean 的作用域是通过 scope 来配置的。例如：

```
<bean id=" myBean " class="edu.hdu.javaee.spring.MyBean" scope="singleton"/>
```

1. singleton

当一个 Bean 的作用域设置为 singleton 时，Spring IoC 容器中只会存在一个共享的 Bean 实例，并且所有对 Bean 的请求，只要 id 与该 Bean 定义相匹配，均只会返回 Bean 的同一实例。换言之，当把一个 Bean 定义设置为 singleton 作用域时，Spring IoC 容器只会创建该 Bean 定义的唯一实例。这个单一实例会被存储到单例缓存(Singleton Cache)中，并且所有针对该 Bean 的后续请求和引用都将返回被缓存的对象实例。例如：

```
<bean id="userdao" class="com.bean.UserDao" scope="singleton"/>
```

或

```
<bean id=" userdao " class=" com.bean.UserDao " singleton="true"/>
UserDao bean1=( UserDao)factory.getBean("userdao");
UserDao bean2=( UserDao)factory.getBean("userdao");
```

Bean1 与 Bean2 的引用相同，每次使用 getBean()时不会重新产生一个实例。

2. prototype

每个 Spring 容器中，一个 Bean 对应多个实例。prototype 作用域部署的 Bean，每一次请求(将其注入另一个 Bean 中，或者以程序的方式调用容器的 getBean()方法)都会产生一个新的 Bean 实例，相当一个 new 的操作。例如：

```
<bean id="userdao" class="com.bean.UserDao" scope="prototype"/>
```

或

```
<bean id=" userdao " class=" com.bean.UserDao " singleton="false"/>
    UserDao bean1=( UserDao)factory.getBean("userdao");
UserDao bean2=( UserDao)factory.getBean("userdao");
```

bean1 与 Bean2 的引用不相同，每次使用 getBean()都会重新产生一个实例。

3. request

request 表示其针对每一次 HTTP 请求都会产生一个新的 Bean，同时该 Bean 仅在当前 HTTP request 内有效。例如：

```
<bean id="userdao" class="com.bean.UserDao" scope="request"/>
```

4. session

session 作用域表示其针对每一次 HTTP 会话都会产生一个新的 Bean，同时该 Bean 仅在当前 HTTP session 内有效。例如：

```
<bean id="userdao" class="com.bean.UserDao" scope="session"/>
```

11.3.3 Spring 自动装配

Spring 的 IoC 容器通过 Java 反射机制了解了容器中所存在 Bean 的配置信息，其包括构造函数方法的结构、属性的信息，而正是由于这个原因，Spring 容器才能够通过某种规则来对 Bean 进行自动装配，而无须通过显式的方法来进行配置。

1. byName

通过属性的名字查找 JavaBean 依赖的对象并为其注入。例如，类 Computer 有一个属性 printer，指定其 autowire 属性为 byName 后，Spring IoC 容器会在配置文件中查找 id/name 属性为 printer 的 Bean，然后使用 Setter()方法为其注入。

【例 11.7】 byName 装配示例。

第 1 步：编写 JavaBean User。

代码如下：

```
public class User {
    private String name,pwd;
    …  //setter()和 getter()方法
}
```

第 2 步：编写 JavaBean UserManager。

代码如下：

```
public class UserManager {
    private User user;
    public User getUser(){
       return user;
    }
    public void setUser(User user){
       this.user = user;
    }
}
```

第 3 步：改写 Spring 配置文件。

代码如下：

```
<?xml version="1.0" encoding="UTF-8"?>
<beans ……default-autowire="byName">
  <bean id="user" class="com.User">
   <property name="name" value="admin"></property>
   <property name="pwd" value="1234"></property>
 </bean>
 <bean id="manage" class="com.UserManager"></bean>
</beans>
```

其中，类 UserManager 有一个属性 user，指定其 autowire 属性为 byName 后，Spring IoC 容器会在配置文件中查找 id/name 属性为 user 的 Bean，然后使用 Setter()方法为其注入。

2. byType

通过属性的类型查找 JavaBean 依赖的对象并为其注入。例如，类 Computer 有一个属性 printer，类型为 Printer，那么，指定其 autowire 属性为 byType 后，Spring IoC 容器会查找 Class 属性为 Printer 的 Bean，使用 Setter()方法为其注入。

前两步同例 11.7，改写第 3 步 Spring 配置文件如下：

```
<?xml version="1.0" encoding="UTF-8"?>
<beans ……default-autowire="byType">
 <bean id="bean1" class="com.User">
   <property name="name" value="admin"></property>
   <property name="pwd" value="1234"></property>
 </bean>
 <bean id="manager" class="com.UserManager"></bean>
</beans>
```

其中，类 UserManager 有一个属性 User，指定其 autowire 属性为 byType 后，Spring IoC 容器会查找 Class 属性为 User 的 Bean，使用 Setter()方法为其注入。

注意：default-autowire 是对配置文件包含的所有 Bean 设置装配属性。而<bean id="manager" class="com. UserManager" autowire="byName"></bean>则是对某个具体 Bean(如 manager)设置装配属性。

11.4 Spring AOP 编程

11.4.1 AOP 的概念

AOP(Aspect Oriented Programming)是面向切面编程，它将程序分解成各个层次的对象，将程序运行过程分解成各个切面，它是可以通过预编译方式和运行期动态代理实现在不修改源代码的情况下给程序动态统一添加功能的一种技术，可以说是 OOP(Object-Oriented Programing，面向对象编程)的补充和完善。在 OOP 设计中有可能导致代码的重复，不利于模块的重用性。例如，日志功能，日志代码往往水平地散布在所有对象层次中，而与它所散布到的对象的核心功能关系不大，但是在 OOP 中，这些业务要和核心业务代码在代码这一级集成，安全性、事务等也是如此。AOP 则把这些与核心业务无关但系统中需要使用的业务(称为切面)单独编写成一个模块，在主要核心业务代码中不调用，而是在配置文件中做些配置，配置核心业务需要使用到的切面部分，在系统编译时才织入业务模块中。因此，AOP 把日志记录、性能统计、安全控制、事务处理、异常处理等这些行为代码从业务逻辑中划分了出来，使得改变这些行为时不会影响到业务逻辑的代码。

Spring 框架提供了丰富的 AOP 支持。应用对象只需要实现它们应该完成的业务逻辑，并不负责其他系统级业务。

以下是几个 AOP 基本概念。

(1) 切面(Aspect)：对象操作过程中的截面。简单的理解就是那些与核心业务无关的代码形成的平行四边形拦截了程序流程。我们把它提取出来，封装成一个或几个模块，用来处理那些附加的功能代码(如日志、事务、安全验证)。我们把这个模块的作用理解为一个切面，其实切面就是一个类，这个类中的代码原来是在业务模块中完成的，现在单独成一个或几个类。在业务模块需要的时候才织入。

(2) 连接点(Joinpoint)：对象操作过程中的某个阶段点。在程序执行过程中某个特定的点，如某方法调用时或者处理异常时。在 Spring AOP 中，一个连接点总是代表一个方法的执行。通过声明一个 JoinPoint 类型的参数可以使通知(Advice)的主体部分获得连接点信息。

(3) 切入点(Pointcut)：连接点的集合。切面与程序流程的“交叉点”就是程序的切入点，即它是“切面注入”到程序中的位置，“切面”是通过切入点被“注入”的。程序中有很多个切入点，本质上它是一个捕获连接点的结构。在 AOP 中，可以定义一个 Pointcut，来捕获相关方法的调用。

(4) 织入(Weaving)：将切面功能应用到目标对象的过程(三种织入方式)。这些可以在编译时(如使用 AspectJ 编译器)、类加载时和运行时完成。Spring 和其他纯 Java AOP 框架一样，在运行时完成织入。

(5) 通知(Advice)：通知是某个切入点被横切后所采取的处理逻辑，也就是说在“切入点”处拦截程序后通过通知来执行切面，所以通知是在切面的某个特定的连接点(Joinpoint)上执行的动作。通知有各种类型，其中包括 Around、Before 和 After 等通知。许多 AOP 框架，包括 Spring，都是以拦截器做通知模型，并维护一个以连接点为中心的拦截器链。通知的类型如下：

①前置通知(Before Advice)：在某连接点之前执行的通知，但这个通知不能阻止连接点前的执行(除非它抛出一个异常)。

②返回后通知(After Returning Advice)：在某连接点正常完成后执行的通知。例如，一个方法没有抛出任何异常，正常返回。

③抛出异常后通知(After Throwing Advice)：在方法抛出异常退出时执行的通知。

④后置通知［After (Finally) Advice］：当某连接点退出时执行的通知(不论是正常返回还是异常退出)。

⑤环绕通知(Around Advice)：包围一个连接点的通知，如方法调用。这是最强大的一种通知类型。环绕通知可以在方法调用前后完成自定义的行为，其也会选择是否继续执行连接点或直接返回它们自己的返回值或抛出异常来结束执行。

11.4.2 Aspect 对 AOP 的支持

Aspect 即 Spring 中所说的切面，它是对象操作过程中的截面，在 AOP 中是一个非常重要的概念。

Aspect 是对系统中的对象操作过程中截面逻辑进行模块化封装的 AOP 概念实体，通常情况下可以包含多个切入点和通知。AspectJ 是 Spring 框架 2.0 之后增加的新特性，Spring 使用了 AspectJ 提供的一个库来完成切入点的解析和匹配。但是 AOP 在运行时仍旧是纯粹的 Spring AOP，它并不依赖于 AspectJ 的编译器或者织入器，在底层中使用的仍然是 Spring 2.0 之前的实现体系。

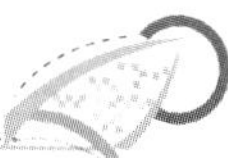

最初在 Spring 中没有完全明确 Aspect 的概念，只是在 Spring 中的 Aspect 的实现和特性有所特殊而已，而 Spring 中的 Aspect 就是 Advisor。Advisor 就是切入点的配置器，它能将 Advice(通知)注入程序中的切入点的位置，并可以直接编程实现 Advisor，也可以通过 XML 来配置切入点和 Advisor。11.4.3 节将介绍如何运用 Aspect 通过这两种方式实现 AOP。

11.4.3　AOP Spring 示例

1. 通过配置文件实现 AOP

【例 11.8】AOP 示例 1。

第 1 步：编写一个类封装用户的常见操作。

代码如下：

```
public class UserDao {
   public void save(String name){
         System.out.println("----save user----");
   }
   public void delete(){
         System.out.println("----delete user----");
   }
   public void update(){
      System.out.println("----update user----");
   }
}
```

第 2 步：编写一个检查用户是否合法的类。

代码如下：

```
public class CheckSecurity {
      public void check(){
         System.out.println("-----check admin----");
      }
}
```

第 3 步：改写 Spring 配置文件，实现 AOP(applicationContext.xml)。

代码如下：

```
<bean id="checkbean" class="com.aop.CheckSecurity"></bean>
<bean id="userDao" class="com.aop.UserDao"/>
<aop:config>
   <aop:aspect id="security" ref="checkbean">
      <aop:pointcut id="allAddMethod" expression="execution(* com.aop.
      UserDao.*(..))"/>
      <aop:before method="check" pointcut-ref="allAddMethod"/>
   </aop:aspect>
</aop:config>
```

其中，<aop:pointcut>标签定义了切入点，当执行 com.aop.UserDao 中的所有方法时切入。<aop:before>定义了通知，在 com.aop.UserDao 中的所有方法执行前执行 check()方法。

第 4 步：编写测试类。

代码如下：

```
import org.springframework.beans.factory.BeanFactory;
import org.springframework.context.support.*;
public class Test {
      public static void main(String[] args) {
        /*读取 Spring 配置文件，创建一个 Bean 工厂*/
         BeanFactory factory = new ClassPathXmlApplicationContext(
                                "applicationContext.xml");
         UserDao dao = (UserDao) factory.getBean("userDao");
         dao.save("chen");
      }
}
```

运行结果如图 11.4 所示。可以看到，程序在执行 save()方法前先执行了 check()方法。

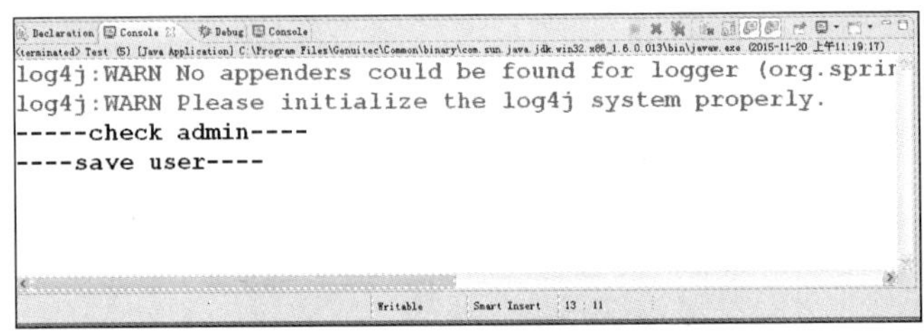

图 11.4　AOP 示例 1 运行结果

2. 通过程序代码实现 AOP

【例 11.9】AOP 示例 2。

第 1 步：编写用户操作类。

代码如下：

```
public class UserDao {
    public void addUser(String uname, String upwd) {
        System.out.println("addUser()");
    }
    public void deleteUser(String uname) {
        System.out.println("deleteUser()");
    }
}
```

第 2 步：编写检查用户安全的类(注意几个注释)。

代码如下：

```
import org.aspectj.lang.JoinPoint;
import org.aspectj.lang.annotation.*;
@Aspect
```

```
public class CheckSecurity {
    /*声明一个切入点 当调用以 add 以及 delete 串开始的函数时*/
    @Pointcut("execution(* add*(..))||execution(* delete*(..))")
    private void allAddMethod() {
    }
    @After("allAddMethod()")  //表示在所有方法执行后执行检查
    private void check(){ System.out.println("check()"); }
}
```

第 3 步：改写 Spring 配置文件，实现 AOP。

代码如下：

```
<bean id="check" class="sec.CheckSecurity"></bean>
 <bean id="dao" class="dao.UserDao"/>
  <!-- 设置自动 AOP，即通过程序设置 AOP -->
<aop:aspectj-autoproxy/>
```

第 4 步：编写测试类。

代码如下：

```
public class Demo {
    public static void main(String[] args) {
        /*读取 Spring 配置文件，创建一个 Bean 工厂*/
        BeanFactory factory = new ClassPathXmlApplicationContext(
                                    "applicationContext1.xml");
        UserDao dao = (UserDao) factory.getBean("dao");
        dao.addUser("chen","1234");
    }
}
```

运行结果如图 11.5 所示。可以看出，程序在执行了用户操作类 UserDao 的 addUser()方法后又执行了检查用户安全的类 CheckSecurity 的 check()方法，实现了 AOP。

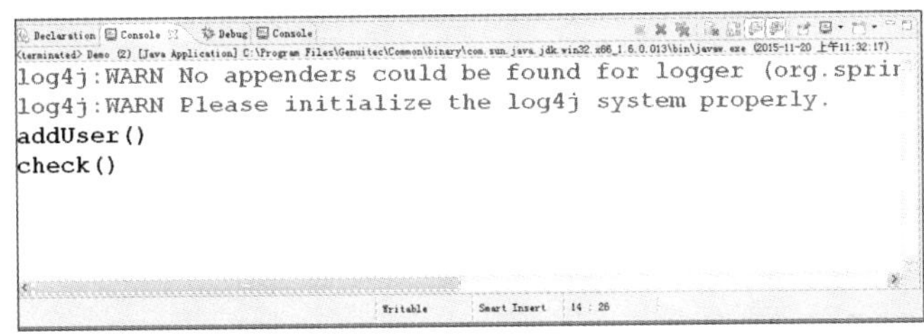

图 11.5　AOP 示例 2 运行结果

3. 获取切面函数实际参数

通过在 Advice 中添加一个 JoinPoint 参数，这个参数值会由 Spring 自动传入。我们从 JoinPoint 中可以取得被切入方法的参数值、方法名等。

【例 11.10】AOP 示例 3(获取切面函数实际参数)。

第 1 步、第 3 步和第 4 步同例 11.9，我们只需把第 2 步的检查用户安全的类 CheckSecurity 的 check()方法进行改写即可，代码如下：

```
public void check(JoinPoint point) {
        Object obj[] = point.getArgs();
        for (int i = 0; i < obj.length; i++)
            System.out.println(obj[i]);
        System.out.println("check()");
}
```

程序首先通过 JoinPoint 对象获取了参数值，然后通过一个循环把参数值打印出来。运行结果如图 11.6 所示。可以看到，程序把 dao.addUser("chen","1234")方法的方法名两个参数都获取并打印了出来。

```
addUser()
chen
1234
check()
log4j:WARN No appenders could be found for logger (org.sprir
log4j:WARN Please initialize the log4j system properly.
```

图 11.6　AOP 示例 3 运行结果

本 章 小 结

本章介绍了框架 Spring。Spring 本身是一个轻量级容器，Spring 的组件就是普通的 JavaBean。Spring 的核心思想是 IoC 和 AOP，我们只需要编写好 JavaBean 组件，然后将它们“装配”起来就可以了，组件的初始化和管理均由 Spring 完成，只需在配置文件中声明即可。这种方式最大的优点是各组件的耦合极为松散，并且无须用户自己实现 Singleton 模式。Spring 支持 JDBC 和 O/R Mapping 产品(Hibernate)。Spring 能使用 AOP 提供声明性事务管理。

学习这一章知识，可能有些不适应，因为以前的类实例化是在程序中自己完成的，本章介绍的类实例化过程是通过容器完成的，我们只需要到 Spring 容器中获取 JavaBean 即可。

【参考图文】

习　　题

一、选择题

1．以下为 Spring 的 applicationContext.xml 中配置 Bean 依赖注入的相关代码，假设需要将 TestB 的 Bean 对象注入 TestA 中。以下选项中，在 TestA 的<bean>元素中添加的代码

正确的是(　　)。

```
<bean id = "testB" class = "com.TestB"/>
<bean id = "testA " class = "com.TestA">
</bean>
```

A．<property name="testA"><ref　local="testB"></property>

B．<property name="testB"><ref　local="testA"></property>

C．<property name="testB"><ref　local="testB"></property>

D．以上选项都不对

2．关于 DAO，下列说法错误的是(　　)。

A．DAO 代表数据访问对象(Data Access Object)

B．DAO 属于 O/R Mapping 技术的一种

C．DAO 用于控制业务流程

D．DAO 用于操作数据库

二、填空题

1．IoC 是指________。

2．AOP 是指________。

3．依赖注入的两种方法包括________和________。

三、上机实践题

编写图形接口 Shape，该接口中有抽象函数 double area()，可计算面积；编写圆类 Circle 与矩形类 Rectange 实现该接口。再编写一个 ShapeDao 类，将 Shape 接口作为其属性。通过 Spring 配置 JavaBean，实现 Bean 的动态注入。即只需改变注入的 Bean 就可以计算不同图形的面积。

第 12 章 Spring、Struts 2、Hibernate 整合

学习目标

- 了解 Spring 与 Hibernate 整合
- 了解基于 HibernateTemplate 通用 Dao 类实现
- 了解事务处理
- 了解 Spring 与 Struts 整合
- 了解 SS2H 三者整合

【参考图文】

12.1 Spring 与 Hibernate 整合

Spring 与 Hibernate 整合，到底整合什么呢？Spring 主要是管理 Hibernate 的 SessionFactory 以及事务支持等。我们在 Hibernate 中需要自己创建 SessionFactory 实例，这显然不是很好的方法，在 Spring 中可以通过配置文件，向 Dao 中注入 SessionFactory，Spring 的 IoC 容器则提供了更好的管理方式，它不仅以声明式的方式配置了 SessionFactory 实例，也可以充分利用 IoC 容器的作用，为 SessionFactory 注入数据源。还有事务处理，业务代码不需要考虑事务，只需要在配置文件配置事务即可，如此将使业务代码变得简洁得多。

Spring 提供了对多种数据库访问的 DAO 技术支持，包括 Hibernate、JDO、TopLink、iBatis 等。对于不同的数据库访问，Spring 采用了相同的访问模式。Spring 提供了 HibernateDaoSupport 类来实现 Hibernate 的持久层访问技术。

一旦在 Spring 的 IoC 容器中配置了 SessionFactoryBean，它将随应用的启动而加载，可以充分利用 IoC 容器的功能，将 SessionFactoryBean 注入到任何 Bean 中，如 DAO 组件，以声明式的方式管理 SessionFactory 实例，可以让应用在不同数据源之间切换。如果应用更换数据库等持久层资源，只需对配置文件进行简单修改即可。

以下是 Spring 配置文件中配置 Hibernate SessionFactory 的示例代码：

```
<bean id="sessionFactory"
        class="org.springframework.orm.hibernate3.LocalSessionFactoryBean">
        <property name="configLocation" value="hibernate.cfg.xml">
```

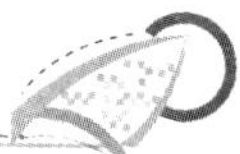

```
        </property>
    </bean>
    <bean id="cusdao" class="dao.CustomerDao">
        <property name="sessionFactory" ref="sessionFactory"/>
    </bean>
```

【例 12.1】通过 Spring 的 HibernateDaoSupport 查询数据库示例。

第 1 步：创建数据库表。

代码如下：

```
create table customers (
  customerid varchar(8) primary key,
  name     varchar(15),
  phone    varchar(16)
);
```

第 2 步：在项目中加 Hibernate 支持。

代码如下：

```
<?xml version='1.0' encoding='UTF-8'?>
<!DOCTYPE hibernate-configuration PUBLIC
        "-//Hibernate/Hibernate Configuration DTD 3.0//EN"
        "http://hibernate.sourceforge.net/hibernate-configuration-3.0.dtd">
<hibernate-configuration>
<session-factory>
    <property name="connection.username">root</property>
    <property name="connection.url">
        jdbc:mysql://127.0.0.1:3306/mydb
    </property>
    <property name="dialect">
        org.hibernate.dialect.MySQLDialect
    </property>
    <property name="myeclipse.connection.profile">mysql1</property>
    <property name="connection.password">admin</property>
    <property name="connection.driver_class">
        com.mysql.jdbc.Driver
    </property>
    <property name = "show_sql">true</property>
    <mapping resource="bean/Customer.hbm.xml" />
</session-factory>
</hibernate-configuration>
```

第 3 步：编写 Bean 文件与 Dao 操作类。

代码如下：

```
public class CustomerDao extends HibernateDaoSupport {
```

```
    /*返回单个对象*/
    public Customer queryCustomerByID(String cid) {
        Customer cus = (Customer) (this.getHibernateTemplate().get(
                Customer.class, cid));
        return cus;
    }
    /*返回所有对象*/
    public List<Customer> allCustomers() {
        return (List<Customer>) this.getHibernateTemplate().find(
                "from Customer");
    }
}
```

第 4 步：改写 Spring 的配置文件。

代码如下：

```
<?xml version="1.0" encoding="UTF-8"?>
<!DOCTYPE beans PUBLIC "-//SPRING//DTD BEAN//EN"
"http://www.springframework.org/dtd/spring-beans.dtd">
<beans>
    <!-- 配置 sessionFactory -->
    <bean id="sessionFactory"
        class="org.springframework.orm.hibernate3.LocalSessionFactoryBean">
        <property name="configLocation" value="WEB-INF/hibernate.cfg.xml">
        </property>
    </bean>
    <bean id="cusdao" class="dao.CustomerDao">
        <property name="sessionFactory" ref="sessionFactory"/>
    </bean>
</beans>
```

第 5 步：改写 Web 配置文件。

代码如下：

```
<?xml version="1.0" encoding="UTF-8"?>
<web-app version="2.5" xmlns="http://java.sun.com/xml/ns/javaee"
    xmlns:xsi="http://www.w3.org/2001/XMLSchema-instance"
    xsi:schemaLocation="http://java.sun.com/xml/ns/javaee
    http://java.sun.com/xml/ns/javaee/web-app_2_5.xsd">
    <!-- 加载 spring 配置文件 -->
    <context-param>
        <param-name>contextConfigLocation</param-name>
        <param-value>/WEB-INF/applicationContext.xml;</param-value>
    </context-param>
    <listener>
        <listener-class>
            org.springframework.web.context.ContextLoaderListener
```

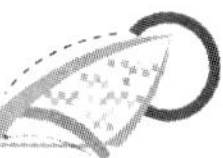

```
        </listener-class>
    </listener>
    <!-- Hibernate 延迟加载 -->
    <filter>
        <filter-name>HibernateSpringFilter</filter-name>
        <filter-class>
            org.springframework.orm.hibernate3.support.OpenSessionInViewFilter
        </filter-class>
        <init-param>
            <param-name>singleSession</param-name>
            <param-value>true</param-value>
        </init-param>
    </filter>
    <welcome-file-list>
        <welcome-file>index.jsp</welcome-file>
    </welcome-file-list>
</web-app>
```

第 6 步：编写 JSP 页面测试。

代码如下：

```
<%@ page
language="java" import="bean.*,dao.*,java.util.*,org.springframework.
context.*,org.springframework.web.context.support.WebApplicationContextUtil
s" pageEncoding="utf-8"%>
<%@taglib prefix="c" uri="http://java.sun.com/jsp/jstl/core"%>
<!DOCTYPE HTML PUBLIC "-//W3C//DTD HTML 4.01 Transitional//EN">
<html>
    <head>
    </head>
    <body>
      <%
            ApplicationContext ctx
        =WebApplicationContextUtils.getWebApplicationContext
        (getServletContext());
         CustomerDao dao = (CustomerDao) ctx.getBean("cusdao");
          session.setAttribute("cuslist",dao.allCustomers());
      %>
      <table>
        <tr>
          <td>编号</td>
          <td>姓名</td>
          <td>电话</td>
        </tr>
        <c:forEach items="${cuslist}" var="cus">
        <tr>
```

```
                <td>${cus.customerId}</td>
                <td>${cus.name}</td>
                <td>${cus.phone}</td>
              </tr>
              </c:forEach>
          </table>
      </body>
</html>
```

运行结果如图 12.1 所示。

http://localhost:8080/chapter12springhibern...

编号	姓名	电话
FROBJNO1	Dave Gade222	(914)555-1135
GADEDE01	Dave Gade	(914)555-1135
GODAAA01	Amanda Godard	(914)555-4063
GRIEFK01	Frank Grieg	(832)555-9236
HOLSJL01	Jill Holst	(516)555-2656
LITOKE01	Kate Litolff	(215)555-8297

图 12.1　例 12.1 运行结果

其中，第 3 步的 Dao 操作类用到了 HibernateTemplate 类。HibernateTemplate 提供持久层访问模板，使用 HibernateTemplate 无须实现特定接口，它只需要提供一个 SessionFactory 的引用就可以执行持久化操作。HibernateTemplate 的主要方法如下：

1. 构造函数

SessionFactory 对象既可通过构造函数传入，也可以通过设值传入。

(1) HibernateTemplate()。

(2) HibernateTemplate(org.hibernates.SessionFactory sessionFactory)。

(3) HibernateTemplate(org.hibernates.SessionFactory sessionFactory,Boolean allowCreate)。

2. HibernateTemplate 的常用方法简介

(1) void delete(Object entity)：删除指定持久化实例。

(2) deleteAll(Collection entities)：删除集合内全部持久化类实例。

(3) find(String queryString)：根据 HQL 查询字符串来返回实例集合。

(4) findByNamedQuery(String queryName)：根据命名查询返回实例集合。

(5) get(Class entityClass,Serializable id)：根据主键加载特定持久化类的实例。

(6) save(Object entity)：保存新的实例。

(7) saveOrUpdate(Object entity)：根据实例状态，选择保存或者更新。

(8) update(Object entity)：更新实例的状态，要求 entity 是持久状态。

(9) setMaxResults(int maxResults)：设置分页的大小。

12.2　事务处理

12.2.1　通过注释实现事务

【例 12.2】事务示例。

第 1 步：编写 Hibernate 配置文件。同例 12.1 Hibernate 配置文件。

第 2 步：改写 Spring 配置文件。只需在例 12.1 的 Spring 配置文件基础上加入以下代码：

```
<!-- 配置事务管理器 -->
<bean id="transactionManager"  class="
org.springframework.orm.hibernate3.HibernateTransactionManager">
      <property name="sessionFactory">
        <ref bean="sessionFactory"/>
      </property>
    </bean>
    <tx:annotation-driven transaction-manager="transactionManager"
        proxy-target-class="true">
</tx:annotation-driven>
```

第 3 步：编写操作类，使用@Transactional 表明哪些函数需要事务处理。只需在例 12.1 的 Dao 操作类中加入以下代码即可：

```
  @Transactional
    public void addCustomer(Customer cus){
        this.getHibernateTemplate().save(cus);
    }
```

当使用@Transactional 风格进行声明式事务定义时，可以通过<tx:annotation-driven/>元素的 proxy-target-class 属性值来控制是基于接口的还是基于类的代理被创建。如果属性值为 true，那么基于类的代理将起作用。反之，属性值为 false 或者被省略，那么标准的 JDK 基于接口的代理将起作用。

第 4 步：编写测试类。

代码如下：

```
public class Demo {
    public static void main(String[] args) {
        // TODO Auto-generated method stub
        BeanFactory fac = new ClassPathXmlApplicationContext(
                             "applicationContext1.xml");
        CustomerDao dao = (CustomerDao)fac.getBean("cusdao");
        Customer cus = new Customer("1006","chen","12323");
        dao.addCustomer(cus);
        List<Customer> ls = dao.allCustomers();
        Iterator it = ls.iterator();
        while(it.hasNext()){
            Customer custemp = (Customer)it.next();
```

```
            System.out.println(custemp.getCustomerId()+","+
                custemp.getName()+","+custemp.getPhone());
        }
    }
}
```

运行结果如图 12.2 所示，可以看到新记录已经加入数据库表中。

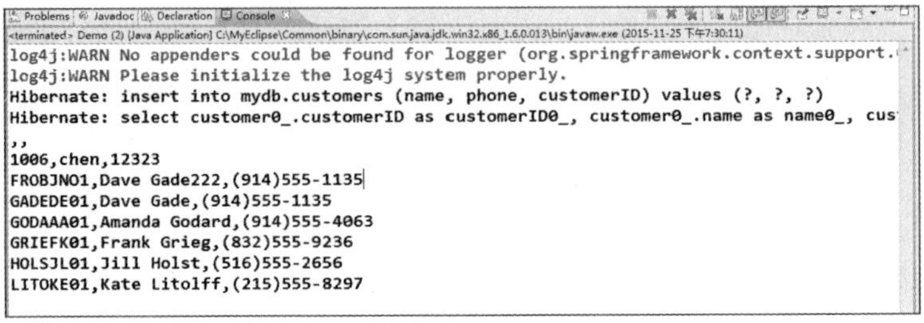

```
Problems  Javadoc  Declaration  Console
<terminated> Demo (2) [Java Application] C:\MyEclipse\Common\binary\com.sun.java.jdk.win32.x86_1.6.0.013\bin\javaw.exe (2015-11-25 下午7:30:11)
log4j:WARN No appenders could be found for logger (org.springframework.context.support.
log4j:WARN Please initialize the log4j system properly.
Hibernate: insert into mydb.customers (name, phone, customerID) values (?, ?, ?)
Hibernate: select customer0_.customerID as customerID0_, customer0_.name as name0_, cus
,,
1006,chen,12323
FROBJNO1,Dave Gade222,(914)555-1135
GADEDE01,Dave Gade,(914)555-1135
GODAAA01,Amanda Godard,(914)555-4063
GRIEFK01,Frank Grieg,(832)555-9236
HOLSJL01,Jill Holst,(516)555-2656
LITOKE01,Kate Litolff,(215)555-8297
```

图 12.2　例 12.2 运行结果

12.2.2　声明式事务

声明式事务的优点就是不需要通过编程的方式管理事务，这样就不需要在业务逻辑代码中掺杂事务管理的代码，只需在配置文件中进行相关的事务规则声明，便可以将事务规则应用到业务逻辑中。因为事务管理本身就是一个典型的横切逻辑，非常适合应用 AOP。Spring 为声明式事务提供了简单而强大的支持。

1. 通过配置文件实现声明式事务

其主要工作包括配置 SessionFactory、配置事务管理器、确定事务的传播特性、确定使用事务的类和方法。

2. 事务的传播特性

所谓事务的传播特性，是指如果在开始当前事务之前，一个事务上下文已经存在，此时有若干选项可以指定一个事务性方法的执行行为。在 TransactionDefinition 定义中包括如下几个表示传播行为的常量。

(1) TransactionDefinition.PROPAGATION_REQUIRED：如果当前存在事务，则加入该事务；如果当前没有事务，则创建一个新的事务。

(2) TransactionDefinition.PROPAGATION_REQUIRES_NEW：创建一个新的事务，如果当前存在事务，则把当前事务挂起。

(3) TransactionDefinition.PROPAGATION_SUPPORTS：如果当前存在事务，则加入该事务；如果当前没有事务，则以非事务的方式继续运行。

(4) TransactionDefinition.PROPAGATION_NOT_SUPPORTED：以非事务方式运行，如果当前存在事务，则把当前事务挂起。

(5) TransactionDefinition.PROPAGATION_NEVER：以非事务方式运行，如果当前存在事务，则抛出异常。

(6) TransactionDefinition.PROPAGATION_MANDATORY：如果当前存在事务，则加入该事务；如果当前没有事务，则抛出异常。

(7) TransactionDefinition.PROPAGATION_NESTED：如果当前存在事务，则创建一个事务作为当前事务的嵌套事务来运行；如果当前没有事务，则该取值等价于 TransactionDefinition.PROPAGATION_REQUIRED。

【例 12.3】声明式事务示例。

第 1 步：创建表。

代码如下：

```
create table users(
    uid  varchar(20)  not null primary key,
    uname varchar(30),
    ubirth  varchar(30)
);
```

第 2 步：生成 Bean 文件以及映射文件 Users.hbm.xml。

代码如下：

```
public class Users implements java.io.Serializable {
   private String uid;
   private String uname;
   private String ubirth;
   …//getter、setter 方法
}
<hibernate-mapping>
   <class name="bean.Users" table="users" catalog="mydb">
      <id name="uid" type="java.lang.String">
         <column name="uid" length="20" />
         <generator class="assigned" />
      </id>
      <property name="uname" type="java.lang.String">
         <column name="uname" length="30" />
      </property>
      <property name="ubirth" type="java.lang.String">
         <column name="ubirth" length="30" />
      </property>
   </class>
</hibernate-mapping>
```

第 3 步：编写 Dao 类接口以及实现类，注意 Spring 事务代理是基于接口的，所以一定要编写接口，否则会产生异常。

代码如下：

```
/*业务接口代码*/
public interface UserDao {
    public void saveUser(Users user)throws Exception;
```

```
}
/*业务类代码实现业务接口*/
public class UserDaoImpl extends HibernateDaoSupport implements UserDao{
    public void saveUser(Users user) throws Exception {
        // TODO Auto-generated method stub
        this.getHibernateTemplate().save(user);
    }
}
```

第 4 步：改写 Spring 配置文件。

代码如下：

```
<?xml version="1.0" encoding="UTF-8"?>
<beans ...>
    <bean id="dataSource"
        class="org.apache.commons.dbcp.BasicDataSource">
        <property name="driverClassName"
            value="com.mysql.jdbc.Driver">
        </property>
        <property name="url" value="jdbc:mysql://localhost:3306/mydb">
        </property>
        <property name="username" value="root"></property>
        <property name="password" value="admin"></property>
    </bean>
    <!-- 配置 SessionFactory -->
    <bean id="sessionFactory"
        class="org.springframework.orm.hibernate3.LocalSessionFactoryBean">
        <property name="dataSource">
            <ref bean="dataSource" />
        </property>
        <property name="hibernateProperties">
            <props>
                <prop key="hibernate.dialect">
                    org.hibernate.dialect.MySQLDialect
                </prop>
            </props>
        </property>
        <property name="mappingResources">
            <list>
                <value>bean/Users.hbm.xml</value>
            </list>
        </property>
    </bean>
    <bean id="userdao" class="manager.UserDaoImpl">
      <property name="sessionFactory">
        <ref bean="sessionFactory"/>
```

```
        </property>
    </bean>
<!-- 配置事务管理器 -->
    <bean id="tranManager"
         class="org.springframework.orm.hibernate3.HibernateTransaction
         Manager">
      <property name="sessionFactory">
        <ref bean="sessionFactory"/>
      </property>
    </bean>
    <!-- 配置事务传播特性 -->
    <tx:advice id="txAdvice" transaction-manager="tranManager">
      <tx:attributes>
         <tx:method name="save*" propagation="REQUIRED" />
         <tx:method name="*"  read-only="true" />
      </tx:attributes>
    </tx:advice>
    <!-- 配置哪些类使用事务 -->
    <aop:config>
      <aop:pointcut id="allmethod" expression="execution(* manager.*.*(..))"/>
      <aop:advisor advice-ref="txAdvice" pointcut-ref="allmethod"/>
    </aop:config>
</beans>
```

第 5 步：编写测试类。

关键代码如下：

```
public static void main(String[] args) {
        BeanFactory factory =
                new ClassPathXmlApplicationContext("applicationContext.xml");
        UserDao dao = (UserDao)factory.getBean("userdao");
        Users user = new Users("1017","chen","2000-12-12");
        try {
            dao.saveUser(user);
        } catch (Exception e) {
            // TODO Auto-generated catch block
            e.printStackTrace();
        }
    }
```

12.3　Spring 与 Struts 整合

对于一个基于 B/S 架构的 Java EE 应用而言，用户请求总是向 MVC 框架的控制器请求，而当控制器拦截到用户请求后，必须调用业务逻辑组件来处理用户请求。控制器应该如何获得业务逻辑组件呢？

我们常见的策略是在程序中创建业务逻辑组件(即使用 new 关键字创建)，然后调用业务逻辑组件的方法，根据业务逻辑方法的返回值确定结果。但在实际的应用中，很少采用上面的访问策略，基于以下三个理由：

(1) 控制器直接创建业务逻辑组件，导致控制器和业务逻辑组件的耦合降低到代码层次，不利于高层次解耦。

(2) 控制器不应该负责业务逻辑组件的创建，控制器只是业务逻辑组件的使用者，无须关心业务逻辑组件的实现。

(3) 每次创建新的业务逻辑组件均导致性能下降。

为了避免这种情况，实际开发中采用工厂模式来取得业务逻辑组件；或者采用服务定位器模式，对于这种模式，业务逻辑组件已经在某个容器中运行，并对外提供某种服务，控制器无须理会该业务逻辑组件的创建，直接调用即可，但在调用之前必须先找到该服务。传统以 EJB 为基础的 Java EE 应用通常采用这种结构，它本质上是一种远程访问的场景。而采用工厂模式是将控制器与业务逻辑组件的实现分离。在采用工厂模式的访问策略中，所有的业务逻辑组件的创建由工厂负责，业务逻辑组件的运行也由工厂负责，而控制器只需定位工厂实例即可。

对于轻量级的 Java EE 使用，工厂模式则是更实际的策略。因为在轻量级的 Java EE 应用中，业务逻辑组件不是 EJB，通常是一个 POJO(普通的 JavaBean)，业务逻辑组件的生成通常由工厂负责，而且工厂可以保证该组件的实例只需一个，可以避免重复实例化造成的系统开销浪费。

如果系统采用 Spring 框架，则 Spring 负责业务逻辑组件的创建和生成，并可管理业务逻辑组件的生命周期。可以如此理解：Spring 是个性能非常优秀的工厂，可以生产出所有的实例，从业务逻辑组件，到持久层组件，甚至控制器。

控制器如何访问到 Spring 容器中的业务逻辑组件？为了让 Action 访问 Spring 的业务逻辑组件，有以下两种策略：

(1) Spring 管理控制器，并利用依赖注入为控制器注入业务逻辑组件。

(2) 控制器定位 Spring 工厂，也就是 Spring 的容器，从 Spring 容器中取得所需的业务逻辑组件。

对于这两种策略，Spring 与 Struts2 都提供了对应的整合实现。

Struts 2 框架整合 Spring 很简单，下面是整合的步骤：

第 1 步：复制相关的包文件。复制 Struts2-spring-plugin-2.1.6.jar、spring.jar 以及 commons-logging.jar 等到工程中目录下。Spring 插件包 Struts2-spring-plugin-XXX.jar 是同 Struts2 一起发布的。Spring 插件通过覆盖 Struts2 的 ObjectFactory 来增强核心框架对象的创建。当创建一个对象时，它会用 Struts2 配置文件中的 class 属性去和 Spring 配置文件中的 ID 属性进行关联，如果能找到则由 Spring 创建，否则由 Struts2 框架自身创建，然后由 Spring 来装配。Spring 插件具体有如下三个作用：

(1) 允许 Spring 创建 Action、Interceptor 和 Result。

(2) 由 Struts 2 创建的对象能够被 Spring 装配。

(3) 如果没有使用 Spring ObjectFactory，则其提供了两个拦截器来自动装配 Action。

第 2 步：配置 web.xml 文件。

代码如下：

```
<?xml version="1.0" encoding="UTF-8"?>
<web-app version="2.5" xmlns="http://java.sun.com/xml/ns/javaee"
    xmlns:xsi="http://www.w3.org/2001/XMLSchema-instance"
    xsi:schemaLocation="http://java.sun.com/xml/ns/javaee
    http://java.sun.com/xml/ns/javaee/web-app_2_5.xsd">
    <!-- 加载 spring 配置文件  -->
    <context-param>
        <param-name>contextConfigLocation</param-name>
        <param-value>/WEB-INF/applicationContext.xml;</param-value>
    </context-param>
    <listener>
        <listener-class>
            org.springframework.web.context.ContextLoaderListener
        </listener-class>
    </listener>
    <filter>
        <filter-name>struts2</filter-name>
        <filter-class>
            org.apache.struts2.dispatcher.FilterDispatcher
        </filter-class>
    </filter>
    <filter-mapping>
        <filter-name>struts2</filter-name>
        <url-pattern>/*</url-pattern>
    </filter-mapping>
      <welcome-file-list>
        <welcome-file>index.jsp</welcome-file>
    </welcome-file-list>
</web-app>
```

第 3 步：Struts 2 部分配置。

(1) struts.xml 配置文件代码如下：

```
<?xml version="1.0" encoding="gb2312"?>
<!DOCTYPE struts PUBLIC
"-//Apache Software Foundation//DTD Struts Configuration 2.0//EN"
"http://struts.apache.org/dtds/struts-2.0.dtd">
<struts>
    <package name="chapter12" extends="struts-default">
        <action name="login" class="loginAction">
            <result name="success">success.jsp</result>
            <result name="input">login.jsp</result>
```

```
        </action>
    </package>
</struts>
```

(2) Action 类代码如下：

```
public class LoginAction extends ActionSupport{
    private LoginManager loginManager;
    private String username;
    private String password;
    public String getUsername() {
        return username;
    }
    public void setUsername(String username) {
        this.username = username;
    }
    public String getPassword() {
        return password;
    }
    public void setPassword(String password) {
        this.password = password;
    }
    public void setLoginManager(LoginManager loginManager) {
        this.loginManager = loginManager;
    }
    @Override
    public String execute() throws Exception {
        if(loginManager.validate(username, password))
        {
            return SUCCESS;
        }
        return INPUT;
    }
}
```

第 4 步：Spring 部分配置。

(1) 配置文件代码如下：

```
<beans>
    <bean id="loginManager" class="com.dao.LoginManagerImpl">
    </bean>
    <bean id="loginAction" class="com.action.LoginAction">
        <property name="loginManager" ref="loginManager"></property>
    </bean>
</beans>
```

Struts 2 框架整合 Spring 后，处理用户请求的 Action 并不是 Struts 2 框架创建的，而是

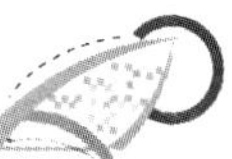

由 Spring 插件创建的。创建实例时，不是利用配置 Action 时指定的 class 属性值，而是根据配置 Bean 的 ID 属性，从 Spring 容器中获得相应的实例。

(2) DAO 类与接口。

①接口代码如下：

```
public interface LoginManager {
    public boolean validate(String username, String password);
}
```

②Dao 类代码如下：

```
public class LoginManagerImpl implements LoginManager {
    public boolean validate(String username, String password) {
        if (username!=null &&password!=null &&
"admin".equals(username)&& "1234".equals(password)) {
            return true;
        }
        return false;
    }
}
```

第 5 步：创建页面。

代码如下：

```
<%@ page language="java" pageEncoding="utf-8"%>
<%@ taglib prefix="s" uri="/struts-tags"%>
<!DOCTYPE html PUBLIC "-//W3C//DTD HTML 4.01 Transitional//EN"
"http://www.w3.org/TR/html4/loose.dtd">
<html>
    <head>
        <title>登录页面</title>
    </head>
    <body>
        <s:form action="login" method="post">
            <s:textfield name="username" label="username" />
            <s:password name="password" label="password" />
            <s:submit value="submit" />
        </s:form>
    </body>
</html>
```

注意：可以不必在 Spring 中注册 Action，通常 Struts 2 框架会自动从 Action Mapping 中创建 Action 对象。因此可以进行以下配置：

配置 struts.objectFactory 属性值。在 struts.properties 中设置 struts.objectFactory 属性值：

```
struts.objectFactory = spring
```

或者在 XML 文件中进行常量配置：

```
<struts>
  <constant name ="struts.objectFactory"value="spring" />
</struts>
```

其中，设置 struts.objectFactory 的值为 Spring。Spring 是 StrutsSpringObjectFactory 类的缩写，默认情况下所有由 Struts 2 框架创建的对象都是由 ObjectFactory 实例化的，ObjectFactory 提供了与其他 IoC 容器，如 Spring、Pico 等集成的方法。覆盖这个 ObjectFactory 的类必须继承 ObjectFactory 类或者它的任何子类，并且要带有一个不带参数的构造方法。此处用 ObjectFactory 代替了默认的 ObjectFactory。

12.4 SS2H 三者整合

SS2H 三者整合代码比较多，初学者初接触会觉得复杂。其实，如果理解了要整合的原因、整合所需要的包以及配置文件模板也不是很难。本书之后的项目中就使用该配置文件模板。

整合基本步骤描述如下：

(1) 向项目中加入 Hibernate 3.2+Spring 2.0 支持，删除 hibernate.cfg.xml 文件,修改 applicationContext.xml 文件的内容，增加 SessionFactory 和 dataSource 的设置。

(2) 通过 MyEclipse 的向导方式，生成 POJO 类和对应的映射文件。

(3) 修改 applicationContext.xml 文件中<property name="mappingResources">元素的内容。

(4) 编写 DAO 接口和实现类。

(5) 修改 applicationContext.xml 文件，增加对 Dao 实现类的配置。

(6) 组合 Struts 2 和 Spring 2.5，修改 web.xml 文件，增加 struts 2 所需要的过滤器配置。

(7) 增加 struts 2 相应类库，增加 struts 2 与 spring 的配置 jar 包。

(8) 复制 struts.xml 文件到 src 根目录下，再修改 struts.xml 文件，进行常量配置。

(9) 修改 web.xml 文件，配置 Spring 监听器和上下文变量，并增加 OpenSessionInViewFilter 的设置。

(10) 编写 Action 类。

(11) 配置 struts.xml 文件。

(12) 修改 applicationContext.xml。

(13) 编写 JSP 文件。

(14) 部署运行项目。

以下示例为通过页面输入用户信息完成用户注册功能，使用 SS2H 框架实现。

第 1 步：编写 web.xml 配置文件。

代码如下：

```
<?xml version="1.0" encoding="UTF-8"?>
<web-app version="2.5" xmlns="http://java.sun.com/xml/ns/javaee"
   xmlns:xsi="http://www.w3.org/2001/XMLSchema-instance"
   xsi:schemaLocation="http://java.sun.com/xml/ns/javaee
   http://java.sun.com/xml/ns/javaee/web-app_2_5.xsd">
```

```
<!-- 加载 spring 配置文件  -->
<context-param>
   <param-name>contextConfigLocation</param-name>
   <param-value>/WEB-INF/aplicationContext.xml;</param-value>
</context-param>
<listener>
   <listener-class>
      org.springframework.web.context.ContextLoaderListener
   </listener-class>
</listener>
<!-- 配置字符编码过滤器(解决乱码问题) -->
<filter>
   <filter-name>encodingFilter</filter-name>
   <filter-class>
      org.springframework.web.filter.CharacterEncodingFilter
   </filter-class>
   <init-param>
      <param-name>encoding</param-name>
      <param-value>utf-8</param-value>
   </init-param>
</filter>
<filter-mapping>
   <filter-name>encodingFilter</filter-name>
   <url-pattern>/*</url-pattern>
</filter-mapping>
<!-- 解决因 Session 关闭而导致的延迟加载例外的问题 -->
<filter>
   <filter-name>lazyLoadingFilter</filter-name>
   <filter-class>
      org.springframework.orm.hibernate3.support.OpenSessionInViewFilter
   </filter-class>
</filter>
<filter-mapping>
   <filter-name>lazyLoadingFilter</filter-name>
   <url-pattern>*.action</url-pattern>
</filter-mapping>
<filter>
   <filter-name>struts2</filter-name>
   <filter-class>
      org.apache.struts2.dispatcher.FilterDispatcher
   </filter-class>
</filter>
<filter-mapping>
   <filter-name>struts2</filter-name>
   <url-pattern>/*</url-pattern>
```

```
    </filter-mapping>
    <welcome-file-list>
        <welcome-file>index.jsp</welcome-file>
    </welcome-file-list>
</web-app>
```

第 2 步：编写 Struts2 部分。

(1) 配置 struts.xml 文件，代码如下：

```
<?xml version="1.0" encoding="gb2312"?>
<!DOCTYPE struts PUBLIC
"-//Apache Software Foundation//DTD Struts Configuration 2.0//EN"
"http://struts.apache.org/dtds/struts-2.0.dtd">
<struts>
    <package name="chapter12" extends="struts-default">
        <action name="cusreg" class="regAction">
            <result name="success">success.jsp</result>
            <result name="input">cusreg.jsp</result>
        </action>
    </package>
</struts>
```

(2) 编写 Action 类，代码如下：

```
public class RegAction extends ActionSupport {
    private CustomerDao customerDao;
    private String customerId;
    private String name;
    private String phone;
    @Override
    public String execute() throws Exception {
        try {
            Customer cus = new Customer();
            cus.setCustomerId(this.getCustomerId());
            cus.setName(this.getName());
            cus.setPhone(this.getPhone());
            customerDao.addCustomer(cus);
        } catch (Exception ex) {
            ex.printStackTrace();
            return INPUT;
        }
        return SUCCESS;
    }
    public CustomerDao getCustomerDao() {
        return customerDao;
    }
    public void setCustomerDao(CustomerDao customerDao) {
```

```
        this.customerDao = customerDao;
    }
    public String getCustomerId() {
        return customerId;
    }
    public void setCustomerId(String customerId) {
        this.customerId = customerId;
    }
    public String getName() {
        return name;
    }
    public void setName(String name) {
        this.name = name;
    }
    public String getPhone() {
        return phone;
    }
    public void setPhone(String phone) {
        this.phone = phone;
    }
}
```

第 3 步：编写 Spring 部分 applicationContext.xml 配置。

代码如下：

```
<?xml version="1.0" encoding="UTF-8"?>
<beans xmlns="http://www.springframework.org/schema/beans"
    xmlns:xsi="http://www.w3.org/2001/XMLSchema-instance"
    xmlns:aop="http://www.springframework.org/schema/aop"
    xmlns:tx="http://www.springframework.org/schema/tx"
    xsi:schemaLocation="http://www.springframework.org/schema/beans
      http://www.springframework.org/schema/beans/spring-beans-2.0.xsd
      http://www.springframework.org/schema/aop
      http://www.springframework.org/schema/tx
      http://www.springframework.org/schema/tx/spring-tx-2.0.xsd">
    <bean id="regAction" class="com.action.RegAction">
        <property name="customerDao" ref="customerDao"></property>
    </bean>
    <bean id="customerDao" class="com.dao.CustomerDaoImpl">
        <property name="sessionFactory" ref="sessionFactory"></property>
    </bean>
    <!-- 配置 sessionFactory -->
    <bean id="sessionFactory"
        class="org.springframework.orm.hibernate3.LocalSessionFactoryBean">
        <property name="configLocation"
            value="/WEB-INF/hibernate.cfg.xml">
```

```
        </property>
    </bean>

    <!-- 配置事务管理器 -->
    <bean id="transactionManager" class="
        org.springframework.orm.hibernate3.HibernateTransactionManager">
        <property name="sessionFactory" ref="sessionFactory" />
    </bean>
    <!-- 定义事务传播特性 -->
    <tx:advice id="txAdvice" transaction-manager="transactionManager">
        <tx:attributes>
            <tx:method name="add*" propagation="REQUIRED" />
            <tx:method name="*" read-only="true" />
        </tx:attributes>
    </tx:advice>
    <!-- 哪些类需要事务 -->
    <aop:config>
        <aop:pointcut id="alladdmethod"
            expression="execution(* com.dao.*.*(..))" />
        <aop:advisor advice-ref="txAdvice" pointcut-ref="alladdmethod" />
    </aop:config>
</beans>
```

第 4 步：编写 Hibernate 部分。建立 JavaBean 和对应的映射文件以及 DAO 部分。

(1) 编写 JavaBean，代码如下：

```
public class Customer  implements java.io.Serializable{
    private static final long serialVersionUID = -2262676388211730293L;
       private String customerId;
     private String name;
     private String phone;
    public Customer() {
    }
    public Customer(String customerId) {
        this.customerId = customerId;
    }
    public Customer(String customerId, String name, String phone) {
        this.customerId = customerId;
        this.name = name;
        this.phone = phone;
    }
    public String getCustomerId() {
        return this.customerId;
    }
    public void setCustomerId(String customerId) {
        this.customerId = customerId;
```

```
    }
    public String getName() {
       return this.name;
    }
    public void setName(String name) {
        this.name = name;
    }
    public String getPhone() {
        return this.phone;
    }
    public void setPhone(String phone) {
        this.phone = phone;
    }
  }
```

(2) 编写映射文件，关键代码如下：

```
<hibernate-mapping>
    <class name="bean.Customer" table="customers" catalog="mydb">
        <id name="customerId" type="java.lang.String">
            <column name="customerID" length="8" />
            <generator class="assigned"></generator>
        </id>
        <property name="name" type="java.lang.String">
            <column name="name" length="40" />
        </property>
        <property name="phone" type="java.lang.String">
            <column name="phone" length="16" />
        </property>
    </class>
</hibernate-mapping>
```

(3) 编写 Hibernate 配置文件，关键代码如下：

```
<hibernate-configuration>
<session-factory>
    <property name="connection.username">root</property>
    <property name="connection.url">
        jdbc:mysql://127.0.0.1:3306/mydb
    </property>
    <property name="dialect">
        org.hibernate.dialect.MySQLDialect
    </property>
    <property name="myeclipse.connection.profile">mysql1</property>
    <property name="connection.password">admin</property>
    <property name="connection.driver_class">
        com.mysql.jdbc.Driver
```

```
    </property>
    <mapping resource="bean/Customer.hbm.xml" />
</session-factory>
</hibernate-configuration>
```

(4) 编写接口，代码如下：

```
public interface CustomerDao {
    public void addCustomer(Customer cus);
}
```

(5) 编写操作类，代码如下：

```
public class CustomerDaoImpl extends HibernateDaoSupport implements
CustomerDao {
    public void addCustomer(Customer cus){
        try{
           this.getHibernateTemplate().save(cus);
        }catch(Exception ex){
            ex.printStackTrace();
        }
    }
}
```

第 5 步：编写 JSP 部分。

(1) 编写注册页面，代码如下：

```
<%@ page language="java" pageEncoding="utf-8"%>
<%@ taglib prefix="s" uri="/struts-tags"%>
<!DOCTYPE html PUBLIC "-//W3C//DTD HTML 4.01 Transitional//EN"
        "http://www.w3.org/TR/html4/loose.dtd">
<html>
    <head>
        <title>注册页面</title>
    </head>
    <body>
      <center>
        <s:form action="cusreg" method="post" theme="simple">
           <li>
            <ul>
              <s:label value="客户编号: "></s:label>
              <s:textfield name="customerId" label="客户编号" />
           </ul>
            <ul>
               <s:label value="客户姓名: "></s:label>
               <s:textfield name="name" label="客户姓名" />
            </ul>
            <ul>
```

```
            <s:label value="客户电话: "></s:label>
            <s:textfield name="phone" label="客户电话" />
                </ul>
          <ul><s:submit value="submit" /><s:reset value="reset"/></ul>
         </li>
      </s:form>
    </center>
  </body>
</html>
```

(2) 编写显示注册成功的页面，代码如下：

```
<%@ page language="java" pageEncoding="gb2312"%>
<!DOCTYPE HTML PUBLIC "-//W3C//DTD HTML 4.01 Transitional//EN">
<html>
<body>
      注册成功!
</body>
</html>
```

注意：项目部署到 Web 服务器中可能报错，因为 Spring 2.5 AOP Libraries 中的 asm 的三个 jar 包会和 Hibernate 3.2 Core Libraries 中的 asm 的 jar 包中的某些类中有冲突。所以一定要删除 Spring 中的三个 asm 的 jar 包。

本 章 小 结

本章介绍了 Hibernate、Struts 2 以及 Spring 的整合。本章学习起来会比较困难、烦琐，但这也是一个必须经历的过程。为什么要整合？我们需要 Spring 对 Hibernate 以及 Struts 2 的 Action 进行管理，尤其是网站最终用户多或者某一时刻访客相对集中时，使用容器对 Bean 进行管理十分必要。

习　　题

上机实践题

调试运行本章的 SS2H 整合程序。

第 13 章

基于 JQuery 的编程技术

学习目标

- JQuery 简介
- 掌握 JQuery 的配置与使用
- 了解 JQuery 选择器
- 掌握 JQuery 对 HTML 的操作
- 理解 JQuery 事件
- 了解基于 JQuery 的 Ajax 编程

13.1　JQuery 简介

JQuery 是继 prototype 之后又一个优秀的 Javascript 框架，JQuery 是一个快速的、简洁的 JavaScript 函数库，能使用户更方便地处理 HTML 文档、事件，实现动画效果，并且方便地为网站提供 Ajax 交互。JQuery 还有一个比较大的优势是，它的文档说明很齐全，而且各种应用也描述得很详细，同时还有许多成熟的插件可供选择。

JQuery 包含以下特性：HTML 元素选取、HTML 元素操作、CSS 操作、HTML 事件函数、JavaScript 特效和动画、HTML DOM 遍历和修改、Ajax。JQuery 具体有以下功能：

(1) 轻量级：只有几十千字节大，压缩后一般只有 18KB。

(2) 强大选择器：拥有类似于 CSS 的选择器，可以对任意 DOM 对象进行操作。

(3) 动画操作不再复杂：可以使用很简单的语句实现复杂的动画效果。

(4) Ajax 支持：$.ajax()从底层封装了 Ajax 的细节问题。

(5) 浏览器兼容性高：不用再担心客户端浏览器兼容性问题。

(6) 连式操作：同一个 JQuery 对象上的多个操作可以连写，无须分开写。

(7) 隐式迭代：自动对获取到的 JQuery 对象迭代操作，不需要再编写循环代码。

(8) 实现丰富的 UI：JQuery 可以实现渐变弹出、图层移动等动画效果，让用户获得更好的用户体验。

(9) 开源：自由使用，集全世界编程人员的智慧，有更广阔的发展前景。

13.2　JQuery 的配置与使用

用户可以到 http://jquery.com 下载最新的 JQuery 库。在使用时需要在页面的<head>标记中导入 jquery-1.3.2.js 文件。导入语句如下：

```
<script src="script/jquery-1.3.2.js" type="text/javascript"></script>
```

在使用 JQuery 对象之前应先导入 JQuery 库，否则会找不到 JQuery 对象。

【例 13.1】JQuery 程序示例 1。

```
<%@ page language="java" pageEncoding="utf-8"%>
<!DOCTYPE HTML PUBLIC "-//W3C//DTD HTML 4.01 Transitional//EN">
<html>
  <head>
   <script src="jquery.js" type="text/javascript"></script>
   <script type="text/javascript">
        $(document).ready(
            function() {
                alert('hello world');
            }
        );
    </script>
  </head>
   <body>
    This is my first jquery page. <br>
  </body>
</html>
```

运行结果如图 13.1 所示。

图 13.1　例 13.1 运行结果

在 JQuery 中，“$”代表 JQuery 函数，$()等价于 JQuery()。例如：

```
$(document).ready(
            function() {
                alert('hello world');
            }
        );
```

这段代码会在以后的 JQuery 代码中经常用到，它类似于 window.onload();，在文档加

载完成后会执行 function(){}中的内容。但它们之间又有区别：window.onload()是等待页面所有内容加载完成后被触发，而$(document).ready()是等待页面中 DOM 元素绘制完成后被触发。例如，如果页面中有大量图片，前者是等待所有图片都显示完成后再被触发；而后者是在页面中 HTML 生成完成后就被触发，可能此时图片还没显示出来。

【例 13.2】JQuery 程序示例 2。

```
<%@ page language="java" pageEncoding="gbk"%>
<html>
<head>
    <title>Hello World jQuery!</title>
     <script src="jquery.js" type="text/javascript"></script>
     <script type="text/javascript">
        $(function(){
            $("#btnHide").bind("click",function(){
                    $("#divMsg").hide();
                }
            );
            $("#btnShow").bind("click",function(){
                    $("#divMsg").show();
                }
            );
        });
    </script>
  </head>
<body>
    <div id="divMsg">Hello JQuery!</div>
    <input id="btnShow" type="button" value="显示" />
    <input id="btnHide" type="button" value="隐藏" /><br />
</body>
</html>
```

其中，代码$(function(){})就等价于$(document).ready(function() {})。而$("#btnHide").bind("click",function(){ })将 id 为 btnHide 的按钮的 click 事件与一个匿名函数绑定，这个函数是事件处理程序“$("#divMsg").hide();”，实现了 id 为 divMsg 的 div 部分内容的隐藏功能。另一个按钮同理。

运行结果如图 13.2 所示。

图 13.2 例 13.2 运行结果

当单击“隐藏”按钮后，运行结果如图 13.3 所示。

图 13.3　单击“隐藏”按钮后的运行结果

13.3　JQuery 选择器

选择器是 JQuery 的核心，对 HTML Document 进行操作。JQuery 选择器使得获得页面元素变得更加容易、更加灵活，从而大大减轻了开发人员的压力。JQuery 提供了很简洁的代码，其可以定位查询到 Document 中的元素。如同盖楼一样，没有砖瓦，就盖不起楼房；没有元素，就不能实现各种操作。首先来看一个选择器的示例：

```
    var obj = $("#testDiv"); //根据 ID 获取 jQuery 包装集
```

上例中使用了 ID 选择器，选取 ID 为 testDiv 的 Dom 对象赋予变量 obj。

1. 基本选择器

$("#myElement")选择 ID 值等于 myElement 的元素，ID 值不能重复，在文档中只能有一个 ID 值是 myElement，所以得到的是唯一的元素。$("div")选择所有的 DIV 标签元素，返回 DIV 元素数组。基本选择器的说明见表 13-1。

表 13-1　基本选择器的说明

名称	说明	举例
#id	根据元素 ID 选择	$("#div1"): 选择 id 为 div1 的元素
element	根据元素的名称选择	$("h1"): 选择所有 h1 元素
.class	根据元素的 CSS 类选择	$(".c1"): 选择所有 CSS 类为 c1 的元素
*	选择所有元素	$("*"): 选择页面所有元素
selector1,selector2,selectorN	可以将几个选择器用","分隔开，然后拼成一个选择器字符串，会同时选中这几个选择器匹配的内容	$("#div1,h1,.c1")

【例 13.3】基本选择器示例 1。

```
    <%@ page language="java"  pageEncoding="gbk"%>
  <html>
    <head>
      <title></title>
     <script src="jquery.js" type="text/javascript"></script>
     <script type="text/javascript">
         $(document).ready(
           function(){
              $("#one").css("background-color","red");
```

```
            }
        );
    </script>
  </head>
  <body>
   <div class="one" id="one">id 为 one,class 为 one 的 div</div>
  </body>
</html>
```

运行后，ID 为 one 的 DIV 标签中的内容的背景颜色将为红色。

【例 13.4】基本选择器示例 2。

$(".class1")：选择使用 class1 类的 CSS 的所有元素。

```
<%@ page language="java"  pageEncoding="gbk"%>
<html>
  <head>
    <title></title>
   <script src="jquery.js" type="text/javascript"></script>
   <script type="text/javascript">
       $(document).ready(
         function(){
            $(".one").css("background-color","blue");
            $(".mini").css("background","#bbffaa");
            $("#one .mini").css("background-color","red");
          }
       );
    </script>
  </head>
  <body>
    <div class="one"    id="one">id 为 one,class 为 one 的 div
       <div class="mini">class 为 mini</div>
    </div>
 </html>
```

运行结果如图 13.4 所示。

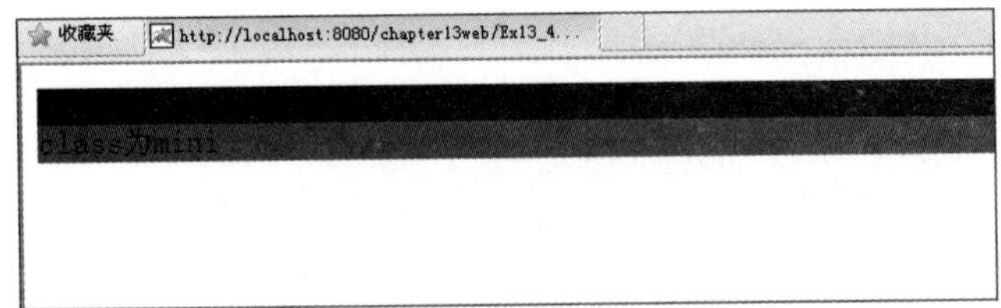

图 13.4　基本选择器示例 2 运行结果

图 13.4 中可以看到，内层的 DIV 元素中的内容背景色将显示为红色，其选择器为 $("#one .mini")，这表示 ID 为 one 的元素的后代 class 为 mini 的元素。这就是后面将提到

的层次选择器。

2. 层次选择器

【参考图文】

层次选择器的说明见表 13-2。

表 13-2　层次选择器的说明

名称	说明	举例
ancestor descendant	选择 ancestor（祖先）下所有的 descendant（子孙）	$("#div1 h1"): 选择 ID 为 div1 的中的所有 h1 元素
parent>child	选择 parent 下的儿子节点	$("#div1>a"): 选择 ID 为 div1 的中的 a 子元素
prev+next	prev 和 next 是两个同级别的元素，选择在 prev 元素后面的 next 元素	$("#div1+h3"): 选择 ID 为 div1 的中的下一个 h3 元素
prev~siblings	选择 prev 后面的根据 siblings 过滤的元素	$("#dvi1~#div2"): 选择 ID 为 div1 的对象后面 ID 为 div2 的元素

3. 基本过滤选择器

基本过滤选择器的语法格式为$("元素:表达式")，具体说明见表 13-3。

表 13-3　基本过滤选择器的说明

名称	说明	举例
:first	匹配找到的第一个元素	$("tr:first"): 查找表格的第一行
:last	匹配找到的最后一个元素	$("tr:last"): 查找表格的最后一行
:not(selector)	去除所有与给定选择器匹配的元素	$("input:not(:checked)"): 查找所有未选中的 input 元素
:even	匹配所有索引值为偶数的元素	$("tr:even"): 查找表格的奇数行
:odd	匹配所有索引值为奇数的元素	$("tr:odd"): 查找表格的偶数行
:eq(index)	匹配一个给定索引值的元素	$("tr:eq(1)"): 查找第 2 行
:gt(index)	匹配所有大于给定索引值的元素	$("tr:gt(0)"):查找索引值大于 0 的行
:lt(index)	选择结果集中索引小于 N 的 elements	$("tr:lt(2)"): 查找第 1 与第 2 行，即索引值是 0 和 1，也就是比 2 小的所有行

注意：index 都是从 0 开始计数。

4. 内容过滤选择器

内容过滤选择器的语法格式为$("元素:函数表达式")，具体说明见表 13-4。

表 13-4　内容过滤选择器的说明

名称	说明	举例
:contain(text)	匹配包含给定文本的元素	$("div:contains("John")"): 查找所有包含"John"的 DIV 元素
:empty	匹配所有不包含子元素或者文本的空元素	$("td:empty"): 查找所有不包含子元素或者文本的空单元格

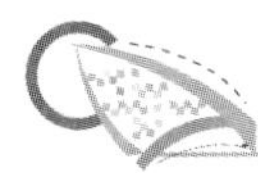

续表

名称	说明	举例
:has(selector)	匹配含有选择器所匹配的元素的元素	$("div:has(p)").addClass("text"): 给所有包含 p 元素的 DIV 元素添加一个 text 类
:parent	匹配含有子元素或者文本的元素	$("td:parent"): 查找所有含有子元素或者文本 TD 元素
:hidden	选择被隐藏的元素	$("div:hidden"): 选择所有被隐藏的 DIV 元素
:visible	选择可见的元素	$("div:visible"): 选择所有被可见的 DIV 元素

5. 属性过滤选择器

属性过滤选择器的语法格式为$("元素[属性名 操作符 '值'] ")。其中，操作符可以是"="、"!="、"^="、"$"、"*"，分别表示选择所有属性名等于"值"、不等于"值"、以"值"开始的、以"值"结束的、包含"值"的元素。属性过滤选择器的说明见表 13-5。

表 13-5 属性过滤选择器的说明

名称	说明	举例
[attr]	匹配包含给定属性的元素	$("h2[id]"): 选择所有包含 ID 属性的 h2 元素
[attr=value]	匹配给定的属性是某个特定值的元素	$("input[name='t1']"): 选择所有的 name 属性等于 t1 的 input 元素
[attr!=value]	匹配给定的属性是不包含某个特定值的元素	$("input[name!='t1']"): 选择所有的 name 属性不等于 t1 的 input 元素
[attr^=value]	匹配给定的属性是以某些值开始的元素	$("input[name^='t1']"): 选择所有的 name 属性以 t1 开头的 input 元素
[attr$=value]	匹配给定的属性是以某些值结尾的元素	$("input[name$='t1']"): 选择所有的 name 属性以 t1 结尾的 input 元素
[attr*=value]	匹配给定的属性是包含某些值的元素	$("input[name*='t1']"): 选择所有的 name 属性值包含 t1 的 input 元素
[attrFilter1][attrFilter2]	复合属性选择器，需要同时满足多个条件时使用	$("input[id][name$='t1']"): 选择所有含有 ID 属性且 name 属性是以 t1 结尾的 input 元素

6. 子元素过滤选择器

子元素过滤选择器的说明见表 13-6。

表 13-6 子元素过滤选择器的说明

名称	说明	举例
:child(index)	匹配第 index 个子节点	$("#div:child(4)"): 返回所有的 div 元素的第 5 个子节点的数组
:first-child	匹配第一个子节点	$("#div span:first-child"): 返回所有的 div 元素的后代 span 元素的第 1 个子节点的数组

续表

名称	说明	举例
:last-child	匹配最后一个子节点	$("#div span:last-child"): 返回所有的 DIV 元素的后代 span 元素的最后 1 个子节点的数组
:only-child	匹配唯一一个子节点	$("#dvi:only-child"): 返回所有的 DIV 中只有唯一一个子节点的所有子节点的数组

7. 表单元素选择器

表单元素选择器的说明见表 13-7。

表 13-7　表单元素选择器的说明

名称	说明	举例
:input	匹配所有 input 等表单输入元素	$(":input"): 选择所有的表单输入元素，包括 input,select,button 等
:text	选择所有的"text"类型的 input 元素	$(":text"): 选择所有文本框
:password	选择所有的"password"类型的 input 元素	$(":password"): 选择所有密码框
:radio	匹配所有单选按钮	$(":radio"): 选择所有单选按钮
:checkbox	匹配所有复选框	$(":checkbox"): 选择所有复选框
:submit	匹配所有提交按钮	$(":submit"): 选择所有提交按钮
:image	匹配所有 image 元素	$(":image"): 选择所有图像域 input 元素
:reset	匹配所有重置按钮	$(":reset"): 选择所有重置按钮
:button	匹配所有 button 类型的 input 元素	$(":button"): 选择所有按钮
:file	匹配所有 file 类型的 input 元素	$(":file"): 选择所有文件域 input 元素

8. 表单元素过滤选择器

表单元素过滤选择器的说明见表 13-8。

表 13-8　表单元素过滤选择器的说明

名称	说明	举例
:enabled	匹配所有可用元素	$(":enabled"): 选择所有可操作的表单元素
:disabled	匹配所欲不可用元素	$(":disabled"): 选择所有不可用的表单元素
:checked	匹配所有被选中的元素，不包含 select 中的 option	$(":checked"): 选择所有被 checked 的表单元素
:selected	匹配所有选中的 option 元素	$("select option:selected"): 选择所有的 select 的子元素中被 selected 的元素

13.4　JQuery 对 HTML 的操作

13.4.1　节点标签操作

1. 创建节点

使用 JQuery 的工厂函数$()实现，例如：

```
$("<div style=\"border:solid 1px #FF0000\">动态创建的 div</div>")
```

此时，页面动态地创建了一个 DIV 节点。

2. 插入节点

查询定位到某个节点，调用$("节点")的如下函数：

```
$("节点").append("新节点");
$("节点").prepend("新节点");
```

3. 删除节点

查询定位到某个节点，调用$("节点")的如下函数：

```
$("节点").remove();返回被移除的元素对象，把列表中的第一个元素删除
$("节点").empty();把查询到的第一个节点项内容清空，但保留节点
```

例如：

```
$("p:first").remove();  //把页面中的第一个 P 元素删除
$("p:first").empty();   //把页面中的第一个 P 元素清空
```

【例 13.5】创建、插入和删除节点示例。

```
<%@ page language="java" pageEncoding="gbk"%>
<html>
  <head>
    <script type="text/javascript" src="jquery.js"></script>
    <script type="text/javascript">
        $(document).ready(function(){
           var $node = $("<div style=\"border:solid 1px #FF0000\">动态创建
           的 div</div>");
           $(".inone").prepend($node);
           $(".inone").append("<br/><div><b>您好</b></div><br/><div>你好
           </div>");
           $ (".btn1").click(function(){
             $("p").wrap("<div></div>");
             $("p:first").empty();//点击两次按钮第二个 P 没有清空
             $("p:first").remove();//点击两次按钮第二个 P 删除
           });
        });
    </script>
```

```
    <style type="text/css">
      div{background-color:yellow;}
    </style>
  </head>
    <body>
      <div id="div1">id 为 div1
        <div class="inone">class 为 inone </div>
      </div>
      <p>This is a paragraph.</p>
      <p>This is another paragraph.</p>
      <button class="btn1">用 div 包裹每个段落</button>
    </body>
</html>
```

运行结果如图 13.5 所示。

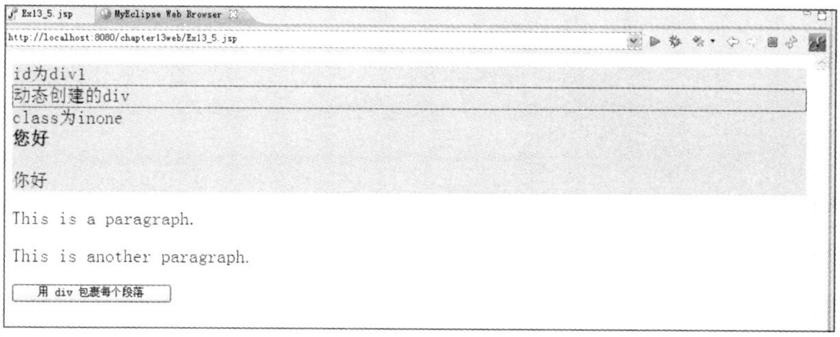

图 13.5　例 13.5 运行结果

从图中可以看到，“动态创建的 div”元素动态创建在了“class 为 inone”节点的前面。当单击按钮时，运行结果如图 13.6 所示。

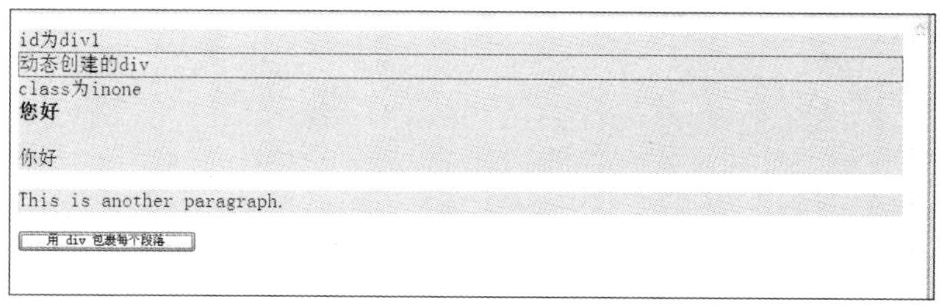

图 13.6　单击按钮后的运行结果

可以看出，页面用“用 div 包裹了每个段落”，同时第一个 P 节点被删除。

4. 实现节点移动操作

查询定位到某个节点，调用$("节点")的 after()和 before()方法。例如：

```
$("节点").after("新节点");
$("节点").before("新节点");
```

5. 复制节点

查询定位到某个节点，调用$("节点")的如下函数：

$(this).clone().appendTo("ul"); 复制当前节点并追加到 ul 元素中。

$(this).clone(true).appendTo("ul"); 复制当前节点并追加到 ul 元素中。

上面第一种方式只把元素内容复制过去，而第二种方式 clone(true)能够把元素内容和元素行为(事件)一起复制过去。

6. 属性操作

使用 attr("属性名")方法，读取属性值为 var $title = $("p").attr("title");，设置属性使用 attr("属性名","属性值")方法。例如：

```
$("p").attr("title","这是新设的属性");
$("p").attr({"title":"mytitle","name":"test"});
```

删除属性：$("p").removeAttr("title");

【例 13.6】节点移动、复制和属性操作示例。

```
<%@ page language="java" pageEncoding="gbk"%>
<html>
  <head>
  <title></title>
  <link rel="stylesheet" type = "text/css" href="css/style.css"/>
   <script src="jquery.js" type="text/javascript"></script>
   <script type="text/javascript">
        $(document).ready(
            function() {
                /*设定 id 为 one 的标记背景颜色为 red*/
                $("#one").css("background-color","red");
                /*设定 class 为 mini 的标记背景颜色值为#bbffaa*/
                $(".mini").css("background","#bbffaa");
                $("ul li:eq(1)").before($("ul li:eq(2)"));
                $("div").clone().appendTo("ul");
                $("p").wrap("<b></b>")
                 var $title = $("p:eq(1)").attr("title");//$("p+p")
                 $("#one").html($title);
               }
        );
    </script>
  </head>
   <body>
     <div class="one" id="one">
        id 为 one,class 为 one 的 div
        <div class="mini">class 为 mini</div>
     </div>
     <p>
      用户名: <input type=text name="username" value="chen"><br/>
```

```
        </p>
        <p title="选择你最喜欢的城市.">你最喜欢的城市是? </p>
            <ul>
                <li title='北京'>北京</li>
                <li title='杭州'>杭州</li>
                <li title='南京'>南京</li>
            </ul>
    </body>
</html>
```

运行结果如图 13.7 所示。

图 13.7　例 13.6 运行结果

其中，将 ul 的第二个 li“南京”移到了 ul 第一个 li“杭州”的前面。同时，文档前部的两个 DIV 节点分别复制追加到了 ul 元素的下部。最后，程序把序号 1 的 P 元素节点，即第二个 P 标签元素的属性 title 值取出显示在 ID 为 one 的 DIV 元素中。

13.4.2　CSS 样式操作

CSS 样式基本操作见表 13-9。

表 13-9　CSS 样式基本操作

名称	说明	举例
addClass(class)	为每个匹配的元素添加指定的类名	$("p").addClass("style2"): 在 p 元素原有的 class 样式基础上追加 style2 样式
hasClass(class)	判断元素中是否至少有一个元素应用了指定的 CSS 类	$("p").hasClass("style2"): 如果 p 中存在 style2 样式，运行结果为 true，反之为 false
removeClass([class])	从所有匹配的元素中删除全部或指定的类	$("p").removeClass("style2"): 移除 p 元素中值为 style2 的 class
toggleClass(class)	如果存在（不存在）就删除（添加）一个类	$("p").toggleClass("style2"):对于所有的 p 元素，如果不存在此样式，就添加此样式，否则就删除此样式
css(name)	访问第一个元素的匹配样式属性	$("p").css("select"): 取得第一个 p 元素中的 select 样式属性的值
css(properties)	设置属性，属性由名与值构成	$("p").css({color:"red",background:"blue"}):将所有 p 元素中的字体颜色设为红色且背景为蓝色

续表

名称	说明	举例
css(name,value)	在所有匹配的元素中，设置一个样式属性的值。数字自动转化为像素值	$("p").css("color,red"):将所有 p 元素中的字体设为红色

13.4.3 读写 HTML 文本

html()、text()、val()分别获取或设置元素内部的 HTML 内容，包括元素和文本内容，文本框、下拉列表、单选框等表单元素的 value 值。通过一个示例说明其用法。

【例 13.7】读写 HTML 示例。

我们只需对例 13.6 进行简单的改写，如下(见黑色粗体字)：

```
<%@ page language="java" pageEncoding="gbk"%>
<html>
  <head>
  <title></title>
  <link rel="stylesheet" type = "text/css" href="css/style.css"/>
   <script src="jquery.js" type="text/javascript"></script>
   <script type="text/javascript">
        $(document).ready(
            function() {
                /*设定 id 为 one 的标记背景颜色为 red*/
                $("#one").css("background-color","red");
                /*设定 class 为 mini 的标记背景颜色值为#bbffaa*/
                $(".mini").css("background","#bbffaa");
                $("ul li:eq(1)").before($("ul li:eq(2)"));
                $("div").clone().appendTo("ul");
                $("p").wrap("<b></b>")
                 var s1=$("p").html();
                 var s2=$("p").text();
                 var s3=$("input").val();
                 var $title = $("p:eq(1)").attr("title");//$("p+p")
                 $("#one").html($title);
                 alert("s1="+s1+" s2= "+s2+ " s3 = "+s3);
            }
        );
    </script>
  </head>
   <body>
     <div class="one" id="one">
        id 为 one,class 为 one 的 div
        <div class="mini">class 为 mini</div>
     </div>
     <p>
```

```
        用户名: <input type=text name="username" value="chen"><br/>
       </p>
       <p title="选择你最喜欢的城市.">你最喜欢的城市是? </p>
          <ul>
             <li title='北京'>北京</li>
             <li title='杭州'>杭州</li>
             <li title='南京'>南京</li>
          </ul>
    </body>
</html>
```

运行结果如图 13.8 所示。

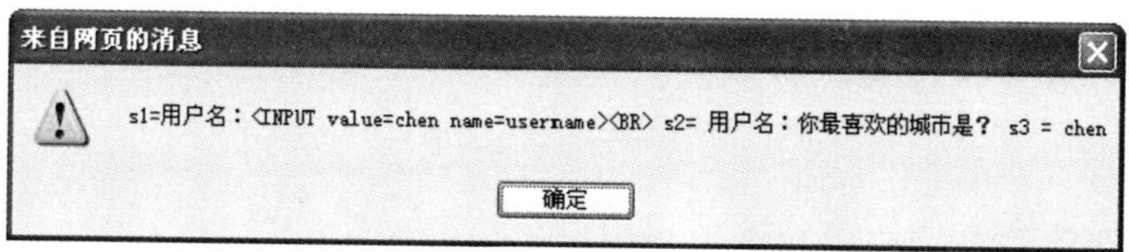

图 13.8　例 13.7 运行结果

在 JQuery 中，val()是从最后一个向前读取，如果 value 值或 text 中的任何一项符合都会被选中。

13.5　JQuery 事件

13.5.1　绑定事件

绑定事件语法格式为

```
$("节点").bind(type[,data],fn)
```

(1) type：事件类型，如 blur、focus、load、resize、scroll、upload、click、dblclick、mousedown、mouseup、mousemove、mouseover、mouseout、mouseenter、mouseleave、change、select、submit、keydown、keypress、keyup、error 等。

(2) data：可选，作为 event.data 属性传递给事件对象的额外数据对象。

(3) fn：用来绑定的函数。例如：

```
    $("#div1").bind("click",function(){
            $("#div1").hide();
        })
```

也可以简写绑定事件，如 click、mouseover、mouseout 事件，程序中经常会用到，因此 JQuery 提供了简单的写法，可以有效减少代码量。可以对上面的代码进行修改，我们尝试用鼠标单击超链接时触发某些行为，在 ready()函数里加入以下代码：

```
$("p").click(function(){
```

```
    alert("hello world");
});
```

【例 13.8】以下示例为单击标题，显示与隐藏内容。

```
<%@ page language="java" pageEncoding="utf-8"%>
<html>
<head>
<script src="script/jquery-1.3.2.js"type="text/javascript"/>
<script type="text/javascript">
      $(function(){
   /*为#div1 绑定 click 事件，事件触发时调用 function()函数中的代码*/
          $("#div1").bind("click",function(){
              $("#div1").hide();
           })});
</script>
</head>
<body>
     <div id="div1">单击隐藏</div>
   </body>
</html>
```

当用户用鼠标单击 ID 为 div1 的区域内容“单击隐藏”时，该区域被隐藏不可见。

13.5.2 事件冒泡

如果页面 DOM 树底层的元素某事件被触发，它会沿 DOM 树依次向上调用父辈元素对应的某事件。例如，页面 div 中的 span 标记被单击，那它会依次触发 span 的 click 事件、div 的 click 事件、body 的 click 事件。

在 JQuery 中使用事件对象非常简单，只需要在事件绑定函数中传入一个参数即可。

【例 13.9】事件冒泡示例。

```
<%@ page language="java" pageEncoding="gbk"%>
<!DOCTYPE HTML PUBLIC "-//W3C//DTD HTML 4.01 Transitional//EN">
<html>
  <head>
   <script src="jquery.js" type="text/javascript"></script>
   <script type="text/javascript">
          function fun1(){
            alert('div2 点击');
          }
           function fun2(event){
            alert('span1 点击');
           //event.stopPropagation();   //停止事件冒泡
          }
          $( function() {
```

```
            /*为#span1 绑定 click 事件,事件触发时调用 fun2()函数中的代码*/
            $("#span1").bind("click",fun2);
            $("#div2").bind("click",fun1);
        }
    );
  </script>
 </head>
  <body>
     <div id="div2">
     <span id="span1">冒泡事件</span>
   </div>
 </body>
</html>
```

运行后，当单击“冒泡事件”时将弹出警告框显示“span1 点击”，接着又弹出警告框显示“div2 点击”。从程序的第一个注释可以看到，如果要停止事件冒泡，可使用事件对象 event 的 stopPropagation()方法阻止事件的传递行为,则程序不会再弹出第二个警告框。

【例 13.10】使用 JQuery，使表格隔行颜色不同以及移动颜色不同。

```
<%@ page language="java" pageEncoding="gbk"%>
<!DOCTYPE HTML PUBLIC "-//W3C//DTD HTML 4.01 Transitional//EN">
<html>
    <head>
<script src="jquery.js" type="text/javascript"></script>
        <script type="text/javascript">
         $(document).ready(function(){
     /*遍历所有的 tr,将 tr 的背景颜色设置为'#ccc'、'#fff'之一，取哪一种颜色取决于当
       前位置 i 与 2 的余数*/
            $("tr").each(    function(i){
                this.style.backgroundColor=['#ccc','#fff'][i%2];
            })
            /*设定鼠标指针移过的行背景为红色*/
              $("tr").mouseover(function(){
                      $(this).css("background","red");
           } )
       /*鼠标指针离开时，遍历所有的 tr,将 tr 的背景颜色设置为'#ccc'、'#fff'之一，取哪一
          种颜色取决于当前位置 i 与 2 的余数*/
             $("tr").mouseout(function(){
                   $("tr").each(function(i){
                       this.style.backgroundColor=['#ccc','#fff'][i%2];
                    });}
            )
        })
    </script>
    </head>
```

```
    <body>
      <center>
      <table>
        <thead>
            <tr><td>姓名</td><td>电话</td><td>地址</td></tr>
        </thead>
        <tbody>
            <tr><td>周俊</td><td>021-56789011</td><td>上海市杨浦区</td></tr>
            <tr><td>吴军</td><td>010-76789023</td><td>北京市朝阳区</td></tr>
            <tr><td>张志</td><td>010-56789616</td><td>北京市朝阳区</td></tr>
            <tr><td>刘侃</td><td>021-56234411</td><td>上海市杨浦区</td></tr>
        </tbody>
    </table>
    </center>
    </body>
</html>
```

运行结果如图 13.9 所示。

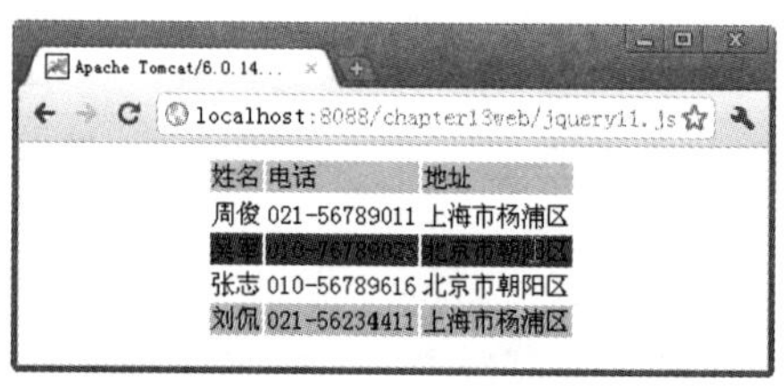

图 13.9 表格隔行颜色改变示例

13.6 基于 JQuery 的 Ajax 编程

13.6.1 Ajax 的概念

Ajax(Asynchronous JavaScript and XML)即异步 JavaScript 和 XML 技术，其结合了 Java 技术、XML 以及 JavaScript 等编程技术。Ajax 是使用客户端脚本与 Web 服务器交换数据的 Web 应用开发方法。

异步是指 Ajax 应用软件与主机服务器进行联系的方式。如果使用旧模式，每当用户执行某种操作、向服务器请求获得新数据时，Web 浏览器就会更新当前窗口。如果使用 Ajax 的异步模式，浏览器就不必等用户请求操作，也不必更新整个窗口就可以显示新获取的数据。只要来回传送采用 XML 格式的数据，在浏览器里面运行的 JavaScript 代码就可以与服务器进行联系。JavaScript 代码还可以把样式表加到检索到的数据上，然后在现有网页的某个部分加以显示。Google 和百度的搜索框中的智能感知等使用了 Ajax 技术。Web 页面不用打断交互流程进行重新加载，就可以动态地更新。使用 Ajax，用户可以创建接近本地桌面应用的直接、更可用、更丰富、更动态的 Web 用户界面。Ajax 请求响应流程如图 13.10 所示。

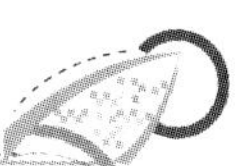

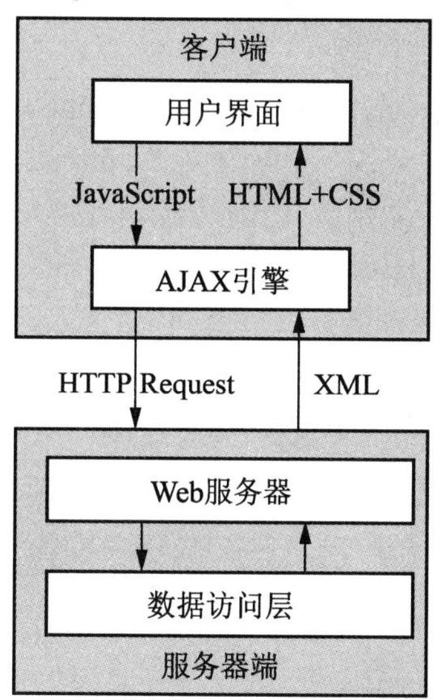

图 13.10　Ajax 请求响应流程

基于 Ajax 技术的 Web 应用模式的核心是采用异步交互过程，即在浏览器后台加载一个 Ajax 引擎，通过这个 Ajax 引擎在浏览器后台处理浏览器与服务器之间的传递数据的交互行为。Ajax 的处理过程如下：一个 Ajax 交互从一个称为 XMLHttpRequest 的 JavaScript 对象开始，它允许一个客户端脚本来执行 HTTP 请求，并且将会解析一个 XML 格式的服务器响应。因此，Ajax 处理过程中的第一步是创造一个 XMLHttpRequest 实例。XMLHttpRequest 是 Ajax 的基础，这是 JavaScript 的一个对象，用于在浏览器后台与服务器交换数据。XMLHttpRequest 在客户端执行过程中向服务器发送 HTTP 请求，使用 HTTP 的 get()或 post()方法来处理请求，并将目标 URL 设置到 XMLHttpRequest 对象上，然后解析服务器返回的 XML 数据格式的响应结果。现在，首先记住 Ajax 如何处于异步处理状态。当发送 HTTP 请求时，若不希望浏览器挂起并等待服务器的响应，而是能继续通过页面响应用户的界面交互，并在服务器响应真正到达后处理它们，则可以向 XMLHttpRequest 注册一个回调函数，并异步地派 XMLHttpRequest 发送请求，控制权马上就被返回浏览器，当服务器响应到达时回调函数将会被调用，处理返回的响应结果。

因此，Ajax 的编程步骤如下：

(1) 创建一个 XMLHttpRequest 对象，代码如下：

```
xmlhttp = new XMLHttpRequest();
```

(2) 调用 XMLHttpRequest 对象的 open()方法，创建 HTTP 请求，调用 XMLHttpRequest 对象的 setResouceHeader()等方法，调用 XMLHttpRequest 对象的 send()方法，根据 XMLHttpRequest 对象的 open()方法参数决定等待或者不等待服务器返回响应数据，“true”为不等待。

例如，发送一个简单的 GET 异步请求：

```
xmlhttp.open("GET", "demo_get.jsp?fname=Bill & lname=Gates" , true);
```

```
xmlhttp.send();
```

(3) 设置 XMLHttpRequest 对象的 onreadystatechange 属性，指定响应处理函数。例如，需获得来自服务器的响应，需要使用 XMLHttpRequest 对象的 responseText 或者 responseXML 属性。由于 Ajax 采用异步传输方式，不希望回调函数立即执行，因此回调函数应该首先判断 HTTP 请求的状态，按顺序执行如下事务：

①判断 HTTP 请求的状态，并做相应处理。

②将服务器返回的响应数据赋予 JavaScript 变量或者对象。

③使用 DOM 或者其他方式解析服务器返回的响应数据。

④使用 DOM 解析 XHTML/HTML 文档。

⑤使用解析完毕的响应数据，更新上一步解析获取的 XHTML/HTML 文档节点的属性值或者内容。

【例 13.11】 Ajax 示例。

第 1 步：在 WebRoot 目录下建立目录 xml，在其下创建 XML 文件，即歌曲列表文件。

代码如下：

```
<?xml version="1.0" encoding="gbk" ?>
<songlist>
   <song catagory="classic">
       <title>海阔天空</title>
       <author>Beyond</author>
     </song>
   <song catagory="youth">
      <title>青花瓷</title>
       <author>周杰伦</author>
      </song>
     <song catagory="rock">
       <title>改变自己</title>
       <author>王力宏</author>
      </song>
      <song catagory="youth">
       <title>麦芽糖</title>
       <author>周杰伦</author>
      </song>
</songlist>
```

第 2 步：编写网页文件，实现 Ajax 功能。

代码如下：

```
<html>
<head>
 <script type="text/javascript">
    function loadXMLDoc() {
      var xmlhttp;
      var txt,x,i;
```

```
        if (window.XMLHttpRequest) {
          // code for IE7+, Firefox, Chrome, Opera, Safari
          xmlhttp=new XMLHttpRequest();
        }
        else {
          // code for IE6, IE5
          xmlhttp=new ActiveXObject("Microsoft.XMLHTTP");
        }
        xmlhttp.onreadystatechange=function() {
          if (xmlhttp.readyState==4 && xmlhttp.status==200) {
            //当 xmlhttp 的 readyState 状态值为 4，status 为 200 时为请求响应成功
            xmlDoc=xmlhttp.responseXML;//获取 XML 格式的返回结果
            txt="";
            x=xmlDoc.getElementsByTagName("title");
           //获取结果文件中所有“title”标签元素
            for (i=0;i<x.length;i++) {
              txt=txt + x[i].childNodes[0].nodeValue + "<br />";
             //获取每个“title”标签元素的子元素的值并连接
            }
            document.getElementById("myDiv").innerHTML=txt;
            //获取网页 ID 为 myDiv 的块并显示标签为“title”的结果内容
          }
        }
        xmlhttp.open("GET","xml/song.xml",true);
        //以异步方式 get()方法请求 song.xml 资源文件
        xmlhttp.send();//发送请求
      }
    </script>
  </head>
  <body>
    <h2>我的音乐收听</h2>
    <div id="myDiv"></div>
    <button type="button" onclick="loadXMLDoc()">点击获得我的音乐列表</button>
  </body>
</html>
```

将其部署到服务器并开启服务器，运行结果如图 13.11 所示。

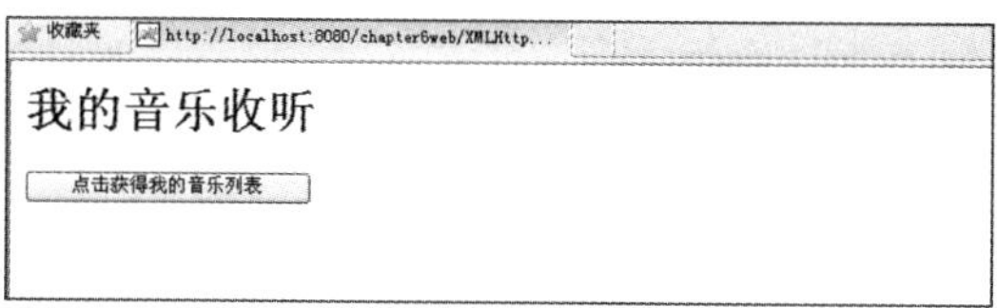

图 13.11　例 13.11 初始运行结果

当单击按钮后，运行结果如图 13.12 所示。

我的音乐收听

海阔天空
青花瓷
改变自己
麦芽糖
点击获得我的音乐列表

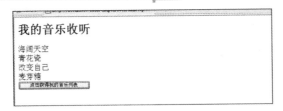

图 13.12　单击按钮后的运行结果

由运行结果可以看到，网页页面得到了局部刷新，显示出了音乐曲目。

13.6.2　JQuery 的 Ajax 编程技术

JQuery 提供了一系列的全局方法对 XMLHttpRequest 对象进行封装，在进行 Ajax 开发过程中不用担心浏览器与客户端的不一致性问题。$.ajax()是最基本的 Ajax 方法，在 JQuery 中提供了两个简捷的 Ajax 调用方法$.get()和$.post()，这两个方法实现了对$.ajax()的封装。下面介绍这两个方法的使用。

1. $.get()

其语法格式为

```
$.get(url [,data] [,callback] [,type])
```

(1) url：请求的 HTML 页的 URL 地址。

(2) data：发送到服务器的数据，以 key/value 对形式书写，如{id:"10",age:"18"}。

(3) callback：回调函数，只有返回的状态是 success 时才调用该方法。

(4) type：服务端返回的内容的格式。格式有"xml"、"html"、"json"、"jsonp"、"text"。

2. $.post()

其语法格式为

```
$.post(url [,data] [,callback] [,type])
```

(1) url: 请求的 HTML 页的 URL 地址。

(2) data：发送到服务器的数据，以 key/value 对形式书写，如{name:"lisi",age:"18"}。

(3) callback:回调函数，只有返回的状态是 success 时才调用该方法。

(4) type:服务端返回的内容的格式。主要有 xml、html、json、text 等。

$.post()与$.get()很相似，只是数据参数传递方式不一样，这二者与传统的 get/post 提交方式相同。

【例 13.12】用 Ajax 返回一个 XML 类型数据。

第 1 步：编写 Servlet。

代码如下：

```
public class AjaxServlet2 extends HttpServlet {
    public void doGet(HttpServletRequest request, HttpServletResponse
response)
```

```
        throws ServletException, IOException {
        response.setContentType("application/xml;charset=utf-8");
        String uname = request.getParameter("uname");
        String upwd = request.getParameter("upwd");
        PrintWriter out = response.getWriter();
        /*向客户端输出 XML 数据*/
        out.println("<?xml version='1.0' encoding='utf-8'?>");
        out.println("<comments>");
        out.println("<comment username = '" + uname+"'>");
        out.print("<content>"+upwd+"</content>");
        out.println("</comment>");
        out.println("</comments>");
        out.flush();
        out.close();
    }
}
```

第 2 步：配置 web.xml，加上 Servlet。

代码如下：

```
<servlet>
    <servlet-name>AjaxServlet2</servlet-name>
    <servlet-class>com.AjaxServlet2</servlet-class>
  </servlet>
  <servlet-mapping>
    <servlet-name>AjaxServlet2</servlet-name>
    <url-pattern>/ajaxservlet2</url-pattern>
  </servlet-mapping>
```

第 3 步：编写 JSP 页面，注意 Ajax 技术的运用。

代码如下：

```
<%@ page language="java" pageEncoding="utf-8"%>
<!DOCTYPE HTML PUBLIC "-//W3C//DTD HTML 4.01 Transitional//EN">
<html>
  <head>
   <script src="script/jquery-1.3.2.js" type="text/javascript"></script>
   <script type="text/javascript">
        $(function() {
               $("#button1").click(function(){
                  /*当单击 button1，将启动一个 Ajax 异步请求，请求 URL 为 ajaxservlet2,
                  该 URL 对应一个 servlet，提交数据为 form1，完成后回调函数
                  function(data,status)*/
                  $.get("ajaxservlet2",$("#form1").serialize(),
                  function(data,status){//返回结果在 data 中，状态保存在 status 中
                 /*定位并返回 comments 元素下的 comment 元素的 username 属性值*/
                  var u=$(data).find("comments comment").attr("username");
```

```
                    /*定位并返回 comments 元素下的 content 元素值*/
                    var p=$(data).find("comments content").text();
                    $("#data1").html(u+p);
                    });
                  });
                });
    </script>
  </head>
  <body>
    <center>
      <form action="" id="form1">
        <input type="text" id="text1" name="uname">
        <input type="text" id="text2" name="upwd">
        <input type="button"  id="button1" value="click">
        <div id="data1"></div>
      </form>
    </center>
  </body>
</html>
```

$("#data1").html(u+p)表示在 ID 为 data1 的 DIV 处用 HTML 格式显示返回的属性和元素值。

如果传多个参数给服务器，则采用以下方式：

```
$(function() {
              $("#button1").click(function(){
                /*当单击button1 时,将启动一个Ajax 异步请求,请求URL 为 ajaxservlet1,
                该 URL 对应一个 servlet，提交数据为 form1，完成后回调函数
                function(data,status)*/
                $.get("ajaxservlet1",{uname:'张三',upwd:'1234'},
                function(data,status){
                 /*定位 comments 元素下的 comment 元素*/
                 $("#data1").html(data);
               });
              });

          });
```

{uname:'张三',upwd:'1234'}是传值的形式，前面是名称，后面是值，多个参数之间使用“，”隔开。

【例 13.13】利用 Ajax 返回一个字符串。

第 1 步：编写 JSP 页面，其中的脚本方法改写为上面的代码。

第 2 步：改写 Servlet，接收从页面传过来的 String 对象。

代码如下：

```
public void doGet(HttpServletRequest request, HttpServletResponse response)
```

```
        throws ServletException, IOException {
    String uname = request.getParameter("uname");
    String upwd = request.getParameter("upwd");
    PrintWriter out = response.getWriter();
    //向客户端输出 String 数据
    out.println("Hello "+uname+","+upwd);
      out.flush();
    out.close();
}
```

运行结果如图 13.13 所示。

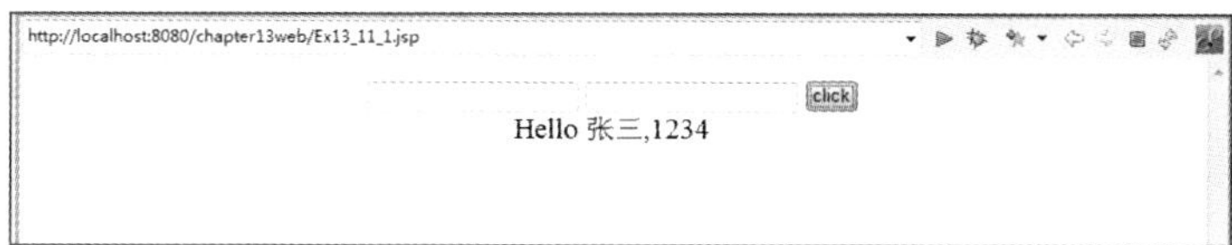

图 13.13　例 13.13 运行结果

用户无须输入任何值，依然输出了数据，这是直接在方法中传递参数的结果。

如果在第 1 步改写的 JSP 页面如下：

```
<%@ page language="java" pageEncoding="utf-8"%>
<!DOCTYPE HTML PUBLIC "-//W3C//DTD HTML 4.01 Transitional//EN">
<html>
  <head>
   <script src="script/jquery-1.3.2.js" type="text/javascript"></script>
   <script type="text/javascript">
       $(function() {
              $("#button1").click(function(){
                 /*当单击button1时,将启动一个Ajax异步请求,请求URL为ajaxservlet1,
                 该 URL 对应一个 servlet, 提交数据为 form1, 完成后回调函数
                 function(data,status)*/
                 $.get("ajaxservlet1",$("#form1").serialize(),
                 function(data,status){
                    $("#data1").html(data);
                 });
               });
           });
    </script>
  </head>
   <body>
    <center>
      <form action="" id="form1">
         <input type="text" id="text1" name="uname">
         <input type="text" id="text2" name="upwd">
```

```
        <input type="button" id="button1" value="click">
        <div id="data1"></div>
      </form>
    </center>
  </body>
</html>
```

则需要用户输入数据，输出结果同上。

13.6.3 JQuery 中使用 JSON

JSON 概念很简单，它是一种轻量级的数据格式。JSON 是 JavaScript 语法的子集，即数组和对象表示。由于使用的是 JavaScript 语法，因此 JSON 定义可以包含在 JavaScript 文件中，对其的访问无须通过 XML 解析。

简单地说，JSON 可以将 JavaScript 对象中表示的一组数据转换为字符串，然后就可以在函数之间轻松地传递该字符串，或者在异步应用程序中将字符串从 Web 客户端传递给服务器端程序。以下是几个简单的 JSON 示例。

(1) JSON 表示名称/值对：

```
{ "StudentName": "zhangliuwen" }
```

(2) 包含多个名称/值对：

```
{ " StudentName ": "zhou", "email": "zhou@mycom.com" }
```

(3) 值的数组：当需要表示一组值时，JSON 不但能够提高可读性，而且可以减少复杂性。使用 JSON 就只需将多个带花括号的记录分组在一起：

```
{ "students": [
 { " StudentName ": "zhou", "email": "zhou@mycom.com"},
 { " StudentName ": "zhang", "email": "zhang@mycom.com" },
 { " StudentName ": "liu", "email": "liu@mycom.com"}  ]}
```

JSON 不仅减少了解析 XML 带来的性能问题和兼容性问题，而且对于 JavaScript 来说更容易使用，可以方便地通过遍历数组以及访问对象属性来获取数据，其可读性也很好，基本具备了结构化数据的性质。

【例 13.14】利用 Ajax 返回一个 JSON 数据。

第 1 步：编写 JSP 页面。

代码如下：

```
<%@ page language="java" pageEncoding="utf-8"%>
<!DOCTYPE HTML PUBLIC "-//W3C//DTD HTML 4.01 Transitional//EN">
<html>
  <head>
   <script src="script/jquery-1.3.2.js" type="text/javascript"></script>
   <script type="text/javascript">
       $(function() {
```

```
            $("#button1").click(function(){
              /*当单击 button1 时,将启动一个 Ajax 异步请求,请求 URL 为 ajaxservlet,
               该 URL 对应一个 servlet, 提交数据为 form1, 完成后回调函数
               function(data,status)*/
               $.get("ajaxservlet",$("#form1").serialize(),
               function(data,status){
                /*定位 comments 元素下的 comment 元素*/
               var u=data.uname;
               var p=data.upwd;
               $("#data1").html(u+p);
               },"json");
             });
        });
    </script>
  </head>
   <body>
    <center>
      <form action="" id="form1">
         <input type="text" id="text1" name="uname">
         <input type="text" id="text2" name="upwd">
         <input type="button" id="button1" value="click">
         <div id="data1"></div>
      </form>
    </center>
  </body>
</html>
```

第 2 步：编写 Servlet，接收从页面传过来的 JSON 对象。

代码如下：

```
public class AjaxServlet1 extends HttpServlet{
   @Override
   public void doGet(HttpServletRequest req, HttpServletResponse resp)
         throws ServletException, IOException {
      String uname = req.getParameter("uname");
      String upwd = req.getParameter("upwd");
      PrintWriter out = resp.getWriter();
      /*向客户端输出 JSON 格式的数据*/
      out.println("{uname: '"+uname+"',upwd: '"+upwd+"'}");
      out.flush();
      out.close();
   }
}
```

其中，程序中的 var u=data.uname 的 data 对应 function(data,status)的 data，保存了返回

的数据，uname 对应 Servlet 向客户端输出的 JSON 格式的数据{uname: '"+uname+"',upwd: '"+upwd+"'}中冒号后 uname 值。var p=data.upwd 同理。

运行结果如图 13.14 所示。

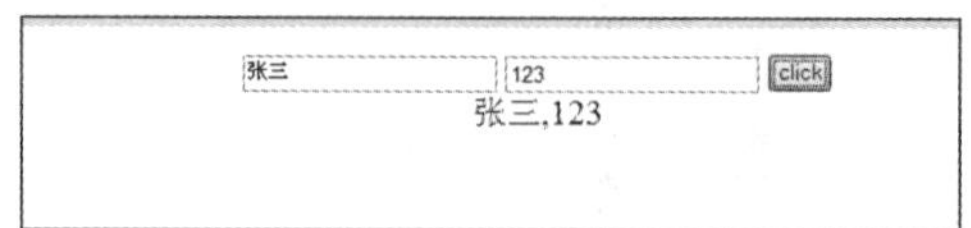

图 13.14　例 13.14 运行结果

本 章 小 结

本章介绍了 JQuery 开源 JavaScript 库的使用。学习 JQuery 入门比较简单，首先要了解 HTML 文档结构以及熟练使用 CSS，这些对学习 JQuery 帮助很大。学习 JQuery，要自己编写代码，深入到开发中锻炼，理论结合实际，才会提升价值，不断地去实践，不断在实际代码中找出 HJML、css、jQuery 三者的规律，发现 HJML、css、jQuery 三者的原理以及 HJML、css、jQuery 三者之间相互的关系，才能提升 JQuery 的编程能力。

当对 JQuery 入门后，能够熟练的使用 JQuery 语句对元素进行操作了之后，应多研究 JQuery 域的封装以及一些比较成熟的基于 JQuery 开发的控件。在学到一定程度之后，也可以试着了解 JQuery 的源码，从根本来探究 JQuery 的原理。Ajax 技术也是目前比较热门的技术之一，学生可以查阅资料自学一些 Ajax 技术。

【参考图文】

习　　题

一、选择题

1．下面几项技术中，Ajax 不包括的是(　　)。

A．HttpRequest 对象　　B．JavaScript

C．XML　　D．XMLHttpRequest

2．XMLHttpRequest 对象的 open()方法中的 method 参数一般取值为(　　)。

A．get 或 post　　B．session

C．request　　D．response

3．下面不属于 XMLHttpRequest 对象的常用属性的是(　　)。

A．onreadystatechange　　B．responseXML

C．XML　　D．responseText

4．要设置进行异步请求目标的 URL，可使用 XMLHttpRequest 对象的(　　)方法。

A．open()　　B. send()

C．setRequestHeader()　　D.get()

二、上机实践题

1．利用 JQuery 实现例 13.11 的功能。

2．参考图 13.15，利用 JQuery 完成购物车总计价格自动统计功能。当用户输入购买数量时，自动根据单价与购买数量计算总计价格。

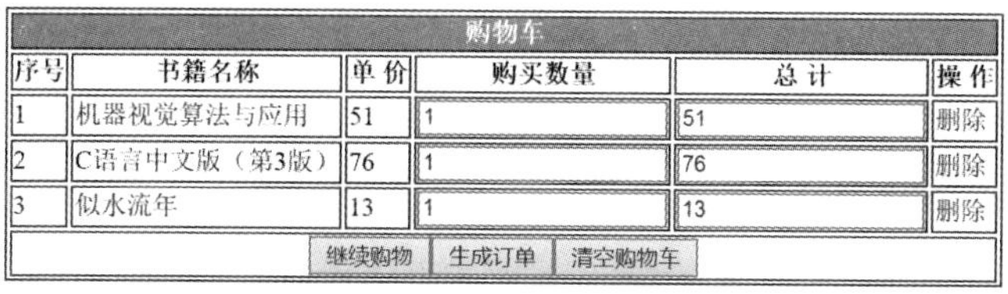

购物车					
序号	书籍名称	单 价	购买数量	总 计	操 作
1	机器视觉算法与应用	51	1	51	删除
2	C语言中文版（第3版）	76	1	76	删除
3	似水流年	13	1	13	删除
继续购物　生成订单　清空购物车					

图 13.15　购物车界面

参 考 文 献

[1] 郑阿奇. Java EE 基础实用教程[M].北京：电子工业出版社，2010.

[2] 郑阿奇. Java EE 实用教程[M]. 北京：电子工业出版社，2009.

[3] 黄开枝，等. Java EE 5 完全学习手册[M].北京：清华大学出版社，2009.

[4] 吴映波，等. JAVA EE5 开发基础与实践[M].北京：清华大学出版社，2008.

[5] 郝玉龙,姜韦华. JAVA EE 编程技术[M].北京：北京交通大学出版社，2008.

[6] 李刚. 轻量级 Java EE 企业应用实战（第 3 版）：Struts2＋Spring3＋Hibernate 整合开发[M].北京：电子工业出版社，2014.

[7] 沈泽刚，秦玉平. JavaWeb 编程技术[M].北京：清华大学出版社，2010.

[8] 孙霞. Java Web 开发教程（第 2 版）[M].北京：清华大学出版社，2012.

[9] 王国辉，陈英，等. 华章程序员书库：Java Web 入门经典[M].北京：机械工业出版社，2013.

[10] 何宗霖，等.零基础学 Java Web 开发：JSP+Servlet+Struts+Spring+Hibernate[M].北京：机械工业出版社，2010.

北京大学出版社本科电气信息系列实用规划教材

序号	书名	书号	编著者	定价	出版年份	教辅及获奖情况
物联网工程						
1	物联网概论	7-301-23473-0	王　平	38	2014	电子课件/答案，有“多媒体移动交互式教材”
2	物联网概论	7-301-21439-8	王金甫	42	2012	电子课件/答案
3	现代通信网络	7-301-24557-6	胡珺珺	38	2014	电子课件/答案
4	物联网安全	7-301-24153-0	王金甫	43	2014	电子课件/答案
5	通信网络基础	7-301-23983-4	王昊	32	2014	
6	无线通信原理	7-301-23705-2	许晓丽	42	2014	电子课件/答案
7	家居物联网技术开发与实践	7-301-22385-7	付　蔚	39	2013	电子课件/答案
8	物联网技术案例教程	7-301-22436-6	崔逊学	40	2013	电子课件
9	传感器技术及应用电路项目化教程	7-301-22110-5	钱裕禄	30	2013	电子课件/视频素材，宁波市教学成果奖
10	网络工程与管理	7-301-20763-5	谢　慧	39	2012	电子课件/答案
11	电磁场与电磁波(第2版)	7-301-20508-2	邬春明	32	2012	电子课件/答案
12	现代交换技术(第2版)	7-301-18889-7	姚　军	36	2013	电子课件/习题答案
13	传感器基础(第2版)	7-301-19174-3	赵玉刚	32	2013	视频
14	物联网基础与应用	7-301-16598-0	李蔚田	44	2012	电子课件
15	通信技术实用教程	7-301-25386-1	谢　慧	36	2015	电子课件/习题答案
16	物联网工程应用与实践	7-301-19853-7	于继明	39	2015	
单片机与嵌入式						
1	嵌入式ARM系统原理与实例开发(第2版)	7-301-16870-7	杨宗德	32	2011	电子课件/素材
2	ARM嵌入式系统基础与开发教程	7-301-17318-3	丁文龙　李志军	36	2010	电子课件/习题答案
3	嵌入式系统设计及应用	7-301-19451-5	邢吉生	44	2011	电子课件/实验程序素材
4	嵌入式系统开发基础-----基于八位单片机的C语言程序设计	7-301-17468-5	侯殿有	49	2012	电子课件/答案/素材
5	嵌入式系统基础实践教程	7-301-22447-2	韩　磊	35	2013	电子课件
6	单片机原理与接口技术	7-301-19175-0	李　升	46	2011	电子课件/习题答案
7	单片机系统设计与实例开发(MSP430)	7-301-21672-9	顾　涛	44	2013	电子课件/答案
8	单片机原理与应用技术	7-301-10760-7	魏立峰　王宝兴	25	2009	电子课件
9	单片机原理及应用教程(第2版)	7-301-22437-3	范立南	43	2013	电子课件/习题答案，辽宁“十二五”教材
10	单片机原理与应用及C51程序设计	7-301-13676-8	唐　颖	30	2011	电子课件
11	单片机原理与应用及其实验指导书	7-301-21058-1	邵发森	44	2012	电子课件/答案/素材
12	MCS-51单片机原理及应用	7-301-22882-1	黄翠翠	34	2013	电子课件/程序代码
物理、能源、微电子						
1	物理光学理论与应用(第2版)	7-301-26024-1	宋贵才	46	2015	电子课件/习题答案，“十二五”普通高等教育本科国家级规划教材
2	现代光学	7-301-23639-0	宋贵才	36	2014	电子课件/答案
3	平板显示技术基础	7-301-22111-2	王丽娟	52	2013	电子课件/答案
4	集成电路版图设计	7-301-21235-6	陆学斌	32	2012	电子课件/习题答案
5	新能源与分布式发电技术	7-301-17677-1	朱永强	32	2010	电子课件/习题答案，北京市精品教材，北京市“十二五”教材
6	太阳能电池原理与应用	7-301-18672-5	靳瑞敏	25	2011	电子课件

序号	书名	书号	编著者	定价	出版年份	教辅及获奖情况
7	新能源照明技术	7-301-23123-4	李姿景	33	2013	电子课件/答案
			基　础　课			
1	电工与电子技术(上册) (第 2 版)	7-301-19183-5	吴舒辞	30	2011	电子课件/习题答案，湖南省“十二五”教材
2	电工与电子技术(下册) (第 2 版)	7-301-19229-0	徐卓农　李士军	32	2011	电子课件/习题答案，湖南省“十二五”教材
3	电路分析	7-301-12179-5	王艳红　蒋学华	38	2010	电子课件，山东省第二届优秀教材奖
4	模拟电子技术实验教程	7-301-13121-3	谭海曙	24	2010	电子课件
5	运筹学(第 2 版)	7-301-18860-6	吴亚丽　张俊敏	28	2011	电子课件/习题答案
6	电路与模拟电子技术	7-301-04595-4	张绪光　刘在娥	35	2009	电子课件/习题答案
7	微机原理及接口技术	7-301-16931-5	肖洪兵	32	2010	电子课件/习题答案
8	数字电子技术	7-301-16932-2	刘金华	30	2010	电子课件/习题答案
9	微机原理及接口技术实验指导书	7-301-17614-6	李干林　李　升	22	2010	课件(实验报告)
10	模拟电子技术	7-301-17700-6	张绪光　刘在娥	36	2010	电子课件/习题答案
11	电工技术	7-301-18493-6	张　莉　张绪光	26	2011	电子课件/习题答案，山东省“十二五”教材
12	电路分析基础	7-301-20505-1	吴舒辞	38	2012	电子课件/习题答案
13	模拟电子线路	7-301-20725-3	宋树祥	38	2012	电子课件/习题答案
14	数字电子技术	7-301-21304-9	秦长海　张天鹏	49	2013	电子课件/答案，河南省“十二五”教材
15	模拟电子与数字逻辑	7-301-21450-3	邬春明	39	2012	电子课件
16	电路与模拟电子技术实验指导书	7-301-20351-4	唐　颖	26	2012	部分课件
17	电子电路基础实验与课程设计	7-301-22474-8	武　林	36	2013	部分课件
18	电文化——电气信息学科概论	7-301-22484-7	高　心	30	2013	
19	实用数字电子技术	7-301-22598-1	钱裕禄	30	2013	电子课件/答案/其他素材
20	模拟电子技术学习指导及习题精选	7-301-23124-1	姚娅川	30	2013	电子课件
21	电工电子基础实验及综合设计指导	7-301-23221-7	盛桂珍	32	2013	
22	电子技术实验教程	7-301-23736-6	司朝良	33	2014	
23	电工技术	7-301-24181-3	赵莹	46	2014	电子课件/习题答案
24	电子技术实验教程	7-301-24449-4	马秋明	26	2014	
25	微控制器原理及应用	7-301-24812-6	丁筱玲	42	2014	
26	模拟电子技术基础学习指导与习题分析	7-301-25507-0	李大军　唐　颖	32	2015	电子课件/习题答案
27	电工学实验教程（第 2 版）	7-301-25343-4	王士军　张绪光	27	2015	
28	微机原理及接口技术	7-301-26063-0	李干林	42	2015	电子课件/习题答案
29	简明电路分析	7-301-26062-3	姜　涛	48	2015	电子课件/习题答案
30	微机原理及接口技术（第 2 版）	7-301-26512-3	越志诚　段中兴	49	2016	二维码数字资源
			电子、通信			
1	DSP 技术及应用	7-301-10759-1	吴冬梅　张玉杰	26	2011	电子课件，中国大学出版社图书奖首届优秀教材奖一等奖
2	电子工艺实习	7-301-10699-0	周春阳	19	2010	电子课件
3	电子工艺学教程	7-301-10744-7	张立毅　王华奎	32	2010	电子课件，中国大学出版社图书奖首届优秀教材奖一等奖
4	信号与系统	7-301-10761-4	华　容　隋晓红	33	2011	电子课件
5	信息与通信工程专业英语(第 2 版)	7-301-19318-1	韩定定　李明明	32	2012	电子课件/参考译文，中国电子教育学会 2012 年全国电子信息类优秀教材

序号	书名	书号	编著者	定价	出版年份	教辅及获奖情况
6	高频电子线路(第 2 版)	7-301-16520-1	宋树祥　周冬梅	35	2009	电子课件/习题答案
7	MATLAB 基础及其应用教程	7-301-11442-1	周开利　邓春晖	24	2011	电子课件
8	计算机网络	7-301-11508-4	郭银景　孙红雨	31	2009	电子课件
9	通信原理	7-301-12178-8	隋晓红　钟晓玲	32	2007	电子课件
10	数字图像处理	7-301-12176-4	曹茂永	23	2007	电子课件，“十二五”普通高等教育本科国家级规划教材
11	移动通信	7-301-11502-2	郭俊强　李　成	22	2010	电子课件
12	生物医学数据分析及其 MATLAB 实现	7-301-14472-5	尚志刚　张建华	25	2009	电子课件/习题答案/素材
13	信号处理 MATLAB 实验教程	7-301-15168-6	李　杰　张　猛	20	2009	实验素材
14	通信网的信令系统	7-301-15786-2	张云麟	24	2009	电子课件
15	数字信号处理	7-301-16076-3	王震宇　张培珍	32	2010	电子课件/答案/素材
16	光纤通信	7-301-12379-9	卢志茂　冯进玫	28	2010	电子课件/习题答案
17	离散信息论基础	7-301-17382-4	范九伦　谢　勰	25	2010	电子课件/习题答案
18	光纤通信	7-301-17683-2	李丽君　徐文云	26	2010	电子课件/习题答案
19	数字信号处理	7-301-17986-4	王玉德	32	2010	电子课件/答案/素材
20	电子线路 CAD	7-301-18285-7	周荣富　曾　技	41	2011	电子课件
21	MATLAB 基础及应用	7-301-16739-7	李国朝	39	2011	电子课件/答案/素材
22	信息论与编码	7-301-18352-6	隋晓红　王艳营	24	2011	电子课件/习题答案
23	现代电子系统设计教程	7-301-18496-7	宋晓梅	36	2011	电子课件/习题答案
24	移动通信	7-301-19320-4	刘维超　时　颖	39	2011	电子课件/习题答案
25	电子信息类专业 MATLAB 实验教程	7-301-19452-2	李明明	42	2011	电子课件/习题答案
26	信号与系统	7-301-20340-8	李云红	29	2012	电子课件
27	数字图像处理	7-301-20339-2	李云红	36	2012	电子课件
28	编码调制技术	7-301-20506-8	黄　平	26	2012	电子课件
29	Mathcad 在信号与系统中的应用	7-301-20918-9	郭仁春	30	2012	
30	MATLAB 基础与应用教程	7-301-21247-9	王月明	32	2013	电子课件/答案
31	电子信息与通信工程专业英语	7-301-21688-0	孙桂芝	36	2012	电子课件
32	微波技术基础及其应用	7-301-21849-5	李泽民	49	2013	电子课件/习题答案/补充材料等
33	图像处理算法及应用	7-301-21607-1	李文书	48	2012	电子课件
34	网络系统分析与设计	7-301-20644-7	严承华	39	2012	电子课件
35	DSP 技术及应用	7-301-22109-9	董　胜	39	2013	电子课件/答案
36	通信原理实验与课程设计	7-301-22528-8	邬春明	34	2015	电子课件
37	信号与系统	7-301-22582-0	许丽佳	38	2013	电子课件/答案
38	信号与线性系统	7-301-22776-3	朱明早	33	2013	电子课件/答案
39	信号分析与处理	7-301-22919-4	李会容	39	2013	电子课件/答案
40	MATLAB 基础及实验教程	7-301-23022-0	杨成慧	36	2013	电子课件/答案
41	DSP 技术与应用基础(第 2 版)	7-301-24777-8	俞一彪	45	2015	
42	EDA 技术及数字系统的应用	7-301-23877-6	包　明	55	2015	
43	算法设计、分析与应用教程	7-301-24352-7	李文书	49	2014	
44	Android 开发工程师案例教程	7-301-24469-2	倪红军	48	2014	
45	ERP 原理及应用	7-301-23735-9	朱宝慧	43	2014	电子课件/答案
46	综合电子系统设计与实践	7-301-25509-4	武　林　陈　希	32(估)	2015	
47	高频电子技术	7-301-25508-7	赵玉刚	29	2015	电子课件
48	信息与通信专业英语	7-301-25506-3	刘小佳	29	2015	电子课件
49	信号与系统	7-301-25984-9	张建奇	45	2015	电子课件
50	数字图像处理及应用	7-301-26112-5	张培珍	36	2015	电子课件/习题答案
51	激光技术与光纤通信实验	7-301-26609-0	周建华　兰　岚	28	2015	
52	Java 高级开发技术大学教程	7-301-27353-1	陈沛强	48	2016	电子课件

序号	书名	书号	编著者	定价	出版年份	教辅及获奖情况
自动化、电气						
1	自动控制原理	7-301-22386-4	佟　威	30	2013	电子课件/答案
2	自动控制原理	7-301-22936-1	邢春芳	39	2013	
3	自动控制原理	7-301-22448-9	谭功全	44	2013	
4	自动控制原理	7-301-22112-9	许丽佳	30	2015	
5	自动控制原理	7-301-16933-9	丁　红　李学军	32	2010	电子课件/答案/素材
6	现代控制理论基础	7-301-10512-2	侯媛彬等	20	2010	电子课件/素材，国家级“十一五”规划教材
7	计算机控制系统(第2版)	7-301-23271-2	徐文尚	48	2013	电子课件/答案
8	电力系统继电保护(第2版)	7-301-21366-7	马永翔	42	2013	电子课件/习题答案
9	电气控制技术(第2版)	7-301-24933-8	韩顺杰　吕树清	28	2014	电子课件
10	自动化专业英语(第2版)	7-301-25091-4	李国厚　王春阳	46	2014	电子课件/参考译文
11	电力电子技术及应用	7-301-13577-8	张润和	38	2008	电子课件
12	高电压技术	7-301-14461-9	马永翔	28	2009	电子课件/习题答案
13	电力系统分析	7-301-14460-2	曹　娜	35	2009	
14	综合布线系统基础教程	7-301-14994-2	吴达金	24	2009	电子课件
15	PLC 原理及应用	7-301-17797-6	缪志农　郭新年	26	2010	电子课件
16	集散控制系统	7-301-18131-7	周荣富　陶文英	36	2011	电子课件/习题答案
17	控制电机与特种电机及其控制系统	7-301-18260-4	孙冠群　于少娟	42	2011	电子课件/习题答案
18	电气信息类专业英语	7-301-19447-8	缪志农	40	2011	电子课件/习题答案
19	综合布线系统管理教程	7-301-16598-0	吴达金	39	2012	电子课件
20	供配电技术	7-301-16367-2	王玉华	49	2012	电子课件/习题答案
21	PLC 技术与应用(西门子版)	7-301-22529-5	丁金婷	32	2013	电子课件
22	电机、拖动与控制	7-301-22872-2	万芳瑛	34	2013	电子课件/答案
23	电气信息工程专业英语	7-301-22920-0	余兴波	26	2013	电子课件/译文
24	集散控制系统(第2版)	7-301-23081-7	刘翠玲	36	2013	电子课件，2014年中国电子教育学会“全国电子信息类优秀教材”一等奖
25	工控组态软件及应用	7-301-23754-0	何坚强	49	2014	电子课件/答案
26	发电厂变电所电气部分(第2版)	7-301-23674-1	马永翔	48	2014	电子课件/答案
27	自动控制原理实验教程	7-301-25471-4	丁　红　贾玉瑛	29	2015	
28	自动控制原理（第2版）	7-301-25510-0	袁德成	35	2015	电子课件，辽宁省“十二五”教材
29	电机与电力电子技术	7-301-25736-4	孙冠群	45	2015	电子课件/答案
30	虚拟仪器技术及其应用	7-301-27133-9	廖远江	45	2016	
31	VHDL 数字系统设计与应用	7-301-27267-1	黄　卉　李　冰	42	2016	电子课件

如您需要更多教学资源如电子课件、电子样章、习题答案等，请登录北京大学出版社第六事业部官网 www.pup6.cn 搜索下载。

如您需要浏览更多专业教材，请扫下面的二维码，关注北京大学出版社第六事业部官方微信（微信号：pup6book），随时查询专业教材、浏览教材目录、内容简介等信息，并可在线申请纸质样书用于教学。

感谢您使用我们的教材，欢迎您随时与我们联系，我们将及时做好全方位的服务。联系方式：010-62750667，szheng_pup6@163.com，pup_6@163.com，lihu80@163.com，欢迎来电来信。客户服务 QQ 号：1292552107，欢迎随时咨询。